Ingos Harnischwelszucht

Ingos Harnischwelszucht

Ingo Seidel

Tetra Verlag
GmbH

Titelbild: Weibchen von *Hypancistrus* sp. (L401)
Rücktitelbild: *Hypancistrus* sp. (L401)
1. Innentitelbild: *Panaqolus* sp. (L374)
2. Innentitelbild: *Ancistrus* sp. (L120/L182), Männchen

Literaturauswahl und zitierte Arbeiten:

AGOSTINHO, A. A., Y. MATSUURA, E. K. OKADA & K. NAKATANI (1995): The catfish *Rhinelepis aspera* (Teleostei: Lorica idae) in the Guairá region of the Paraná River: an example of population estimation from catch-effort and tagging data when emigration and immigration are high. – Fisheries Research 23(2/3), 333-344
ARMBRUSTER, J. W. (2004): Phylogenetic relationships of the suckermouth armoured catfishes (Loricariidae) with emphasis on the Hypostominae and the Ancistrinae. – Zool. J. Linnean Soc. 141, 1-80
ARMBRUSTER, J. W. (2008): The genus *Peckoltia* with the description of two new species and a reanalysis of the phylog of the genera of the Hypostominae (Siluriformes: Loricariidae). – Zootaxa 1822, 1-76
ARMBRUSTER, J. W., M. H. SABAJ PÉREZ, M. HARDMAN, L. M. PAGE & J. H. KNOUFT (2000): Catfish genus *Corymbop nes* (Loricariidae: Hypostominae) with description of one new species: *Corymbophanes kaiei*. – Copeia 2000 (4), 997-1
BOHNET, V., M. WILHELM & I. SEIDEL (2001): Prachthexenwelse. – DATZ-Sonderheft „Harnischwelse 2“, 36-42
COVAIN, R., S. DRAY, S. FISCH-MULLER & J.I. MONTOYA-BURGOS (2008): Assessing phylogenetic dependence of morph logical traits using co-inertia prior to investigate character evolution in Loricariinae catfishes. – Molecular Phylogenetic and Evolution 46, 986-1002
EVERS, H.-G. (2003): Traumhaft schön: *Peckoltia* sp. „L134“. – Aquaristik aktuell 11 (5), 12-16
EVERS, H.-G & I. SEIDEL (2005): Wels Atlas Band 1. 2. erweiterte Auflage. – Mergus Verlag, Melle
HEMMANN, M. (2001): Wieder eine erfolgreiche Loricariiden-Nachzucht! – DATZ-Sonderheft „Harnischwelse 2“, 46-
LUJAN, N. K. , J. W. ARMBRUSTER, N. LOVEJOY & H. LOPEZ-FERNANDEZ (2014): Multilocus molecular phylogeny of the suckermouth armored catfishes (Siluriformes: Loridariidae) with a focus on subfamily Hypostominae. – Molecular Phylogenetics and Evolution, 1-31
REIS, R. E. & E. H. L. PEREIRA (2006): Delturinae, a new loricariid catfish subfamily (Teleostei, Siluriformes), with revisions of *Delturus* and *Hemipsilichthys*. – Zool. J. Linnean Soc. 147, 277-299
SCHAEFER, S. A. (1998): Conflict and resolution: Impact of new taxa on phylogenetic studies of the neotropical *Cascu hos* (Siluroidei: Loricariidae). – In: Phylo. Class. Neotrop. Fishes. Conflict and resolution: Impact of new taxa on phylo netic studies of the neotropical Cascudinhos (Siluroidei: Loricariidae). Part 3, 375-400
SEIDEL, I. & H.-G. EVERS (2005): Wels Atlas Band 2. Mergus Verlag, Melle.
SPRENGER, A. & I. SEIDEL (2001): Rüsselzahnwelse im Aquarium. – DATZ-Sonderheft „Harnischwelse 2“, 54-59

© 2010, 2015 Tetra Verlag GmbH
Am Markt 3, 16727 Berlin-Velten
www.tetra-verlag.berlin

2. Auflage 2015

ISBN: 978-3-89745-223-7

DER AUTOR

Ingo SEIDEL hat sich seit frühester Jugend der Aquaristik als Hobby verschrieben und beschäftigt sich seit vielen Jahren vor allem mit der interessanten Familie der Harnischwelse. Auch beruflich hat er mit Zierfischen zu tun, denn er arbeitet seit etwa zehn Jahren als wissenschaftlicher Mitarbeiter beim Zierfischgroßhandel aqua-global in Seefeld bei Berlin. Auf zahlreichen Reisen nach Südamerika konnte er viele Harnischwelse, die in diesem Buch beschrieben werden, in ihren natürlichen Lebensräumen beobachten. In der internationalen Gemeinschaft Barben Salmler Schmerlen Welse e.V. (IG BSSW) arbeitete er viele Jahre lang als Spartenleiter Welse und knüpfte dadurch zahlreiche Kontakte zur Harnischwelszüchter-Szene. Gemeinsam mit seinem Freund Hans-Georg EVERS veröffentlichte er den Wels Atlas in zwei Bänden, die bislang umfangreichste Monografie über die Familie Loricariidae. Unzählige Arten konnte er im Laufe der Jahre in seinen Aquarien pflegen und sehr viele auch vermehren.
Alle diese Erfahrungen sind in dieses Buch über die Zucht von Harnischwelsen eingeflossen. Das Buch wurde von einem Züchter für angehende oder auch bereits erfahrene Züchter geschrieben und beleuchtet alle Aspekte der Loricariiden-Zucht. Es soll Anleitungen geben, wie die verschiedenen Gruppen von Harnischwelsen im Aquarium zu vermehren sind. Die Auswahl der Arten, die in diesem Buch detaillierter besprochen werden, ist jedoch rein subjektiv und den Vorlieben des Autors geschuldet.

INHALT

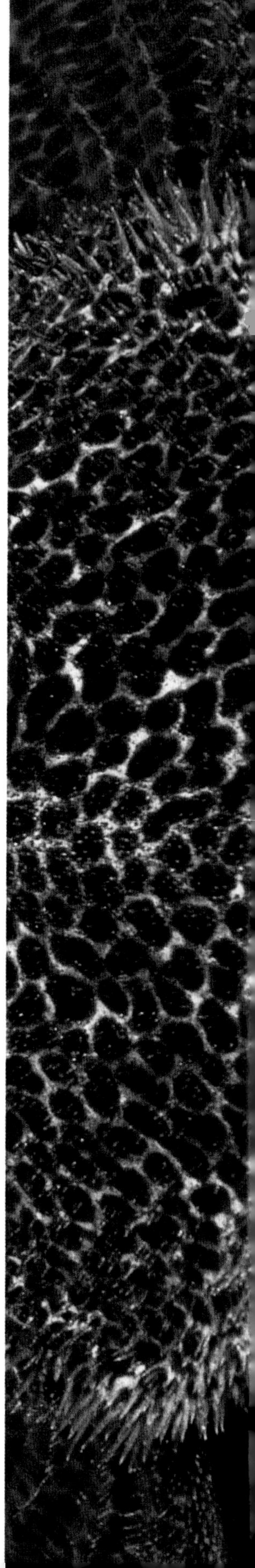

INHALT

INHALT

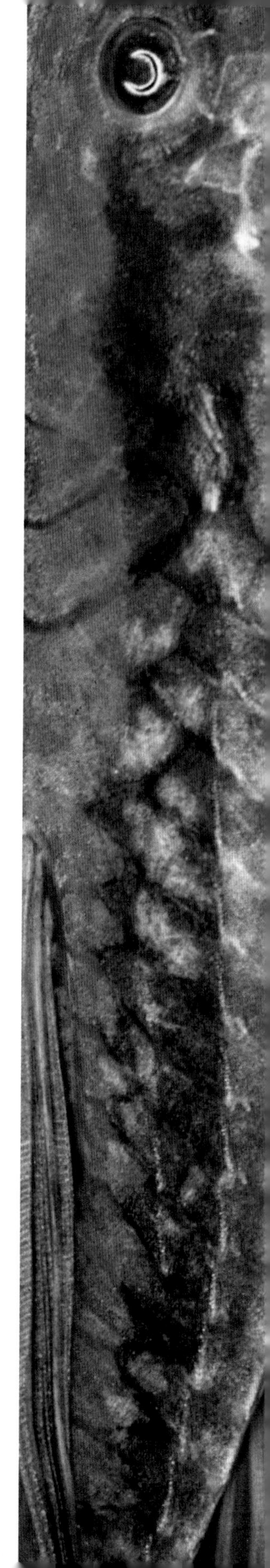

INHALT

WARUM UND WIE DIESES BUCH ENTSTAND

Eines der Bücher, das mich als junger Aquarianer besonders in seinen Bann gezogen hat und das nach einigen Jahren intensivster Nutzung ziemlich abgenutzt aussah, war das „Handbuch der Aquarienfischzucht" von Helmut PINTER. An diesem Buch faszinierte mich das bis dahin einmalige Konzept, Fische mit ähnlichen Fortpflanzungsstrategien und Ansprüchen zu Gruppen zusammen zu fassen und eine Zuchtanleitung für alle Fische dieser Gruppe zu geben. Ich hatte immer einmal den Wunsch, ein ähnlich aufgebautes Buch zu schreiben, und schließlich bot sich mir ganz plötzlich die Gelegenheit dazu.
2009 sprach mich Hans-Joachim HERRMANN vom Tetra-Verlag, mit dem ich seit einigen Jahren beim Aquaristik-Fachmagazin eng zusammenarbeite, auf die Möglichkeit der Publikation eines Buches über die Harnischwelszucht in einer neuen Buchreihe an. Ich sah darin die Möglichkeit, meinen Traum einer Neuauflage eines „Handbuches der Aquarienfischzucht" für die Gruppe der Harnischwelse mit den neuesten Erkenntnissen zu realisieren. Nun halten Sie dieses Buch in ihren Händen und ich hoffe sehr, dass es Sie auch nur halbwegs so in seinen Bann zieht, wie mich seinerzeit PINTERs Standardwerk faszinierte.
Die zweite Auflage von „Ingos Harnischwelszucht" erscheint nun im neuen Gewand und wurde noch um ein paar Arten ergänzt. Besonders in der Systematik der Harnischwelse hat sich Grundlegendes geändert. Natürlich flossen diese Erkenntnisse in diese neue Auflage ein, weshalb sich einige Gattungsnamen oder Zugehörigkeiten zu höheren systematischen Einheiten im Vergleich zur ersten Auflage geändert haben. Ich wünsche Ihnen viel Freude an meinem überarbeiteten Buch.

WAS DIESES BUCH LEISTEN MÖCHTE

Die Zucht von Harnischwelsen war bis vor etwa 30 Jahren noch ein Buch mit sieben Siegeln. Wir haben in den vergangenen Jahren so unglaublich viel über die Biologie und die Ansprüche dieser Tiere hinzugelernt, dass wir heute in der Lage sind, selbst solche Arten nachzuzüchten, die man vor einigen Jahren noch für kaum vermehrbar hielt. Ich möchte hier einen Überblick über die verschiedenen Gruppen von Harnischwelsen und Tipps zu deren Pflege und Vermehrung geben. Besonders die Aufzucht einiger Arten gestaltet sich häufig nicht ganz so einfach. Vor allem die Anfänger tun sich

Mittlerweile sind unglaublich viele noch gar nicht so lange bekannte Harnischwelse bereits mehrfach im Aquarium vermehrt worden, z.B. der sehr attraktive *Ancistomus* sp. (L387)

damit oft extrem schwer, so dass ich gerade für diese Aquarianer einige wertvolle Tipps geben möchte. Denn ich will den Lesern die negativen Erfahrungen ersparen, die ich und andere Aquarianer im Laufe der Jahre mit einigen Arten sammeln mussten. Erwarten Sie in diesem Buch aber bitte kein Patentrezept für die Vermehrung verschiedener Arten, denn bei der Nachzucht von Aquarienfischen führen häufig ganz verschiedene Wege nach Rom. Und was bei dem einen Aquarianer sehr gut funktioniert, kann beim nächsten völlig schief gehen. Aus diesem Grunde versuche ich, auch Alternativen für eine mögliche Vermehrung unserer Pfleglinge aufzuzeigen.

WAS DIESES BUCH NICHT LEISTEN KANN

Ich habe bewusst einige Kapitel nur angerissen oder sogar ganz ausgeklammert, die hier gar nicht umfassend beleuchtet werden können. So fehlt beispielsweise ein Kapitel über Krankheiten der Harnischwelse, denn dieses Thema ist im Wels Atlas Band I schon ausführlich dargestellt worden und zudem gibt es genug Spezialliteratur über Fischkrankheiten. Mein Buch möchte auch keinen umfassenden Überblick über die Systematik und die Diversität der Familie der Harnischwelse geben. Wer diesen bekommen möchte, dem möchte ich ebenfalls den Wels Atlas Band I und II empfehlen. Auch werden Sie im Artenteil sicherlich die eine oder andere Art vermissen, die Sie vielleicht sogar in Ihrem Aquarium pflegen. „Ingos Harnischwelszucht“ hat jedoch keineswegs einen Anspruch auf Vollständigkeit. Ich habe bewusst nur diejenigen Arten herausgesucht, die Stellvertreter für bestimmte Fischgruppen sind und die ich zumindest schon eine relativ lange Zeit im Aquarium gepflegt, besser sogar vermehrt habe. Es ist also eine rein subjektive Auswahl meiner Lieblingsfische, die hoffentlich auch sie begeistern.

Der Segelflossen-Störwels, *Sturisoma festivum*, gehört zu den häufig im Aquarium nachgezüchteten Arten

DIE ZIELGRUPPE DES BUCHES

„Ingos Harnischwelszucht“ ist sowohl für Anfänger als auch für fortgeschrittene Aquarianer geeignet. Viele Zuchtbeschreibungen werden dabei vielleicht für gestandene Aquarianer ein alter Hut sein. Ich gehe jedoch

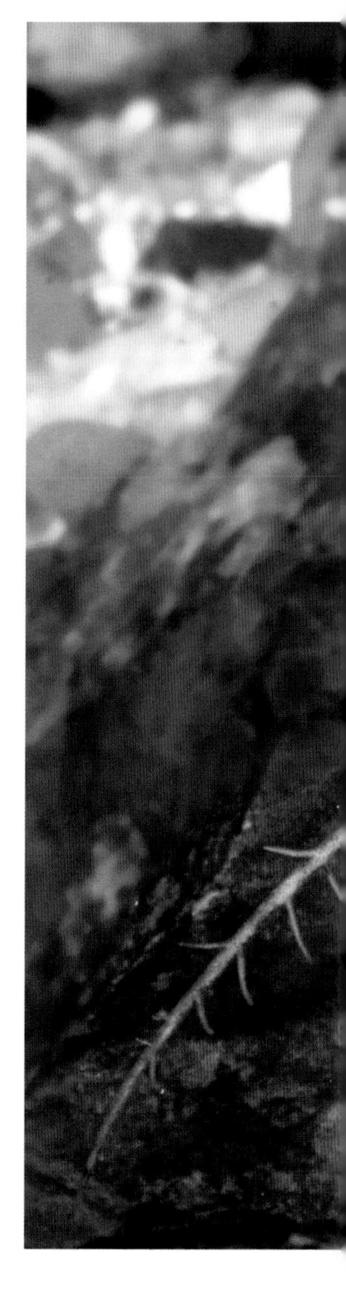

davon aus, dass auch die Profis unter den Fischzüchtern noch nicht alle Harnischwelse vermehrt haben. Auch ich konnte schließlich nicht alle Arten aus den Steckbriefen selbst nachzüchten. So dürften auch absolute Profis noch neue Informationen in diesem Nachschlagewerk finden können.

WOHER DIE INFORMATIONEN FÜR DIESES BUCH STAMMEN

Selbstverständlich habe ich die Harnischwelszucht nicht erfunden, sondern sie erst von Freunden und Bekannten erlernt. Allen meinen Freunden, die mit ihren Informationen nicht hinterm Berg gehalten und Erfahrungen mit mir ausgetauscht haben, möchte ich hiermit herzlich danken. Ich habe mir durch Besuche bei mittlerweile unzähligen Fischfreunden Erkenntnisse angeeignet, von denen sehr viele natürlich in dieses Buch eingeflossen sind. Dass ich in meiner Laufbahn als Aquarianer so viele auch sehr seltene Harnischwelse pflegen konnte, die den meisten Liebhabern normalerweise nicht zugänglich sind, habe ich meinen guten Kontakten zu verschiedenen Zierfisch-Exporteuren und einigen Freunden zu verdanken, die wiederum sehr gute Verbindungen haben oder selbst Reisen nach Südamerika unternehmen.

DANKSAGUNG

Für Freundschaft und Zusammenarbeit im Bereich der Harnischwelse in den vergangenen Jahren möchte ich mich besonders bei folgenden Freunden und Bekannten in alphabetischer Reihenfolge bedanken: Kai ARENDT (Helmstedt), Gerd ARNDT (Schönwalde), Hans BAENSCH (Mergus Verlag, Melle), Norman BEHR (Braunschweig), Peter BERTHOLD (Bertholds Welswelt, Mechernich), Friedrich BITTER (Bitter Exotics, Geeste), Michael BÖTTNER (Zierfische Böttner, Dingelstädt), Volker BOHNET (Aqua Design, Oldenburg), Robert BUDROVCAN (Erlangen), Peter DEBOLD (Stralsund), Volker DEGUTSCH (Essen), Hans-Georg EVERS (mein Co-Autor des Wels Atlasses und Redakteur der Amazonas), Oliver und Matthias FRANK (OF-Aquaristik, Butzbach), Jens GOTTWALD (Aquatarium, Garbsen), Wolfgang HEINRICHS (Garbsen), Hans-Joachim HERRMANN (Tetra-Verlag, Berlin-Velten und Redakteur des Aquaristik-Fachmagazins), Stefan K. HETZ (Berlin), Roland KIPPER (Bremen), Elko KINLECHNER (Weimar), Joachim KNAACK (Neuglobsow), Stefan KÖRBER (Mühlheim), Harald JAHN & Roman NEUNKIRCHEN (Aquarium Glaser, Rodgau), Gerolf JANDER (aqua-global, Seefeld), Johannes LEUENBERGER (Füllinsdorf, Schweiz), Daniel MADÖRIN (Zoo Basel, Schweiz), Rainer MELZER (Berlin), Mike MEUSCHKE (Gera), Herbert NIGL (Aquarium Dietzenbach), Raimond und Birgit NORMANN (Satow), Roland NUMRICH (Mimbon Aquarium, Köln), Patrick PELLIN (St. Gallen, Schweiz), Kai Alexander QUANTE (Braunschweig), Enrico RICHTER (aqua-global, Seefeld), Frank SCHÄFER (Aqualog und Aquarium Glaser, Rodgau), Carola und Günther SCHAU (Greiz), Erik SCHILLER (Neumarkt), Ernst SCHMIDT (Neuendettelsau), Erwin SCHRAML (Augsburg), Sven SEIDEL (Der Welsladen, Chemnitz), Mike SCHNEIDER (Aqua-Haus, Dülmen), Markus SOMMER (Großheide), Ernst SOSNA (Kamen), Andreas SPRENGER (Stade), Rainer STAWIKOWSKI (Redakteuer der DATZ, Gelsenkirchen), Tim STENZEL (Aquarienkontor, Haltern), Andreas TANKE (Neustadt), Stephan M. TANNER (Swiss Tropicals, USA), Dieter UNTERGASSER (Sera, Heinsberg), Ulrich WAELTI (Frenkendorf, Schweiz), Udo

Manche oft importierte Loricariiden wie *Planiloricaria cryptodon* sind bislang erst selten von Aquarianern vermehrt worden

WANNINGER (Muri, Schweiz), Thomas WEIDNER (Iffeldorf), Helmut WENDENBURG (Hünfeld), André und Arthur WERNER (Transfish, Planegg), Uwe WERNER (Ense-Bremen), Mario und Nadja WILHELM (Kamsdorf), Volker WITZLEBEN (Schwabach) und Uwe WOLF (Zella-Mehlis). Ich habe hier leider nicht alle Fischfreunde aufzählen können, da sonst der Rahmen dieses Buches bei weitem gesprengt wäre. Sollte ich also jemanden vergessen haben, bitte ich um Nachsicht. Ich danke dennoch allen!
Ganz besonders möchte ich mich bei meinen Freunden Daniel KONN-VETTERLEIN und Stephan M. TANNER für die abschließende kritische Durchsicht des Manuskripts bedanken.
Meiner Frau Beatrix und meinen Eltern danke ich für das in all den Jahren aufgebrachte Verständnis für dieses verrückte Hobby, das sehr viel Zeit meines Lebens in Anspruch genommen hat.

Charakteristisch für die Harnischwelse ist ein bauchseitig angeordnetes Saugmaul, wie dieser *Hypostomus luteus* eindrucksvoll zeigt

Die Harnischwelse der Familie Loricariidae sind mit etwa 900 beschriebenen Arten die größte Familie der Ordnung der Welsartigen (Siluriformes). Gleichzeitig handelt es sich auch um die populärste Gruppe von Welsen in der Aquaristik. Diese Fische werden mittlerweile nicht nur im englischen Sprachraum im Allgemeinen als „Plecos“ angesprochen. Die Bezeichnung geht auf den Artnamen *Hypostomus plecostomus* zurück, eine frühere Bezeichnung für einige sehr häufig gepflegte Schilderwelse, z.B. *Pterygoplichtys pardalis.*

CHARAKTERISTISCHE MERKMALE

Harnischwelse zeichnen sich durch zwei charakteristische Merkmale aus, die man in Kombination bei keiner anderen Familie der Welsartigen findet. Ihr Körper ist nicht wie bei vielen anderen Fischen mit Schuppen bedeckt, sondern mit Knochenplatten. Dieses Merkmal besitzen auch die nahe verwandten Panzerwelse der Familie Callichthyidae. Bei den Loricariiden kommt als weiteres Merkmal jedoch ein unterständig ausgebildetes Saugmaul hinzu, das die Callichthyiden nicht besitzen. Dieses Saugmaul dient den Tieren sowohl zur Nahrungsaufnahme als auch zum Festsaugen an glatten Untergründen, was sie in die Lage versetzt, sich auch in Gewässerbereichen mit äußerst starker Strömung aufhalten zu können. Sie können dabei sogar atmen, während sie sich mit diesem Maul festhalten. Direkt hinter den seitlichen Barteln findet nämlich selbst, wenn sich die Fische festgesaugt haben, ein feiner Wasserstrom statt. Zum Ansaugen pressen die Welse ihre Lippen auf das Substrat, vergrößern dabei ihr Maul und erzeugen dadurch einen Unterdruck.

Der Körper der meisten Harnischwelse ist gewöhnlich langgestreckt und meist auch stark abgeflacht. Der kräftige Panzer aus Knochenplatten ist je nach Artzugehörigkeit mit mehr oder weniger kräftig ausgeprägten stachelartigen Gebilden bedeckt, den sogenannten Odontoden. Diese sind bei den geschlechtsreifen Männchen vieler Arten deutlich länger ausgebildet. Die Ober- und Unterlippe sind gewöhnlich dicht mit Papillen besetzt. Aus dem Saugmaul ragt links und rechts meist ein einziges Paar von Maxillarbarteln hervor. Die Lippen können jedoch auch am Rande mit feinen Lippenbarteln besetzt sein, die feine Verzweigungen aufweisen können. Die Zähne sind relativ beweglich und in einer Reihe im Ober- und Unterkiefer angeordnet. Die Kieferhälften können dabei fast waagerecht oder auch winklig angeordnet sein.
Auch die Kiemenöffnungen findet man bauchseitig. Die Flossen besitzen alle einen unverzweigten und gewöhnlich verdickten ersten Strahl, gefolgt von den am Ende verzweigten Weichstrahlen. Bei vielen Harnischwelsen ist eine Fettflosse (Adipose) vorhanden, die auch durch einen Stachel oder Hartstrahl gestützt wird. Normalerweise besitzen Loricariiden einen Irislappen im Auge, der bei Bedarf vergrößert und verkleinert werden kann und den Lichteinfall reguliert.
Die kleinsten Harnischwelse findet man mit etwa 3 cm Totallänge in der Unterfamilie Hypoptopomatinae. Die aquaristisch gut bekannten *Otocinclus*- und *Parotocinclus*-Arten zählen dabei zu den wahren Zwergen innerhalb der Familie. Dem gegenüber stehen einige Vertreter der Unterfamilie Hypostominae, die bis zu 1,20 m Länge erreichen können. Zu den größten Loricariiden zählen die Angehörigen der Gattungen *Acanthicus, Megalancistrus, Panaque* und *Pseudacanthicus.*

Die meisten Harnischwelse verfügen über einen Irislappen, die Abblendvorrichtung des Auges

SYSTEMATIK DER FAMILIE LORICARIIDAE

Die Familie der Harnischwelse besteht derzeit aus etwa 900 gültigen Arten, die sich auf mehr als 100 Gattungen verteilen. Auch heute noch werden in dieser Familie ständig neue Arten entdeckt und jährlich erfolgen einige neue Beschreibungen, so dass die Artenzahl immer weiter ansteigt. Aufgrund ihrer sehr speziellen Morphologie werden die Loricariiden heute als monophyletische Gruppe angesehen, d.h. als eine Gruppe, die auf einen Vorfahren zurückzuführen ist.

Eine gut im Aquarium zu pflegende Art ist *Delturus* sp. (L238/LDA40), die jedoch leider nicht mehr importiert wird

Die Loricariiden sind eine von sieben Familien der Superfamilie Loricarioidea, zu der außerdem die Familien Amphiliidae, Astroblepidae, Callichthyidae, Nematogenyidae, Scoloplacidae und Trichomycteridae zählen. Einige Vertreter dieser Familien besitzen ebenfalls Knochenplatten auf dem Körper oder auch ein Saugmaul, jedoch niemals beides gemeinsam.
In den vergangenen Jahren fanden diverse Studien zur Phylogenie der Harnischwelse statt. Während man die Loricariiden früher vor allem anhand von morphologischen Merkmalen gruppierte, werden heute unterstützend DNA-basierte Studien betrieben. Die Untersuchung der Erbsubstanz der Tiere stützte dabei vielfach bereits Hypothesen, die durch den Vergleich des Körper- und Knochenbaus sowie die Auswertung von Meß- und Zählwerten entwickelt wurden. Sie erbrachte aber auch Erkenntnisse, die eine völlig neue Ordnung der Familie ergab.
Während man ARMBRUSTER (2004) sowie REIS & PEREIRA (2006) folgend die Harnischwelse in die sechs Unterfamilien (Delturinae, Hypoptopomatinae, Hypostominae, Lithogeneinae, Loricariinae und Neoplecostominae) aufteilte, wurden die Neoplecostominae vor kurzem durch LUJAN et al. (2014) als Gattungsgruppe (Tribus) Neoplecostomini in die Hypoptopomatinae eingegliedert. Dafür stellten diese Ichthyologen die neue Unterfamilie Rhinelepinae auf.
Auf die einzelnen Gruppen möchte ich im Folgenden eingehen.

***Hemipsilichthys gobio* wurde bereits einige Male über Rio de Janeiro eingeführt**

UNTERFAMILIE DELTURINAE

Diese Unterfamilie der Loricariidae wurde erst 2006 von REIS, PEREIRA und ARMBRUSTER aufgestellt. Sie beinhaltet nur die beiden Gattungen *Delturus* sowie *Hemipsilichthys* und soll systematisch die Schwestergruppe aller anderen Loricariiden

(mit Ausnahme der Lithogeneinae) darstellen. Diese Gruppe stellt einen basalen Zweig im Stammbaum der Harnischwelse dar, was ein Indiz dafür ist, dass der Ursprung dieser Fischfamilie vermutlich im Südosten Brasiliens zu suchen ist. Diese Fische sind nämlich ausschließlich im südöstlichen Brasilien in den Küstenflusssystemen verbreitet.
Die Gattungen *Delturus* und *Hemipsilichthys* zeichnen sich durch das Vorhandensein einer kielartigen Erhebung der Knochenplatten hinter der Rückenflosse als Übergang zur Fettflosse aus. Lediglich zwei Arten dieser Unterfamilie gelangten bislang in unsere Aquarien. Dabei hat sich lediglich der aus dem brasilianischen Bundesstaat Pernambuco stammende und über Recife importierte *Delturus* sp. (L238/LDA40) als gut im Aquarium haltbar erwiesen. Diese Harnischwelse sind ansprechend gefärbt, werden etwa 18 cm lang und zeichnen sich durch einen beborsteten Schnauzenrand aus. Über Rio de Janeiro gelangte auch die Art *Hemipsilichthys gobio* bereits mehrere Male zu uns. Dieser bis zu 15 cm groß werdende Wels hat sich leider im Aquarium als Problemfisch herausgestellt. Die aus kühlen und sehr sauerstoffreichen Gewässern stammenden Fische erwiesen sich unter Aquarienbedingungen als extrem hinfällig.

UNTERFAMILIE HYPOPTOPOMATINAE

Die Unterfamilie der Hypoptopomatinae ist mit etwa 85 beschriebenen Arten eine artenreiche Gruppe meist sehr klein bleibender Harnischwelse. Man findet in dieser Unterfamilie mit nur etwa 3 cm Totallänge die bei weitem kleinsten Arten innerhalb der Familie Loricariidae. Nach Eingliederung der ehemaligen Unterfamilie Neoplecostominae verteilen sich die Gattungen und Arten heute auf die drei Tribus Hypoptopomatini, Otothyrini und Neoplecostomini. Die in der ersten Auflage dieses Buches als eigenständig besprochene Gattungsgruppe Lampiellini mit der einzigen Art *Lampiella gibbosa* wurde mittlerweile in die Hypoptopomatini integriert.
Es handelt sich bei diesen Fischen um langgestreckte und häufig stark abgeflachte Harnischwelse mit meist weit außen am Kopf angeordneten Augen. Das kann man bei den Gattungen *Hypoptopoma* und *Oxyropsis* deutlich erkennen; sie haben so weit außen liegende Augen, dass sie, wenn sie sich an Gräsern oder Geäst festhalten, problemlos um diese herumsehen können.
Charakteristisch für diese Gruppe ist laut SCHÄFER (1998) die besondere Skelettstruktur der Brustflossen. Bauchseitig besitzen sie einen exponierten Pektoralgürtel zwischen den Ansätzen der Brustflossen. Dieser ist bei einigen Gattungen, wie z.B. den *Hypoptopoma*, vollständig sichtbar. Bei Gattungen wie den *Parotocinclus* ist er nur teilweise exponiert. Hypoptopomatine bewohnen ganz verschiedenartige Gewässertypen. Man kann Vertreter dieser Unterfamilie sowohl in stark strömenden als auch in stehenden Gewässern antreffen. Einige Arten haben sogar spezielle Anpassungen an Sauerstoffarmut und kommen bei dieser mit ihrem Körper aus dem Wasser heraus und veratmen atmosphärische Luft über ihren Verdauungstrakt.

Der wohl attraktivste Vertreter dieser Gattungsgruppe ist der Zebra-Ohrgittersaugwels, *Otocinclus* cf. *cocama*

TRIBUS HYPOPTOPOMATINI

Die in der Aquaristik bei weitem am meisten verbreitete Gruppe der Hypoptopomatinae ist die Gattungsgruppe Hypoptopomatini. Zu ihr gehören die so beliebten kleinen Ohrgittersaugwelse der Gattung *Otocinclus*, die auch liebevoll als „Otos" bezeichnet werden. Und auch die etwas größer werdenden *Hypoptopoma* und *Oxyropsis* zählt

Zu den ungewöhnlichsten Hypoptopomatini zählen die *Acestridium*-Arten, hier *Acestridium discus* aus Brasilien

man zu dieser Gruppe. Die außergewöhnlichste Gattung in dieser Tribus ist *Acestridium*, die wie kleine Nadelwelse (*Farlowella*) aussehen, aber eine kleine Scheibe an der Schnauzenspitze aufweisen. Ohrgittersaugwelse sind als Algenfresser im Aquarium sehr beliebt. Die geselligen kleinen *Otocinclus*, die in großer Stückzahl und preiswert angeboten werden, dürfen heute in keinem guten Zoofachgeschäft mehr fehlen. Andere Hypoptopomatini werden hingegen seltener und vorwiegend von Spezialisten gepflegt. Es lohnt sich auf jeden Fall, sich mit diesen interessanten Fischen zu beschäftigen, denn sie scheinen allesamt züchtbar zu sein, wenngleich auch einige Arten in der Pflege recht heikel sind.
Die Hypoptopomatini sind vor allem im Amazonas- und Orinoco-Becken sowie in den kleineren Flusssystemen an der Ostküste Südamerikas weiter verbreitet. Sie bewohnen meist sehr warme Gewässer.

TRIBUS NEOPLECOSTOMINI

Einige der skurrilsten Harnischwelse findet man in dieser Gattungsgruppe. Bis vor kurzem wurden diese Tiere als eigenständige Unterfamilie Neoplecostominae betrachtet. Genetische Analysen haben jedoch ergeben, dass sie verwandtschaftlich vermutlich Schwestergruppen der Hypoptopomatini und Otothyrini darstellen und deshalb eine Tribus der Unterfamilie Hypoptopomatinae darstellen.
Aus aquaristischer Sicht ist diese Gruppe nahezu unbekannt. Seit der Verschärfung der Exportbeschränkungen in Brasilien ist ein legaler Export dieser Fische, die allesamt aus kleinen Flusssystemen im Südosten des Landes stammen, auch gar nicht mehr möglich. Das ist auch ganz gut so, denn keine einzige bislang importierte Art dieser Unterfamilie konnte über einen langen Zeitraum im Aquarium am Leben erhalten werden.
Die Neoplecostominen stammen nämlich meist aus kühlen und sehr sauerstoffreichen Gebirgsflüssen der Mata Atlantica in Südostbrasilien. Sie wurden gewöhnlich in der kühlen Trockenzeit für den Export gefangen, was bedeutet, dass sie ausgerechnet in unseren heißen Sommermonaten zu uns gelangen. Ich habe in der Vergangenheit mehrfach versucht, frisch importierte Tiere der Neoplecostomini am Leben zu erhalten. Oft waren sie jedoch durch den Importstress

***Lampiella gibbosa* aus dem Rio Bethari im Südosten Brasiliens**

schon stark geschwächt, zeigten bakterielle Infektionen und waren nicht mehr zu retten. Für eine dauerhafte erfolgreiche Pflege dieser Tiere erscheint mir deshalb die Anschaffung eines Kühlaggregates erforderlich zu sein, um den Tieren permanent Wassertemperaturen von 16 bis 20°C anbieten zu können. Außerdem ist eine kräftige Filterung unabdingbar.
Bislang wurden lediglich die nur etwa 10 cm langen, sehr schlanken und wenig spektakulären *Kronichthys*-Arten zu uns eingeführt, außerdem gelangte auch der im Körperbau etwas breitere und attraktivere *Neoplecostomus paranensis* einige Male über Rio de Janeiro zu uns. Die durch ihre ungewöhnlich angeordneten Odontoden skurrilen *Pareiorhaphis bahianus*, die etwa 13 cm groß werden, wurden nur wenige Male importiert. Viele noch deutlich extravagantere Arten sind bekannt, fanden aber nie den Weg in unsere Aquarien. Neoplecostomini sind spezialisierte Aufwuchsfresser, die vorwiegend pflanzlich ernährt werden sollten. Die Tiere pflanzen sich in der Natur vermutlich als Höhlenbrüter zwischen Steinen fort.

Neoplecostomus paranensis wurde einige Male importiert

Pareiorhaphis bahianus hat sich bislang als hinfällig erwiesen

TRIBUS OTOTHYRINI

Die Otothyrini stellen die zweite große Gruppe der Hypoptopomatinae dar. Sie beinhaltet zehn Gattungen, die sämtlich vor allem im Südosten Brasiliens verbreitet sind. Lediglich die Vertreter der *Parotocinclus-longirostris*-Gruppe sind auch aus dem Amazonas-, Orinoco- und Essequibo-Becken bekannt, unterscheiden sich aber morphologisch so stark von den restlichen *Parotocinclus*, so dass sie sicher irgendwann von ihnen separiert werden.

Der Rotflossen-Ohrgittersaugwels (*Parotocinclus maculicauda*) ist eine der früher regelmäßig importierten Otothyrini

Lediglich zwei Arten dieser Gruppe waren früher beliebte Aquarienfische, die Typusart der Gattung *Parotocinclus*, der Rotflossen-Ohrgittersaugwels, *P. maculicauda*, und der Pitbull-Harnischwels, *P. jumbo*, oder LDA 25. Leider kommen diese Fische heute nicht mehr als Aquarienfische zu uns. Während sich die südlichen *Parotocinclus*-Arten trotz ihrer Herkunft aus meist kühlen Gewässern im Aquarium als gut zu pflegen erwiesen haben, scheinen die anderen Gattungen der Otothyrini viel anspruchsvoller zu sein und sind im Aquarium häufig hinfällig. Gemeinsam mit *Parotocinclus maculicauda* wurden aus Rio de Janeiro auch immer wieder die Arten *Hisonotus notatus*, *Otothyris lophophanes* und *Schizolecis guntheri* eingeführt. Diese Harnischwelse sind jedoch alle deutlich empfindlicher als *P. maculicauda*, der selbst höhere Wassertemperaturen über einen langen Zeitraum gut zu vertragen scheint.

Es gibt sehr attraktive Arten innerhalb dieser Gruppe, wie der grün punktierte *Parotocinclus eppleyi* aus dem oberen Orinoco und dem Rio Negro

Die meisten Otothyrini stammen aus den für viele Monate im Jahr relativ kühlen Küstenflüssen der Mata Atlantica, der ostbrasilianischen Küstengebirgskette. Sie leben dort in schnell fließenden, sehr sauerstoffreichen Gewässern auf Steinen, auf denen sie den Algenaufwuchs abweiden.

UNTERFAMILIE HYPOSTOMINAE

Die Hypostominae stellen mit mehr als 370 beschriebenen Arten die artenreichste Unterfamilie der Harnischwelse dar. Zwar findet man in anderen Unterfamilien sicher noch wesentlich skurrilere Arten, jedoch nur selten so attraktive und farbenfrohe wie in dieser Unterfamilie.
Zu den Hypostominae gehören die bei weitem größten Harnischwelse. Gleich mehrere Arten mit mehr als 1 m Maximallänge sind bekannt. Der Körper dieser Fische ist normalerweise stark abgeflacht und meist breiter als bei den meisten Hypoptopomatinen und Loricariinen. Gemeinsam mit den Hexenwelsen der Unterfamilie Loricariinae sind die Hypostominen nahezu über den gesamten Kontinent bis nach Mittelamerika (Costa Rica und Panama) und auf die Insel Trinidad verbreitet. Die große Anpassungsfähigkeit dieser Fische hat es ihnen ermöglicht, sehr unterschiedliche Lebensräume zu erschließen.
Als es gegen Ende des vorigen Jahrhunderts durch die Besammlung neuer Lebensräume vor allem im nordöstlichen Brasilien zum Import sehr vieler bislang unbekannter Hypostominen kam, erlangte diese Unterfamilie einen großen Boom. Viele Arten sind bisher noch nicht wissenschaftlich beschrieben und werden in der Aquaristik nur mit einer Codenummer angesprochen. Die sogenannten L-Welse sind zum überwiegenden Teil Angehörige dieser Unterfamilie.
Bis vor kurzem unterteilte man die Hypostominae noch in fünf Gattungsgruppen, die Ancistrini, Corymbophanini, Hypostomini, Pterygoplichthyini und Rhinelepini. Dieses revidierten LUJAN et al. und unterteilten die Unterfamilie in neun Gruppen, für die teilweise erst vorläufige Namen existieren. Diese möchte ich jetzt nachfolgend nicht wie bisher alphabetisch, sondern in der Reihenfolge ihres Erscheinens im neu aufgestellten Stammbaum aufzählen.

Einer der hübschesten Gebirgsharnischwelse ist *Chaetostoma* sp. (L455) aus Peru

Die Hypostominen sind Höhlenbrüter im männlichen Geschlecht. Dabei werden von diesen Tieren beispielsweise Höhlen in der Uferböschung angenommen. Aber auch in Astlöchern oder Zwischenräumen zwischen Steinen laichen diese Welse ab. Viele Hypostominae sind im Aquarium erfolgreich vermehrt worden und ständig nimmt die Zahl der nachgezüchteten Arten zu. Aus diesem Grunde ist diese Gruppe auch Hauptgegenstand dieses Buches.

CHAETOSTOMA-KLADE

Die basale Gruppe der Hypostominae stellen die Gebirgsharnischwelse dar; sie sollen die Schwestergruppe zu allen restlichen Gruppen der Unterfamilie sein. Zur *Chaetostoma*-Klade zählen die Gattungen *Chaetostoma, Cordylancistrus, Dolichancistrus* und *Leptoancistrus.* Die DNA-Analyse ergab, dass die Gattungen *Lipopterichthys* sowie die noch junge Gattung *Loraxichthys* als Synonyme zur Gattung *Chaetostoma* anzusehen sind.
Die Gruppe besteht derzeit aus etwas weniger als 60 Arten, die vor allem in der andinen Region Süd- und Mittelamerikas in Venezuela, Kolumbien, Panama und Peru verbreitet sind. Einzelne Vertreter der Gattung *Chaetostoma* (z.B. *C. jegui* und *C. vasquezi*) findet man jedoch auch im Amazonas-Becken in Brasilien und im Guyanaschild in Venezuela.
Es handelt sich gewöhnlich um Bewohner schnell fließender und sauerstoffreicher Gewässer, die je nach Höhenlage relativ kühl sein können. Dort leben sie auf und zwischen den Steinen, die diese spezialisierten Aufwuchsfresser mit ihren vielen kleinen, wie ein Kamm wirkenden Zähnen abgrasen. Die Eier werden unter einem Stein meist an der Höhlendecke abgelegt und vom Männchen betreut. Der auch heute noch vielfach fälschlich mit dem Fantasienamen *Chaetostoma „thomasi"* bezeichnete *Chaetostoma formosae* (L444) aus dem Río Meta in Kolumbien gehört gemeinsam mit *Chaetostoma* sp. (L445) zu den am häufigsten importierten Fischen dieser Gruppe.

TRIBUS ANCISTRINI

Einige *Ancistrus*-Arten können recht groß werden, wie beispielsweise der hübsche L120, der in der Natur etwa 30 cm Länge erreicht

Während man bislang in der Gattungsgruppe Ancistrini alle Loricariiden mit hervorstülpbaren Odontoden hinter dem Kiemendeckel zusammenfasste, haben *Lujan* et al. auch von dieser Gruppe nun ein ganz anderes Verständnis. *Armbruster* (2004) hatte die ehemals eigenständige Unterfamilie Ancistrinae, die aus mehr als 30 Gattungen bestand, ja bereits zu einer Gattungsgruppe degradiert. Nun wurde die Tribus Ancistrini auf die nächsten Verwandten der *Ancistrus*-Arten beschränkt. Neben *Ancistrus* werden dieser Gruppe nur noch die Gattungen *Lasiancistrus, Pseudolithoxus, Soromonichthys, Hopliancistrus, Corymbophanes, Guyanancistrus, Dekeyseria, Neblinichthys, Paulasquama* und *Lithoxancistrus* zugerechnet.
Der Gattungsname *Ancistrus* leitet sich vom griechischen Wort ankistron (= Widerhaken) ab. Gemeint sind damit die stachelartigen und häufig hakenförmigen Strukturen auf einem Apparat unter dem Kiemendeckel, den diese Tiere bei Gefahr weit von sich abspreizen können. Diese Kiemendeckel-Odontoden stellen einen Verteidigungsmechanismus dar, mit dem sich die Tiere Artgenossen oder Fressfeinden gegenüber erwehren. Die Form und Ausprägung dieses Merkmals unterscheidet sich von Gattung zu Gattung, aber auch von Art zu Art relativ stark.
Der kleinste Ancistrine ist die noch recht junge Art *Soromonichthys stearleyi*, die aus dem oberen Orinoko-Becken beschrieben worden ist und nur eine Standardlänge von 3 cm besitzt. Diese Art steht offensichtlich den *Pseudolithoxus* nahe, denn sie wurde von *Lujan* et al. im Stammbaum direkt zwischen *Pseudolithoxus nicoi* und *Pseudolithoxus tigris* eingeordnet. Die größten Vertreter der Anci-

Vergleichsweise klein sind Arten wie *Pseudolithoxus tigris* (L257), der nur 10 bis 12 cm lang wird

strini erreichen eine Maximallänge von etwa 30 cm. Völlig überraschend wurde die Gattung *Corymbophanes* in die Tribus Ancistrini eingeordnet, die sich bislang als eigenständige Gattungsgruppe Corymbophanini darstellte. Sie besteht nur aus zwei Arten, die beide lediglich oberhalb der Kaieteur Falls, einem riesigen Wasserfall am Potaro River in Guyana, der zum Essequibo-Becken zählt, vorkommen. *Corymbophanes andersoni* und *C. kaiei* sind sehr ungewöhnliche Harnischwelse, deren Fettflosse durch eine Serie einzelner, hochstehender, mittlerer Knochenplatten ersetzt ist. Außerdem fehlt den *Corymbophanes* der für die meisten Loricariiden so typische Irislappen im Auge. Die *Corymbophanes* kommen im oberen Potaro River in Stromschnellen zwischen Steinen vor. Da es im Vorkommensgebiet dieser Fische jedoch noch nicht besonders kühl ist, dürfte die Pflege dieser Welse keine großen Probleme bereiten. Ein Import dieser Fische kann jedoch aufgrund der Abgelegenheit dieses Gebietes ausgeschlossen werden.

Die Harnischwelse aus der *Ancistrus*-Verwandtschaft haben ihr größtes Verbreitungsgebiet im Amazonas- und Orinoco-Becken, sind aber auch in nahezu allen anderen tropischen Gewässern in Südamerika (und sogar noch westlich der Anden in Panama) zu finden. Diese Fische haben sich sowohl an ein Leben in kühleren und sehr sauerstoffreichen Gebirgsbächen in höheren Lagen als auch an sehr warme, sauerstoffarme, stehende Gewässer der Ebene angepasst. Man findet sie in Gewässern mit ganz unterschiedlicher Wasserbeschaffenheit vor allem im flacheren Flachwasser. Denn es handelt sich bei diesen Fischen meist um Aufwuchsfresser, die dort den Algenaufwuchs von den Steinen abweiden. Besonders in der Gattung *Ancistrus* sind schon viele Nachzuchterfolge erzielt worden, aber auch einzelne Vertreter der Gattungen *Lasiancistrus* und *Pseudolithoxus* wurden schon vermehrt.

PSEUDANCISTRUS-KLADE

Während ARMBRUSTER (2004, 2008) die Definition der Gattung *Pseudancistrus* sehr weit fasste und auch *Guyanancistrus* und *Lithoxancistrus* zu Synonymen von *Pseudancistrus* erklärte, haben die neuesten DNA-Untersuchungen ergeben, dass nur die *Pseudancistrus-barbatus*-Gruppe eine monophyletische Gruppe darstellt. Die Gattungen *Guyanancistrus* und *Lithoxancistrus* werden der Tribus Ancistrini zugerechnet; „*Pseudancistrus*“ *pectegenitor* und „*Pseudancistrus*“ *sidereus* werden sogar in einer eigenen Klade von „*Pseudancistrus*“ im weiteren Sinne dargestellt.

Die Klade besteht nur aus dieser einzigen Gattung, ihre Arten sind gekennzeichnet durch einen sehr stark abgeflachten Körperbau und einem starken Bewuchs von Odontoden rings um den Schnauzenrand. Bei den Männchen kann dieser Borstenkranz fast ein Zentimeter lang sein, die Weibchen tragen hingegen nur kurze Odontoden.

Die Arten der *Pseudancistrus-barbatus*-Gruppe sind im unteren Amazonas-Becken und im Guyana-Schild verbreitet und bewohnen vor allem die Stromschnellenbereiche warmer Klarwasserflüsse. *Pseudancistrus* sind sehr spezialisierte Aufwuchsfresser, die viele kleine und langstielige Zähne in ihren Kiefern tragen. Sie weiden damit in den Stromschnellen den Aufwuchs von den Steinen ab und sollten dem entsprechend vor allem pflanzlich ernährt werden. Wer diese Tiere gut pflegen möchte, sollte sie

Pseudancistrus depressus aus dem Flusssystem des Suriname River in Surinam

in gut durchströmtem, sauerstoffreichem Wasser bei 25 bis 29°C pflegen. Die größten *Pseudancistrus* haben eine Maximallänge von 20 bis 25 cm. Am häufigsten werden *Pseudancistrus asurini* (L67) aus dem Flusssystem des Rio Xingu sowie *Pseudancistrus zawadzkii* (L259, L321 aus dem Rio Tapajós importiert. Alle Arten stammen aus dem Amazonasgebiet in Brasilien. Bislang konnte leider noch kein *Pseudancistrus* im Aquarium vermehrt werden.

Der hübsche 10-Cent-Harnischwels (*Lithoxus* sp. LDA66) aus Brasilien

LITHOXUS-KLADE

Eine weitere monophyletische Gruppe bilden *Lithoxus* und *Pseudolithoxus*, die sogenannte *Lithoxus*-Klade. Diese interessanten Welse sind im unteren Amazonas-Becken, im Orinoko-Becken sowie in den Küstenflusssystemen des Guyana-Schildes verbreitet. Bislang sind kaum Arten für die Aquaristik importiert worden. Lediglich der hübsche *Lithoxus* sp. (LDA66) aus dem Nordosten Brasiliens gelangte meines Wissens mehrere Male in den Zoofachhandel. Es handelt sich um Bewohner der am schnellsten fließenden Bereiche kleiner Klarwasserflüsse. Diese Lebensweise lässt bereits der extrem flache Körperbau erahnen. Aus diesem Grunde werden diese kleinen Loricariiden, die nur 6 bis 8 cm Länge erreichen, auch Stromschnellen-Harnischwelse genannt. Im Gegensatz zu den nahe verwandten *Pseudancistrus* besitzen die *Lithoxus* und Co. nur wenige große Zähne. Es handelt sich um Insektenfresser, die sich von auf den Steinen aufsitzenden Insektenlarven ernähren. Die Pflege dieser Welse ist bereits in kleinen Aquarien möglich und nicht schwierig, wenn man ihnen sauerstoffreiches Wasser anbietet. Die Vermehrung ist bislang meines Wissens noch nicht gelungen.

„*Pseudancistrus*“ *sidereus* aus dem Río Orinoco

„PSEUDANCISTRUS“-KLADE

Die Klade der *Pseudancistrus* im weiteren Sinne besteht aus den beiden Arten „*Pseudancistrus*“

pectegenitor und „*Pseudancistrus*“ *sidereus*, die von ARMBRUSTER (2008) gemeinsam mit den *Guyanancistrus*- und *Lithoxancistrus*-Arten der Gattung *Pseudancistrus* zugeordnet wurden. Diese beiden Arten sind im oberen Río Orinoco und Río Casiquiare im Grenzgebiet zwischen Kolumbien, Venezuela und Brasilien beheimatet. Sie sind aquaristisch ohne Bedeutung, obwohl „*P.*“ *pectegenitor* mit L261 sogar eine Codenummer erhalten hat.

ACANTHICUS-KLADE

Bereits ARMBRUSTER (2004) mutmaßte, dass die Gattungen *Acanthicus, Leporacanthicus, Megalancistrus* und *Pseudacanthicus* eine monophyletische Gruppe bilden. Charakteristisch für diese *Acanthicus*-Gruppe ist das Vorhandensein von festen, sehr spitzen stachelartigen Odontoden auf den Körperseiten in beiden Geschlechtern. Von diesem Merkmal wurde auch der Gattungsname *Acanthicus* abgeleitet, denn das griechische Wort akantha bedeutet Stachel.

Die kleinsten Vertreter dieser Gruppe sind die Rüsselzahnwelse der Gattung *Leporacanthicus*, die eine Länge von 15 bis 30 cm erreichen. Diese Loricariiden sind carnivor und erbeuten mit ihren wenigen, großen und langen Zähnen Insektenlarven. Die Kaktuswelse der Gattung *Pseudacanthicus* sind mit 20 bis 40 cm Länge etwas größer. Auch diese Welse sind reine Fleischfresser. Die ähnlichen aber 60 bis 80 cm groß werdenden *Megalancistrus* sollen sich nach neuen Erkenntnissen in der Natur von Süßwasserschwämmen ernähren. Die Riesen unter den Harnischwelsen überhaupt sind die *Acanthicus*-Arten, auch Elfenwelse genannt. Sie erreichen eine Länge von über einen Meter und sind Algen- und Detritusfresser. Es sollen bereits *Acanthicus* von 150 cm Länge gefunden worden sein.

Eine mit etwa 20 bis 25 cm Maximallänge relativ kleine Kaktuswelsart ist L97 aus dem Rio Tapajós

Obwohl diese Harnischwelse im Aquarium nicht schwierig zu pflegen sind, handelt es sich allein schon wegen ihrer Größe keineswegs um Anfängerfische. Die Tiere benötigen große und bei der Pflege mehrerer Exemplare auch versteckreich eingerichtete Aquarien, denn mit der Größe geht auch eine gewisse Territorialität einher. Die stacheligen Welse, die mit Ausnahme der südlicher vorkommenden *Megalancistrus* im Amazonas- und Orinoko-Becken heimisch sind, haben außerdem einen großen Sauerstoffbedarf. Sie sind im Aquarium gut mit Frost- und Tablettenfutter zu ernähren und auch die Vermehrung einiger Arten ist bereits gelungen. Besonders die Nachzucht der *Pseudacanthicus*-Arten stellt für den Züchter eine große Herausforderung dar, da die Jungfische nicht einfach aufzuziehen sind.

HEMIANCISTRUS-KLADE

Diese Klade setzt sich zusammen aus der Typusart der Gattung *Hemiancistrus, H. medians*, sowie den Gattungen *Baryancistrus, Parancistrus, Spectracanthicus* und *Panaque*. Die Orinoko-Arten „*Baryancistrus*“ *beggini*, „*Hemiancistrus*“ *subviridis*, „*Baryancistrus*“ *demantoides* und „*Hemiancistrus*“ *guahiborum* bilden sicherlich ebenfalls eine monophyletische Gruppe innerhalb dieser Klade. Die *Hemiancistrus* waren mittlerweile zu einer großen Sammelgattung von Arten geworden, die offensichtlich

Hemiancistrus medians **ist offensichtlich mit keiner anderen** ***Hemiancistrus*****-Art näher verwandt**

Die attraktiven Orangesaumwelse oder „Golden Nuggets" (hier ***Baryancistrus*** **cf.** ***xanthellus*****) werden für die meisten Aquarien viel zu groß**

nicht näher miteinander verwandten Gruppen angehören. Die restlichen *Hemiancistrus* sind anscheinend nicht näher mit *H. medians* verwandt und sollten aus der Gattung ausgegliedert werden. Die Vertreter dieser Klade sind in den Flusssystemen des Amazonas, des Orinoko, des Río Magdalena sowie in den Küstenflusssystemen des Guyana-Schildes verbreitet. Sie leben dort vor allem in den Stromschnellen zwischen Steinen. Während *Baryancistrus* und *Hemiancistrus* Aufwuchsfresser sind, haben sich die Vertreter der Gattungen *Panaque* auf das Holzfressen sowie *Parancistrus* auf das Fressen von flockigem Detritus spezialisiert. Die größten Vertreter sind die *Panaque*-Arten, die eine Maximallänge von 60 bis 80 cm erreichen können. *Baryancistrus* im engeren Sinne und *Hemiancistrus medians* werden auch etwa 30 bis 40 cm groß. Deutlich kleiner sind die *Parancistrus*-Arten (15 bis 25 cm), die *Spectracanthicus* (10 bis 20 cm) sowie „*Baryancistrus*" *beggini* (L239, 10 bis 12cm). Auch wenn Zuchterfolge in dieser Gruppe selten sind, konnten einige Arten bereits im Aquarium vermehrt werden. Am anspruchsvollsten sind sicherlich die *Baryancistrus*-Arten anzusehen, die als spezialisierte Aufwuchsfresser bei falscher Ernährung oder zu kühler Pflege im Wachstum völlig stagnieren und eingehen können. Erwachsene Tiere dieser Gattung können weiterhin ebenso wie die *Panaque*-Arten territorial sein, so dass sich geräumige Aquarien mit Versteckmöglichkeiten für eine erfolgreiche Pflege empfehlen.

TRIBUS HYPOSTOMINI

Die größte Gruppe der Unterfamilie Hypostominae sind mit etwa 170 Arten die namensgebenden Hypostomini mit der riesigen Gattung *Hypostomus*, die größte aller Harnischwels-Gattungen. *Hypostomus* ist zu einer riesigen Sammelgattung angewachsen, die sinnvoller Weise in zahlreiche kleine Gattungen unterteilt werden sollte, nur traut sich aufgrund ihrer Größe niemand an dieses Projekt heran. Die eine Zeit lang ebenfalls als eigenständig betrachtete Gattung *Cochliodon* wurde bereits von WEBER & MONTOYA-BURGOS (2002) zum Synonym von *Hypostomus* erklärt. Ihre Angehörigen unterscheiden sich durch das Vorhandensein einer geringen Anzahl löffelförmiger Zähne mit nur einer einzigen Kuppe von allen anderen Hypostomini, *Hypostomus fonchii* soll jedoch eine Übergangsform zwischen *Hypostomus* und den *Cochliodon* darstellen, weshalb eine klare Abgrenzung nicht möglich sein soll. ARMBRUSTER (2004) betrachtete auch noch die Gattungen *Aphanotorulus, Isorinineloricaria* und *Squaliforma* als Synonyme zu *Hypostomus.* LUJAN et al. fanden jedoch heraus, dass diese drei Gattungen verwandtschaftlich *Peckoltia* viel näher stehen und ordnen sie der nachfolgend besprochenen *Peckoltia*-Klade zu. Nah verwandt mit *Hypostomus* und deshalb ebenfalls dieser Tribus zugehörig sollen die Arten der Gattung *Pterygoplichthys* sein, deren Rückenflosse durch eine höhere Anzahl an Flossenstrahlen segelartig vergrößert ist. Sie wurden bislang in einer eigenen Tribus Pterygoplichthyini eingeordnet. Im Gegensatz zu den meisten anderen Harnischwelsen, deren Rückenflosse nur von sechs bis acht verzweigten Strahlen gestützt wird, weisen die Rückenflossen der *Pterygoplichthys* zehn bis vierzehn Weichstrahlen auf. Eine dritte Gruppe der Hypostomini sind die südlichen und westandinen Arten der Sammelgattung *Hemiancistrus,* die den *Hypostomus*-Arten ausgesprochen ähnlich sind, aber hervorstülpbare Odontoden hinter dem Kiemendeckel tragen. Die Gruppe um „*Hemiancistrus*“ *chlorostictus* ist in Südostbrasilien, Paraguay, Argentinien und Uruguay heimisch, wo Schwankungen in den Wassertemperaturen von etwa 18 bis 30°C möglich sind. Die westlich der Anden vorkommenden „*Hemiancistrus*“ im weiteren Sinne (z.B. „*H.*“ *aspidolepis* und „*H.*“ *maracaiboensis*) sind offensichtlich eng mit den südlichen „*Hemiancistrus*“ verwandt, stellen aber eine eigene monophyletische Gruppe dar. Diese auch als Schilderwelse bezeichneten Fische erreichen eine

Hypostomus luteus **ist einer der attraktivsten Arten dieser Gruppe und färbt sich im Laufe seines Lebens vollständig gelb**

Unter den früheren *Cochliodon*, die heute als *Hypostomus*-Arten gelten, gibt es auch einige begehrte Arten, etwa dieser L360

Der Wabenschilderwels *Pterygoplichthys gibbiceps* ist einer der bekanntesten Harnischwelse in der Aquaristik

Größe von 15 bis 60 cm. Die Hypostomini sind überaus artenreich in den Gewässern der Ebene vertreten. Nur wenige Arten findet man in Gebirgsflüssen. Jedoch gibt es auch eine Reihe von Arten, die atmosphärische Luft atmen und in stehenden Gewässern selbst bei Sauerstoffarmut überleben können.
Früher wurden die Schilderwelse als Algenfresser in Gesellschaftsaquarien gepflegt. Da die meisten Arten jedoch relativ groß werden und es nur wenige wirklich attraktive Vertreter in dieser Gruppe gibt, sind heute nur noch wenige Hypostomini als Aquarienfische begehrt. Dennoch wurde auch an viele Hypostomini mittlerweile eine L-Nummer vergeben. Aber selbst zu Zeiten des großen L-Wels-Booms führten diese Fische meist nur ein Schattendasein. Lediglich Wabenschilderwels, *Pterygoplichthys gibbiceps*, oder der Schilderwels schlechthin, *Pterygoplichthys pardalis*, werden auch heute noch regelmäßig im Zoofachhandel angeboten. Der vor Jahrzehnten in unseren Aquarien allgegenwärtige Saugwels wurde noch bis vor kurzer Zeit fälschlich als *Hypostomus plecostomus* angesprochen. Einige südliche Arten sind überaus attraktiv, beispielsweise der fantastische *Hypostomus luteus*, dessen Färbung durchaus mit der bunter L-Welse mithalten kann.
Die meisten Hypostomini dürften sich in der Natur in Höhlen in der Uferböschung vermehren. Wir können jedoch davon ausgehen, dass die Schilderwelse wie nahezu alle Hypostominen Höhlenbrüter im männlichen Geschlecht sind. Wenige Arten konnten auch bereits erfolgreich im Aquarium vermehrt werden.

PECKOLTIA-KLADE

Die offensichtlich stammesgeschichtlich jüngste Gruppe der Unterfamilie Hypostominae stellt die morphologisch sehr vielfältige *Peckoltia*-Klade dar. Sie ist gleichzeitig die gattungsreichste Gruppe dieser Unterfamilie. Zu dieser Klade zählen einige der beliebtesten Harnischwelsgattungen, wie *Hypancistrus, Peckoltia* und *Panaqolus.* Die kleinste Art dieser Gruppe ist *Micracanthicus vandragti* mit nur etwa 4 cm SL, aber auch die bis zu 40 cm groß werdenden Arten der Gattung *Scobinancistrus* gehören dazu.

Hypancistrus gehören zu den beliebtesten Harnischwelsen überhaupt, das abgebildete Exemplar ist eine spezielle Variante von L333

Überraschenderweise zählen auch *Isorineloricaria, Squaliforma* und *Aphanotorulus* zur *Peckoltia*-Klade, die ARMBRUSTER (2004) noch allesamt als Synonym der Gattung *Hypostomus* betrachtete. Die DNA-Untersuchungen von LUJAN et al. stellten diese drei Gattungen, bei denen die geschlechtsreifen Männchen stark mit Odontoden bewachsen sind, als monophyletische Gruppe innerhalb der *Peckoltia*-Klade heraus. *Squaliforma* wird dabei offensichtlich als ein Synonym zu *Aphanotorulus* angesehen. Diese schlanken, langgestreckten Schilderwelse sind Bewohner von Sandbänken. Die im westandinen Ekuador lebende Art *Isorineloricaria spinosissima* ist mit mehr als 50 cm Länge der Riese innerhalb dieser Klade.
Dass auch die Gattung *Spectracanthicus* nicht nur durch die umstrittene Synonymie der Gattung *Oligancistrus* sondern auch durch die Beschreibung von „*Spectracanthicus*“ *immaculatus* zu einer polyphyletischen Sammelgattung herangewachsen ist, verdeutlicht der neue Stammbaum der Loricari-

iden. Während die früheren *Oligancistrus* erwartungsgemäß als Schwestergruppe zu den ähnlichen *Parancistrus* in der *Hemiancistrus*-Klade aufgehen, findet man den auch unter der L-Nummer L269 bekannten „*S.*“ *immaculatus* in der *Peckoltia*-Klade. Leider wurden keine *Spectracanthicus* im engeren Sinne (z.B. *S. murinus*) untersucht.

Die meisten *Scobinancistrus*-Arten erreichen eine Länge von fast 40 cm, hier L253 aus dem mittleren Rio Xingu

Die Verbreitung der Angehörigen ist auf den nördlichen Teil Südamerikas beschränkt mit der bei weitem größten Diversität im Amazonasgebiet. Es handelt sich meist um Bewohner der schnell fließenden, sauerstoffreichen Bereiche der Flüsse. Viele Arten findet man in den Stromschnellen zwischen den Steinen.

Während die *Hypancistrus*- und *Peckoltia*-Arten Allesfresser sind, haben sich die *Panaqolus* auf das Fressen von abgestorbenem Holz spezialisiert. Sie benötigen auch im Aquarium unbedingt weiches Holz zum Beraspeln. *Scobinancistrus* sind wiederum reine Fleischfresser, die sich auch gut mit Muschelfleisch und Garnelen ernähren lassen. *Aphanotorulus* und *Squaliforma* dürften sich auf den Sandbänken von Detritus ernähren und sind dem entsprechend relativ anspruchslos.

Während die meisten Arten mit ihren 8 bis 15 cm Länge und einer vergleichsweise geringen Territorialität sehr gut in Aquarien ab etwa 1 m Kantenlänge gepflegt werden können, benötigen beispielsweise die *Scobinancistrus* nicht nur wegen ihrer Größe deutlich geräumigere Aquarien. Sie können auch innerartlich aggressiv sein. Aquarien für sie sollten versteckreich eingerichtet sein.

In dieser Gruppe sind mittlerweile schon überaus viele Nachzuchterfolge erzielt worden. Besonders die *Hypancistrus, Peckoltia* und *Panaqolus* sind gewöhnlich einfach nachzuzüchten, wenn man ihnen geeignete Laichhöhlen anbietet. Die Arten legen jedoch oft wenige große Eier ab.

Zu den skurrilsten Schilderwelsen gehört *Isorineloricaria spinossissima*, dessen Körper vollständig bestachelt ist

UNTERFAMILIE LITHOGENEINAE

Aus aquaristischer Sicht völlig unbekannt ist die Unterfamilie Lithogeneinae ,die basale Gruppe der Loricariidae, die laut SCHAEFER (2003) als Schwestergruppe zu allen restlichen Loricariiden betrachtet wird. Die Lithogeneinae unterscheiden sich von allen anderen Harnischwelsen durch das völlige Fehlen von Knochenplatten auf dem Körper. Wir haben es also mit vollkommen nackten Loricariiden zu tun, die eine Größe von nur etwa 5 bis 10 cm erreichen. Die Unterfamilie besteht aus der einen Gattung *Lithogenes* mit nunmehr drei bekannten Arten. Die Typusart *Lithogenes villosus* wurde bereits zu Beginn des vorigen Jahrhunderts aus dem oberen Potaro River in Guyana beschrieben. Erst vor wenigen Jahren kamen die beiden Arten *L. valencia* aus den Anden im Norden Venezuelas und *L. wahari* aus dem Oberlauf des Río Orinoco im Süden dieses Landes hinzu. *Lithogenes* sind Bewohner sehr schnell fließender Gewässer in Gebirgslagen, die vermutlich in der Pflege heikel sind und auch im Aquarium kühles, keimarmes und sauerstoffreiches Wasser benötigen dürften. Aber wir müssen uns wohl über die Pflege dieser Tiere keine Gedanken machen, denn sie dürften wohl kaum einmal in unsere Aquarien gelangen.

UNTERFAMILIE LORICARIINAE

Die dritte große aquaristisch relevante Gruppe der Harnischwelse ist die Unterfamilie Loricariinae, die sogenannten Hexenwelse. Es handelt sich um eine sehr artenreiche Gruppe, die bei vielen Aquarianern beliebt ist, da ihre Angehörigen häufig sehr skurril, meist einfach zu pflegen und durchaus nachzuzüchten sind. Man kann diese Welse von allen anderen Loricariiden durch eine extrem schlanke und langgestreckte Körperform unterscheiden. Weiterhin charakteristisch für diese Gruppe ist ein stark abgeflachter Schwanzstiel mit nur einer einzigen Reihe von Knochenplatten an den Körperseiten und das völlige Fehlen einer Fettflosse.

Es gibt zwei Typen von Loricariinen, die Sandbewohner und die Bewohner glatter Substrate, wie Steine oder Hölzer. Letztere verfügen über ein kräftiges Saugmaul und sind gewöhnlich Aufwuchsfresser. Die erste Gruppe von Hexenwelsen sucht hingegen Nahrung auf dem Sandboden. Diese Welse sind Alles- oder Fleischfresser und haben dem entsprechend ein ganz anders gestaltetes Maul, das viele Lippenbarteln zum Ertasten der Nahrung aufweist.

Man unterscheidet nach COVAIN et al. (2008) zwei Gattungsgruppen innerhalb der Unterfamilie Loricariinae, die Harttiini und die Loricariini. Die Loricariini werden noch einmal unterteilt in die beiden Subtribus Loricariina (eigentliche Hexenwelse) und Sturisomina (Stör- und Nadelwelse).

TRIBUS HARTTIINI

Bis 2008 wurden der Gattungsgruppe Harttiini auch *Sturisoma* und Verwandte zugeordnet. COVAIN et al. (2008) fanden heraus, dass *Harttia* und Verwandte jedoch eine eigenständige Gruppe darstellen, eine Schwestergruppe aller anderen Loricariinae. Neben den *Harttia* zählen auch noch die etwas hochrückigeren *Cteniloricaria* sowie die kleinen *Harttiella* zu dieser Gattungsgruppe. Die Gattung *Quiritixys* wurde eigens für die extrem stark beborstete Art *Harttia leiopleura* eingerichtet; sie gilt heute als Synonym zu *Harttia.*

Diese vermutlich noch unbeschriebene *Harttia*-Art stammt aus dem Essequibo River in Guyana

Harttia und Verwandte zeichnen sich durch einen im Vergleich mit vielen anderen Hexenwelsen (mit Ausnahme der maulbrütenden Arten) breiten Körperbau mit einer runden Kopfpartie aus. Sie besitzen ein großes Saugmaul und eine typische Aufwuchsfresserbezahnung, bestehend aus unzähligen dünnen und langen Zähnen. *Harttia* und *Ctenilοricaria* sind Bewohner extrem schnell fließender Gewässerbereiche Amazoniens und des Guyana-Schildes. Einige *Harttia*-Arten leben jedoch auch in den Küstenflüssen des östlichen Brasiliens und es gibt auch in subtropischen Gefilde einzelne Arten. Während die *Harttia* und *Ctenilοricaria* etwa 15 bis 20 cm lang werden, erreichen die aquaristisch

leider noch völlig unbekannten *Harttiella* etwas mehr als 5 cm. Diese kleinen Hexenwelse sind Bewohner schmaler Gebirgsbäche in Französisch-Guayana und Surinam.
Die Harttiini sind Bewohner von Fließgewässern vom Klar- und Weißwassertyp und sehr sauerstoffbedürftig. Nur wenige können überhaupt in stehenden Gewässern überleben. Das bedeutet für die aquaristische Praxis, dass Aquarien für diese Tiere gut gefiltert und belüftet sein müssen. Die Harttiini sollten als vorwiegend vegetarisch lebende Fische neben Algen vor allem sehr viel pflanzliche Kost erhalten. Lediglich zwei *Harttia*-Arten aus dem Nordosten Brasiliens konnten bislang vermehrt werden. Die Aufzucht der anspruchsvollen Jungfische gestaltet sich schwierig und ist Anfängern nicht zu empfehlen.

Einer der kleinsten Hexenwelse ist *Rineloricaria* sp. (L42) aus Französisch Guayana

Auch die größeren *Spatuloricaria*-Arten (hier eine unbeschriebene Art aus dem Rio Tocantins) sind Höhlenbrüter

TRIBUS LORICARIINI – SUBTRIBUS LORICARIINA

Die bei weitem größte Gruppe der Unterfamilie Loricariinae bilden die Loricariina, die eigentlichen Hexenwelse. Diese bei vielen Aquarianern wegen ihrer oft extravaganten Körperformen, den ungewöhnlich ausgeprägten Lippenstrukturen oder den kräftigen Borsten auf dem Körper beliebten Fische sind meist ideale Aquarienpfleglinge. Die Mehrzahl von ihnen stellt keine hohen Ansprüche an ihre Pflege. Sie sind nicht so schwierig zu vermehren. Man unterscheidet etwa 25 beschriebene Gattungen, die teilweise in weitere Untergruppen untergliedert werden. So werden eine *Loricaria*-, eine *Loricariichthys*-, eine *Pseudohemiodon*- und eine *Rineloricaria*-Gruppe beschrieben, manche Gattungen (z.B. *Metaloricaria*) ließen sich jedoch keiner dieser Gruppen zuordnen.
Die Loricariina sind sandbewohnende Hexenwelse, die sich in den Gewässern tagsüber meist in der Tiefe aufhalten oder sich anderweitig verstecken. Während der Dunkelheit zur Nahrungsaufnahme bevölkern sie freie Sandflächen. Von Costa Rica und Panama über die Anden ist diese Fischgruppe bis hinein in alle tropischen und viele subtropische Flusssysteme Südamerikas verbreitet. Dabei leben sie sowohl in Gewässern vom Weißwassertyp als auch in Klar- und Schwarzgewässern. Jedoch scheint ihre Verbreitung nicht bis in höhere Lagen hinein zu reichen. Wir können wenige Arten bestenfalls in schnell fließenden Gewässern am Fuße der Gebirge antreffen. Einzelne Arten, z.B. Riesenhexenwelse der Gattung *Loricariichthys*, findet man aber auch in stehenden Gewässern, wo sie unter Sauerstoffarmut gut zurecht kommen.
Kleine Hexenwelse wie *Rineloricaria beni* erreichen eine Maximallänge von etwa 8 cm. Größere wie die *Paraloricaria*-Arten oder *Loricaria lentiginosa* können jedoch bis zu 60 cm lang werden. Weil Hexenwelse standorttreu sind und wenig umher schwimmen, benötigt man selbst für die größten Vertreter keine Aquarien von mehreren Metern Länge. Da es sich bei den Loricariina gewöhnlich um Allesfresser oder sogar Fleischfresser handelt, ist die Ernährung einfach. Bei der Pflege ist jedoch zu berücksichtigen, dass viele Arten sandfarben sind und sich deshalb auf ihre Tarnung verlassen. Flucht ist bei ihnen nur der allerletzte Ausweg, weshalb man eine Vergesellschaftung mit aufdringlichen oder aggressiven Fischen vermeiden sollte.
Die Hexenwelse lassen sich in zwei große Gruppen unterteilen, die Höhlenbrüter und die Maulbrüter. Zu den Höhlenbrütern zählt man die bekanntesten Vertreter dieser Tribus, die *Rineloricaria*-Arten. Diese

Die lippenbrütenden Harnischwelse sind oft skurril wie hier *Apistoloricaria condei* aus Peru

Die systematische Einordnung von *Metaloricaria paucidens* innerhalb der Loricariina ist noch ungeklärt

Welse laichen im Aquarium in ihrer Körperform entsprechenden, langen und schmalen, röhrenförmigen Höhlen ab. Seltener werden die größeren *Spatuloricaria* gepflegt, von denen ebenfalls manche Art im Aquarium vermehrt werden konnte. Die Tiere laichen unter Steinplatten ab. Auch bei ihnen bewachen die Männchen das Gelege."
Während sich *Rineloricaria* und Verwandte oft in der Nähe von Steinen oder Holzstücken aufhalten und in daraus gebildeten Höhlen ablaichen, kommen die Vertreter der zweiten Gruppe fast ausschließlich auf freien Sandflächen vor, wo man fast gar keine Verstecke findet. Deshalb hat sich bei diesen Fischen eine spezielle Form der Brutpflege ausgebildet. Die Männchen tragen ihre Gelege im Maul mit sich herum und verdecken sie dabei mit ihrem Körper fast vollständig. Da diese Form der Brutpflege jedoch keine echte Maulbrutpflege ist, bei der das Tier das Gelege vollständig im verschlossenen Maul trägt, bevorzuge ich den Begriff Lippenbrutpflege für diese Strategie. Die einfachste Form des Lippenbrütens zeigen dabei *Loricaria*-Arten, bei denen die Männchen ruhig auf dem Sand ruhend das Gelege unter dem Körper liegen haben und mit dem Maul festhalten. Bei den ähnlichen *Brochiloricaria*, die an den längeren und am Ende meist fadenartig verlängerten Brustflossen zu erkennen sind, suchen sich die Männchen zum Erbrüten der Eier einen Aufsitz, etwa einen Stein oder einen Baumstamm. Die stark abgeflachten Flunderharnischwelse der Gattungen *Pseudohemiodon* und *Crossoloricaria* graben sich zum besseren Schutz ihres Geleges sogar zusammen mit ihm in den Sandboden ein, so dass nur noch die Augen daraus herausgucken.
Bei den *Loricariichthys, Pseudoloricaria, Limatulichthys* und *Hemiodontichthys* verändert sich sogar die Lippenstruktur der Männchen zur Laichzeit. Vor allem die Unterlippe vergrößert sich erheblich zu einer schlauchartigen Struktur, die das Gelege vollständig umschließt. *Pseudoloricaria* laichen zunächst auf Blättern ab und tragen die Gelege dann mitsamt der anhaftenden Blätter umher. Besonders die lippenbrütenden Hexenwelse sind meist einfach zu pflegen und zu vermehren, so dass sie dem Anfänger empfohlen werden können.

TRIBUS LORICARIINI – SUBTRIBUS STURISOMINA

Während man die Störwelse früher der Tribus Harttiini zurechnete und die Nadelwelse eine eigene Tribus Farlowellini darstellten, stellte sich bei den DNA-Untersuchung durch Covain et al. heraus, dass diese beiden Gruppen nah miteinander verwandt sind und eine monophyletische Gruppe bilden, die Schwestergruppe der Loricariina. Insgesamt haben wir es zwar nur mit sechs Gattungen zu tun, darunter befinden sich aber mit *Sturisoma* und *Farlowella* zwei aquaristisch beliebte.
Die Störwelse und Verwandte sind sowohl westlich als auch östlich der Anden verbreitet. Sie bewohnen in den andinen Bereichen vor allem schnell fließende, klare Gewässer, wo sie auf Steinen leben und diese mit ihrem kräftig ausgebildeten Saugmaul, das mit vielen Raspelzähnen ausgestattet ist, abweiden. Die Verbreitung der Gattung *Sturisoma* reicht östlich der Anden weit ins Orinoco- und Amazonas-Becken, die Gewässer des Guyana-Schildes sowie in das Río Paraguay-/Río-Paraná-Becken hinein, wo sie auch in großen Weißwasserflüssen auf schlammigem Untergrund leben. Zu den Störwelsen zählen außer den

Sturisoma auch die ähnlichen *Sturisomatichthys, Lamontichthys* und *Pterosturisoma.* Sie erreichen meist eine Länge von 20 bis 25 cm, *Sturisomatichthys* bleiben mit 10 bis 15 cm Länge meist etwas kleiner.
Auch *Farlowella* sind beliebte Aquarienfische und als Nadel- oder Schnabelwelse bekannt. Ihre Schnauzenspitze ist stark verlängert, was ihnen ein einzigartiges Aussehen verleiht. Diese Verlängerung wird Rostrum genannt und kann je nach Art unterschiedlich ausgeprägt sein. Die mit etwa 37 Arten große Gattung *Farlowella* ist in Südamerika östlich der Anden weit verbreitet, lediglich im Maracaibo-Becken im Norden Venezuelas siedeln zwei Arten westlich der Anden. *Farlowella* sind nadelartig schlanke Harnischwelse mit einer Maximallänge von 20 bis 25 cm.
Nah mit *Farlowella* verwandt ist die Gattung *Aposturisoma,* die nur aus einer Art besteht. *Aposturisoma myriodon* bewohnt Bäche am Fuße der Anden im Osten Perus, wird etwa 20 cm lang und besitzt eine im Vergleich zu *Farlowella* eine kurze Schnauzenspitze.
Männchen von *Sturisoma, Sturisomatichthys* und *Farlowella* tragen während der Laichzeit Borsten am Schnauzenrand und haben gewöhnlich ein breiteres Rostrum. Bei *Lamontichthys* und *Pterosturisoma* sind die Geschlechtsunterschiede nicht so deutlich ausgeprägt. Es handelt sich um Substratlaicher, die in der Natur an Steinen, Ästen oder anderen glatten Oberflächen ablaichen. Die Männchen bewachen die großen Eier bis zum Schlupf der Jungfische. Die beim Schlupf fast fertig entwickelten Jungen sind sofort selbständig und werden nicht mehr bewacht. Die Aufzucht der Jungfische ist nicht einfach.

***Sturisoma aureum*, Wildfangtier des Goldbartwelses aus Kolumbien**

***Aposturisoma myriodon* aus dem Río Huallaga in Peru ist aquaristisch nahezu unbekannt**

Die Nadelwelse der Gattung *Farlowella* sind sehr beliebt, diese unbeschriebene Art stammt aus dem Rio Tapajós

UNTERFAMILIE RHINELEPINAE

Die jüngste Unterfamilie der Harnischwelse wurde erst vor kurzer Zeit von LUJAN et al. (2014) aufgrund ihrer genetischen Eigenständigkeit beschrieben. Bislang wurden *Rhinelepis* und Verwandte als Gattungsgruppe der Unterfamilie Hypostominae betrachtet. Bei ihren DNA-Analysen fanden die Ichthyologen heraus, dass sie eine eigene Gruppe relativ nah an der Basis des Stammbaumes der Loricariidae darstellen.

Mit ihren dicken Knochenplatten, die relativ weit abstehen, machen sie einen urtümlichen Eindruck. Das hat ihnen den Populärnamen Tannenzapfenwelse eingebracht. Die Rhinelepinae besitzen zwei weitere charakteristische Merkmale, die sie von den meisten Vertretern der Unterfamilie Hypostominae unterscheidet: Zum einen fehlt den Rhinelepinae meist eine Fettflosse, zum anderen der Irislappen im Auge.

Die Unterfamilie besteht derzeit aus drei Gattungen mit insgesamt sechs beschriebenen Arten. Während die lediglich im südlichen Südamerika verbreiteten *Rhinelepis* nur selten für die Aquaristik eingeführt werden, gelangen die wesentlich bekannteren *Pseudorinelepis* aus dem Amazonas- und Orinoco-Gebiet häufiger in den Handel. Die dritte Gattung *Pogonopoma* aus Südostbrasilien ist aquaristisch fast unbekannt und Importe sind auch nicht mehr zu erwarten.

Tannenzapfenwelse gehören zu den großen Loricariiden und sind nur für eine Pflege in geräumigen Aquarien geeignet. Die *Pseudorinelepis* können eine Größe von mehr als 50 cm erreichen, *Rhinelepis*-Arten werden mit etwa 60 bis 70 cm Maximallänge noch größer. Leider werden die Tiere ab einer gewissen Größe auch territorial, so dass ihr Aquarium versteckreich eingerichtet werden muss. Die Nachzucht ist im Aquarium auf natürliche Weise vermutlich nicht möglich. Einige Tannenzapfenwelse haben nämlich eine sehr ungewöhnliche Fortpflanzungsbiologie, von anderen Vertretern dieser Gruppe ist überhaupt noch nichts über die Vermehrung bekannt. Die *Rhinelepis*-Arten wandern zur Laichzeit flussaufwärts und sind Streulaicher ohne Brutpflege. Die Weibchen produzieren im Gegensatz zu allen anderen Loricariiden, bei denen die Fortpflanzungsbiologie bekannt ist, eine riesige Menge winziger Eier. Auch *Pseudorinelepis* sind offenbar Streulaicher, allerdings sind Laichwanderungen von ihnen nicht bekannt.

Rhinelepis aspera **aus dem südöstlichen Brasilien betreibt Laichwanderungen und ist ein Streulaicher**

Der bekannteste Tannenzapfenwels ist *Pseudorinelepis* sp. (L95) aus dem Rio-Branco-Einzug in Brasilien

Bei so einer großen Gruppe von Fischen verwundert es nicht, dass die sekundären Geschlechtsmerkmale sehr unterschiedlich ausgeprägt sein können. Im Folgenden möchte ich die wichtigsten Merkmale aufzeigen, die zur Unterscheidung der Geschlechter herangezogen werden können:

Bei den Ohrgittersaugwelsen (hier *Otocinclus vittatus*) sind die Weibchen meist etwas größer und natürlich auch fülliger

GRÖẞE

Die Geschlechtspartner sind bei den meisten Harnischwelsen etwa gleich groß. Auffällige Größenunterschiede zwischen den Männchen und Weibchen sind eigentlich nur von den Hypoptopomatinen bekannt. Sehr offensichtlich ist das beispielsweise bei den beliebten *Otocinclus.* Hier sind die Weibchen meist etwa einen halben Zentimeter größer als die Männchen und haben außerdem eine größere Körperfülle.

Pärchen von *Pseudacanthicus* sp. (L114), rechts das farbenprächtigere Männchen, links das blassere Weibchen

Frontalansicht Männchen von *Ancistomus* sp. (L387)

Frontalansicht Weibchen von *Ancistomus* sp. (L387)

Lateralansicht Männchen von *Ancistomus* sp. (L387)

Lateralansicht Weibchen von *Ancistomus* sp. (L387)

FÄRBUNG

Bei den meisten Harnischwelsen sind Männchen und Weibchen nahezu gleich gefärbt. Natürlich beeinflussen auch Merkmale wie der Odontodenwuchs auf dem Körper die Färbung beträchtlich, so dass stark bestachelte Männchen meist eine sehr viel verwaschenere Zeichnung haben. Aber darüber hinaus gibt es bei einigen Harnischwelsen auch sehr deutliche Unterschiede in der Grundfärbung zwischen den Geschlechtern. Ein Paradebeispiel dafür sind die Kaktuswelse der Gattung *Pseudacanthicus.* Bei diesen Harnischwelsen sind die Männchen meist deutlich farbenprächtiger, die Weibchen weniger auffällig und blasser gefärbt. Ähnliches kann auch bei anderen Gattungen festgestellt werden, z.B. bei einigen *Chaetostoma*-Arten oder bei manchen Rüsselzahnwelsen der Gattung *Leporacanthicus.*

KOPFLÄNGE UND -BREITE

Das bei weitem wichtigste Unterscheidungsmerkmal zwischen Männchen und Weibchen bei Loricariiden ist die Form des Kopfes. Während man andere Merkmale erst mit der Geschlechtsreife oder sogar nur während der Brutsaison feststellen kann, bildet sich eine unterschiedliche Form des Kopfes bereits früher aus. Dabei haben die Männchen meist einen längeren und breiteren Kopf als die Weibchen. Der Kopf der Weibchen ist hingegen gewöhnlich etwas kürzer und spitzer zulaufend. Dieses Merkmal kann man sowohl bei den Hexenwelsen als auch bei hypostominen Loricariiden feststellen. Zur Unterscheidung der Geschlechter anhand der Kopfform fängt man die Tiere am besten heraus und setzt sie in ein flaches Gefäß, um sie von oben zu betrachten.

FLOSSENGRÖßE

Die Brustflossen einiger Harnischwelsmännchen vergrößern sich zur Geschlechtsreife stark. Das ist beispielsweise bei *Lasiancistrus* und *Lithoxus* der Fall. Weibchen und Jungfische haben im Vergleich deutlich kürzere Pektoralen. Vor allem bei manchen sehr groß werdenden Harnischwelsen gibt es auch Unterschiede in der Größe der Rückenflosse. Die Männchen der *Pseudacanthicus* und *Megalancistrus*, aber auch einige *Pterygoplichthys* und *Hypostomus* besitzen eine segelartig vergrößerte Rückenflosse im männlichen Geschlecht. Die Weibchen zeigen allgemein eine kleinere Rückenflosse, auch wenn dieses Merkmal von Tier zu Tier sicher ein wenig variiert. Ich habe bereits zwei Paare der gleichen Art (z.B. *Pseudacanthicus* sp. L114) gepflegt, bei denen beim ersten Paar die Geschlechtspartner eine extrem unterschiedlich große Dorsale zeigten, beim anderen Paar hatte das Männchen jedoch nur eine geringfügig größere Rückenflosse.

Vergrößerte Brustflossen bei einem Männchen von *Lithoxus lithoides* aus Guyana

Auch die Bauchflossen der Männchen einiger Harnischwelse sind im Alter vergrößert. Dieses Merkmal ist beispielsweise bei den Vertretern der Gattung *Dekeyseria* besonders deutlich ausgeprägt, bei

Männchen von *Megalancistrus parananus* mit segelartig vergrößerter Rückenflosse

denen die Männchen eineinhalb- bis zweimal so lange Bauchflossen wie die Weibchen ausbilden, die zudem am Ende nach oben gebogen sind. Auch viele Gebirgsharnischwelse (*Chaetostoma, Dolichancistrus*) zeigen dieses Merkmal im männlichen Geschlecht.

DICKE DES BRUSTFLOSSENSTACHELS

Die Männchen vieler Harnischwelse haben häufig stärker verdickte Brustflossenstachel (das ist der Hartstrahl der Brustflosse). Ganz besonders auffällig ist dieses Merkmal bei den sandbewohnenden *Loricaria*-Arten und zugleich besonders wichtig, denn es ist so ziemlich das einzige Unterscheidungsmerkmal zwischen Männchen und Weibchen außer der Körperfülle, das wir kennen. Die *Loricaria*-Männchen haben einen vor allem mittig stark verbreiterten ersten Brustflossenstrahl, woran man sie sehr einfach identifizieren kann.

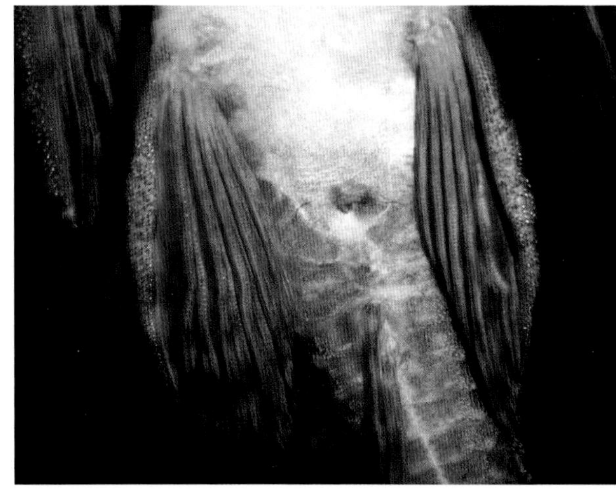

Vergrößerte Bauchflossen eines Männchens von *Dekeyseria scaphirhyncha*

Verdickter Brustflossenstachel eines männlichen *Loricaria cataphracta*

Brustflossenstachel des *Loricaria*-Weibchens ohne eine Verdickung

ODONTODEN

Die kalkhaltigen, stachelartigen Gebilde, die Loricariiden auf dem gesamten Körper tragen können, werden auch Hautzähnchen oder Odontoden genannt. Odontoden sind ein entscheidendes Geschlechtsmerkmal bei den Loricariiden. Bei vielen Harnischwelsen tragen die Männchen zur Geschlechtsreife oder sogar nur saisonal während der Laichzeit verlängerte Odontoden an verschiedensten Stellen des Körpers.
Bei vielen Hexenwelsen (*Sturisoma, Rineloricaria, Spatuloricaria* u.v.m.) tragen die Männchen verlängerte Odontoden vor allem am Schnauzenrand, auf dem Rücken und auf der Oberseite der Brustflossen.
Harnischwels-Männchen, die Brutpflege in einer Höhle betreiben, zeigen häufig einen wahren Teppich aus Odontoden auf dem Hinterkörper. Das macht sie, in der Höhle sitzend, sehr wehrhaft gegenüber Fressfeinden der Eier. Besonders stark ausgeprägt ist diese Beborstung beispielsweise bei *Peckoltia* und *Aphonotorulus*, aber auch Hexenwelse wie *Rineloricaria* sp. aff *latirostris* zeigen dieses Merkmal sehr auffällig.
Männchen können Odontoden an den verschieden-

Pärchen von *Spatuloricaria* cf. *puganensis*, das Männchen ist im Kopfbereich extrem kräftig bestachelt

Die Männchen bei der Gattung *Lamontichthys* sowie bei einigen *Sturisoma*-Arten tragen verlängerte Odontoden mittig auf dem verdickten Brustflossenstachel

Bei *Peckoltia* (hier *Peckoltia* sp. „Zwerg") tragen nur die Männchen dichte Odontoden auf dem Schwanzstiel

sten Körperpartien ausbilden. Bei den Ancistrinen sind die hinter dem Kiemendeckel sprießenden so genannten Kiemendeckel-Odontoden von Gattung zu Gattung unterschiedlich aufgebaut und meist im männlichen Geschlecht deutlich länger. Bei den *Lamontichthys* und einigen *Sturisoma*-Arten bilden die Männchen nur zur Laichzeit Odontoden nur mittig auf dem verdickten Brustflossenstachel aus.

GENITALPAPILLE

Sehr häufig wird unter den Harnischwels-Freunden von einer Unterscheidung des Geschlechtes von Loricariiden aufgrund der unterschiedlichen Form der Genitalpapille gesprochen. Das ist prinzipiell vor allem bei den Hypostominen auch in der Tat möglich. In der Praxis hat man jedoch häufig das Problem, dass die Genitalpapille gar nicht ausgestülpt ist, und dann sieht die männliche und weibliche Genitalregion sehr sehr ähnlich aus.
Bei einigen Loricariinen, vor allem aber bei den *Sturisoma* und Verwandten gibt die Region oberhalb der Genitalpapille auch Aufschluss über das Geschlecht. Zwar ist man auf dieses Merkmal bei den Störwelsen zur Unterscheidung nicht unbedingt angewiesen, da die *Sturisoma* ja nur im männlichen Geschlecht den sehr auffälligen Backenbart ausbilden. Anders sieht es jedoch beispielsweise bei den *Pterosturisoma* aus, bei denen derartige Merkmale nicht vorhanden sind. Bei den Männchen ist die nackte Region rund um die Genitalpapille rund und die kronenförmige Knochenplatte darüber relativ schmal. Die Weibchen zeigen eine mehr ovale, nackte Region, und die Knochenplatte darüber ist deutlich breiter.

Genitalpapille eines Männchens von *Panaqolus* sp (L2)

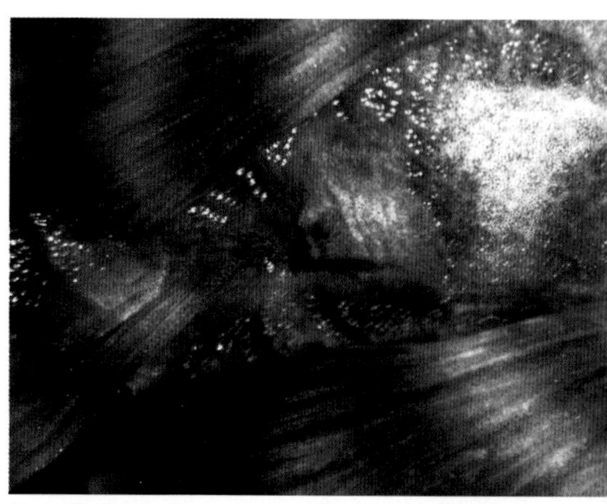

Zum Vergleich die Genitalpapille des L2-Weibchens

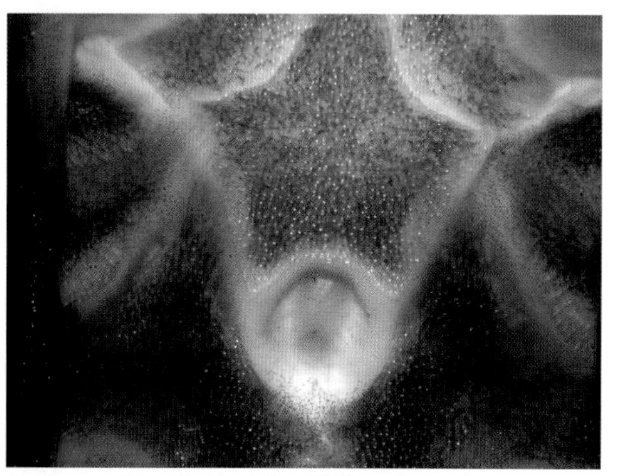

Region rund um die Genitalpapille beim Männchen

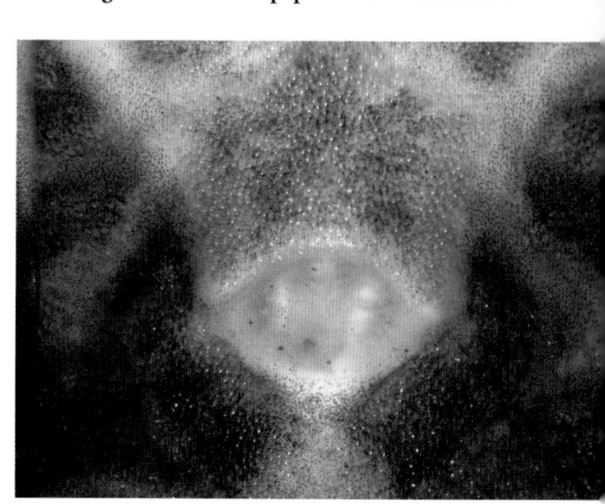

Die gleiche Region bei einem Weibchen

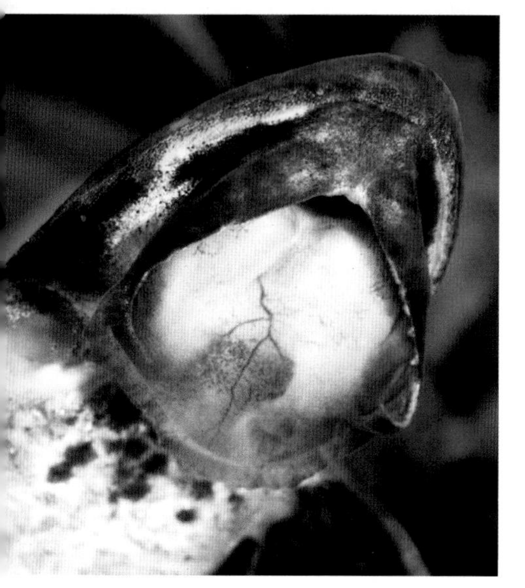

Vergrößerte Lippenpartie eines Männchens von *Loricariichthys platymetopon*

LIPPEN UND ZÄHNE

Bei den so genannten Maul- oder Lippenbrütern tragen die Männchen für etwa zwei bis drei Wochen ein Gelege mit ihren Lippen herum. Bei einigen Gattungen (z.B. *Hemiodontichthys, Loricariichthys, Pseudoloricaria* u.a.) gibt es außerdem saisonale besondere Anpassungen an diese Form der Brutpflege. Bei diesen Fischen vergrößert sich zur Laichzeit die Lippenpartie (vor allem die Unterlippe) deutlich. Außerhalb der Brutsaison bildet sich dieses Merkmal auch wieder zurück, so dass dann Männchen und Weibchen wieder eine nahezu gleiche Lippenpartie aufweisen.

Gewöhnlich sind die Zähne der meisten Loricariiden zweispitzig mit meist einer größeren mittleren und einer kleineren seitlichen oder zwei gleich großen Kuppen. Bei den brutpflegenden Männchen der *Aphanotorulus*-Arten sind die Zähne deutlich länger und eine seitliche Kuppe fehlt völlig. Neben der starken Beborstung des Hinterkörpers ist dieses ein sehr deutliches Unterscheidungsmerkmal zwischen Männchen und Weibchen.

Maulpartie eines männlichen *Aphanotorulus* mit einspitzigen Zähnen

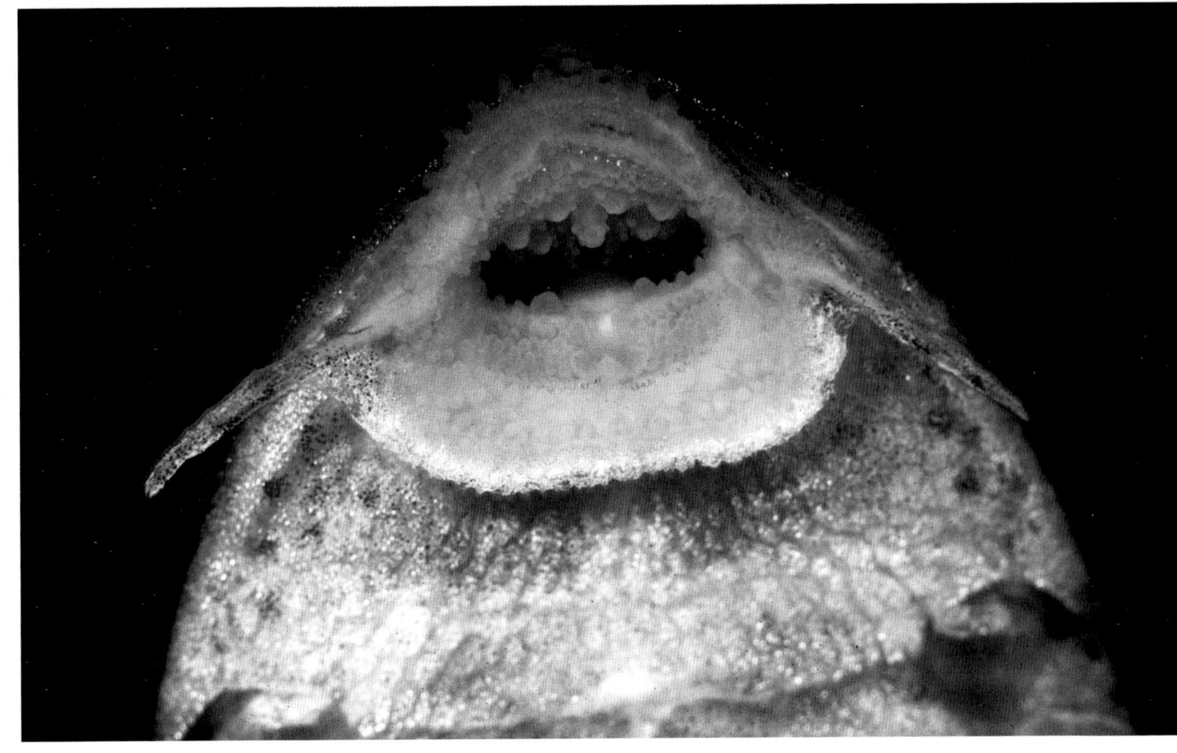

Maul eines weiblichen *Aphanotorulus*

Der Caño Agua Clara im Norden Venezuelas ist ein andiner Gebirgsbach

LEBENSWEISE IN DER NATUR

Das Verbreitungsgebiet der Harnischwelse reicht von den beiden mittelamerikanischen Staaten Costa Rica und Panama über das gesamte tropische Südamerika und die Insel Trinidad bis hinunter in die südlichen subtropischen Bereiche Argentiniens und Uruguays. Aufgrund der großen Anpassungsfähigkeit dieser Fische findet man sie von Gebirgslagen bis in die Ebene in ganz unterschiedlichen Lebensräumen, in schnell fließendem wie stehendem Wasser sowie in Gewässern aller drei Typen. Har-

nischwelse sind sowohl im Schwarz- als auch im Klar- und Weißwasser verbreitet. Im Folgenden stelle ich die wichtigsten Lebensräume dieser Fischfamilie sowie ihre Bewohner vor.

BEWOHNER DER GEBIRGSBÄCHE

Natürlich haben die Loricariiden in den Flüssen der Ebene ihre größte Verbreitung. Aufgrund der hohen Anpassungsfähigkeit dieser Fische haben es einige Arten jedoch geschafft, bis in größere Höhenlagen vorzudringen. Die Harnischwelse des Gebirges können dort allerdings nur durch spezielle Anpassungen an diese Gewässer überleben. Die Adaption an ausgesprochen schnell fließende, sehr sauerstoffreiche und relativ kühle Gewässer geht so weit, dass diese Tiere häufig im Aquarium nur schwer gepflegt werden können. In unseren Breiten ist es in den Sommermonaten, wenn unsere Fischräume nicht selten eine Temperatur von 30°C oder sogar noch höher erreichen, ausgesprochen schwierig, solchen Fischen adäquate Lebensbedingungen anzubieten. Für stark spezialisierte Arten empfiehlt sich deshalb die Anschaffung eines Kühlaggregates. Jedoch tauchen solche Loricariiden auch nur ausgesprochen selten im Handel auf. Wenn heute Gebirgharnischwelse angeboten werden (z.B. *Chaetostoma*-Arten), so handelt es sich gewöhnlich gar nicht um Arten der hohen Gebirgslagen, sondern um solche Welse, die am Rande der Gebirge in Gewässern vorkommen, die etwa 26 bis 28°C warm sind. Werden einmal wirklich kühleres und sauerstoffreiches Wasser benötigende Arten, beispielsweise südostbrasilianische Gebirgsbachbewohner der Gattungen *Hemipsilichthys* oder *Neoplecostomus*, zu

Der Gebirgsharnischwels *Chaetostoma nudirostre* aus dem Caño Agua Clara

uns eingeführt, so verschwinden sie meist schnell wieder aus unseren Aquarien, da sie zu heikel sind.

Die Gebirgsbäche und -flüsse Südamerikas sind allgemein klar und flach. Vor allem einige andine Gewässer im Westen Südamerikas sind dabei gar nicht mal so weich und haben eher einen neutralen oder schwach alkalischen pH-Wert. Die Tiere leben darin zwischen den zahlreichen Steinen in der stärksten Strömung und können sich durch besondere Anpassungen wie einen abgeflachten, stromlinienförmigen Körper und ein riesiges Saugmaul problemlos darin aufhalten. Nach einem Regenfall verwandeln sich diese Gewässer häufig in Sturzbäche mit brodelnden Wassermassen, aber auch diese Strömungsverhältnisse überstehen die Fische problemlos.

BEWOHNER DER STROMSCHNELLEN DER TIEFLANDFLÜSSE

Die bei weitem größte Artenvielfalt an Harnischwelsen findet man in den zahlreichen Stromschnellen der Flüsse des Tieflandes. Viele Arten trifft man ausschließlich in diesen Bereichen an, und die ruhigeren Gewässerzonen werden von ihnen gemieden. Aus diesem Grunde gibt es nur in der Nähe einiger Stromschnellen auch Inselvorkommen einiger Arten, die man dann häufig an der

Der steinige Untergrund ist von Algen überwuchert, die Aufwuchsfresser wie diese kleinen Hypoptopomatinen abweiden

Diese Stromschnelle mit Namen Pao Holado am Rio Xingu bei Altamira beherbergt zahlreiche unterschiedliche Harnischwelse

nächsten Stromschnelle schon nicht mehr findet. Die ruhigeren Bereiche scheinen also ebenso wie Wasserfälle Verbreitungsbarrieren darzustellen. Das erklärt die unglaubliche Diversität endemischer Arten vor allem im Amazonasgebiet.

Die häufig flachen Gewässerbereiche werden dabei vor allem von Aufwuchsfressern bewohnt, die hier auf den Steinen ihre bevorzugte Nahrung finden. Auf den Steinen grasen sowohl kleine Ohrgittersaugwelse der Unterfamilie Hypoptopomatinae als

Hypoptopomatinae sp. aus dem Rio Xingu, die Gattungszugehörigkeit dieses Fisches ist noch unbekannt

Spatuloricaria tuira ist in den Stromschnellen des Rio Xingu häufig anzutreffen

Pseudancistrus asurini (L67) ist sehr strömungsliebend und ein stark spezialisierter Aufwuchsfresser

Baryancistrus sp. (L19) kommt gemeinsam mit dem sehr ähnlichen *Oligancistrus zuanoni* (L20) bei Pao Holado vor

auch Hypostominen und Loricariinen. Im unteren Amazonasbecken sind es unter den Hypostominen vor allem die Vertreter der Gattungen *Baryancistrus, Ancistrus, Ancistomus, Pseudancistrus* und *Peckoltia,* die man hier bevorzugt antrifft. In den Gewässern des Guyana-Schildes werden diese dann durch *Guyanancistrus* und *Lithoxus* ergänzt oder sogar ersetzt. Unter den Hexenwelsen sind es die Angehörigen der Gattungsgruppe Harttiini sowie die Störwelse und Verwandte, die man in Stromschnellen findet. Besonders die *Harttia*-Arten sind als extrem strömungsliebende Arten weit verbreitet.

Tagsüber sieht man in den Stromschnellen unter Wasser meist lediglich die kleinen Ohrgittersaugwelse und Hexenwelse. Die Hypostominen leben zu dieser Tageszeit oft versteckt. Man bringt sie jedoch zum Vorschein, wenn man die zahlreichen Steine umdreht und so ihre Verstecke frei legt.

Holzansammlungen im Río San Alejandro in Peru – ein typisches Harnischwels-Habitat

Baryancistrus chrysolomus (L47) ist eine der attraktivsten Arten, die starke Strömung meidet

BEWOHNER DER HOLZ-ANSAMMLUNGEN IN DEN FLÜSSEN

Wenn in den Tropen Bäume oder Äste in die Gewässer fallen, werden sie meist von der Strömung verdriftet und so an bestimmten Stellen zu großen Ansammlungen zusammengetragen. Wo diese Holzansammlungen von schnell fließendem Wasser durchspült werden und sich kein Sediment auf ihnen ablagert, werden die Hölzer von Algen überwachsen. Insektenlarven fressen Gänge

Die holzfressenden *Panaqolus*-Arten sind typische Bewohner solcher Lebensräume, hier L206

Der attraktivste Harnischwels aus dem Río San Alejandro ist *Panaqolus albivermis* (L204)

Auch *Lasiancistrus heteracanthus* bewohnt solche Holzansammlungen

in die Hölzer hinein und schaffen Versteckmöglichkeiten für kleine Fische.
Man findet in solchen Lebensräumen vor allem Vertreter der Unterfamilien Hypoptopomatinae und Hypostominae. Die kleinen Ohrgittersaugwelse der Gattung *Parotocinclus* weiden beispielsweise die veralgten Hölzer ab. Neben den holzfressenden *Panaque, Panaqolus* und den Angehörigen der *Hypostomus-cochliodon*-Gruppe (die frühere Gattung *Cochliodon*) findet man häufig auch Aufwuchs- oder Insektenfresser in solchen Lebensräumen. So trifft man beispielsweise Vertreter der Gattungen *Lasiancistrus, Ancistrus* oder *Hypostomus* häufig auf Holz an. Auch die Rüsselzahnwelse der Gattung *Leporacanthicus* suchen auf dem Holz nach ihrer bevorzugten Nahrung, den Insektenlarven.
Lebensräume mit Holzansammlungen gibt es in Südamerika überall. Harnischwelse findet man darin sowohl vom Norden bis weit hinein in den Süden des Kontinents, wo es zu bestimmten Jahreszeiten relativ kühl wird. Die Gewässer können dabei sowohl vom Schwarz- als auch vom Klar- und Weißwassertyp sein.

Ancistrus sp. „Río San Alejandro" findet man ebenfalls auf Totholz

BEWOHNER DER TIEFE GROßER FLÜSSE

Die für den Menschen nur sehr schwer zugänglichen Gewässertiefen von bis zu 25 m oder mehr werden erst seit wenigen Jahren kommerziell befischt. Da das Fischen in diesen Bereichen sehr aufwendig ist und man dazu einen Kompressor benötigt, ist diese Art des Fischfangs nur dort möglich, wo das eine gute Infrastruktur erlaubt. So sind Tiefwasserfische bislang meist nur aus den Hauptfanggebieten für Harnischwelse in Brasilien bekannt, also dem Rio Xingu, dem Rio Tocantins und dem Rio Tapajós.

Vor einigen Jahren konnte ich am Rio Xingu einige Fischer beim Harnischwelsfang in der Tiefe beobachten. In unmittelbarer Umgebung der Stadt Altamira ist der Xingu ausgesprochen breit und fließt träge. Man hat fast den Eindruck, man würde mit dem Boot ein riesiges Meer befahren. Inmitten dieses Flusses beobachtete ich, dass einer der Fischer langsam in die Tiefe hinabgelassen wurde. Er nahm dabei einen langen Schlauch mit, über den ihm ein Kompressor Luft zum Atmen zuführte. In etwa 20 bis 25 m Tiefe suchte er nach Harnischwelsen, etwa dem Rotflossen-Kaktuswels (*Pseud-*

In der Tiefe der südamerikanischen Flüsse sind noch so manche Schätze verborgen; diese Fischer versuchen, kostbare Harnischwelse in der Tiefe des Rio Xingu zu erbeuten

Der hübsche Rotflossen-Kaktuswels, *Pseudacanthicus* sp. (L25), kommt im Rio Xingu in bis zu 20 m Tiefe vor

Auch der Sonnenwels, *Scobinancistrus aureatus*, oder L14 ist als ausgewachsener Fisch ein Tiefwasserbewohner

acanthicus sp. L25), dem Sonnenwels oder L14 (*Scobinancistrus aureatus*) oder dem attraktiven und seltenen L82. Der Fang in der Tiefe ist gefährlich und erfordert viel Geschick, so dass der deutlich höhere Preis für diese Fische gerechtfertigt ist.
Die tiefen Gewässerbereiche sind vor allem die Heimat der carnivoren Harnischwelse. Sie ernähren sich hier z.B. von Mollusken und Garnelen. Aber auch pflanzliche Kost ist durchaus vorhanden, denn ins Wasser gefallene Blätter oder Sämereien sammeln sich in der Tiefe in ruhigen Bereichen und Senken.

BEWOHNER DER SANDBÄNKE

Ein ganz spezieller Lebensraum in den südamerikanischen Gewässern sind die riesigen freien Sandflächen, auf denen vor allem nachts eine große Fischgemeinschaft nach Nahrung sucht. Viele Harnischwelse haben sich auf ein Leben auf Sandboden adaptiert, sei es, indem sie Ihre Färbung an diesen Untergrund angepasst oder ihre Lippen zu Fresswerkzeugen umgebildet haben, die ihnen eine effektive Nahrungssuche im Sandboden ermöglichen. Tagsüber sind diese Sandflächen nur schwach von Fischen besiedelt, weil sonst natürliche Feinde, z.B. Wasservögel, hier leichte Beute

Dieser noch unbeschriebene Ancistrine mit der Codenummer L82 ist eine weitere Kostbarkeit des Rio Xingu

Die Sandbänke am Rio Tefé in Brasilien werden nachts von unzähligen Fischen bewohnt, darunter viele Harnischwelse

Pseudoloricaria laeviuscula **ist im Rio Tefé weit verbreitet und häufig**

finden könnten. So findet man bei Tageslicht nur wenige besonders stark angepasste Arten in diesem Lebensraum, beispielsweise Flunderharnischwelse, die sandfarben sind und sich zudem im Sandboden vergraben können. Die meisten Fische halten sich hingegen tagsüber vor allem in den sicheren, tiefen Bereichen auf.

Insbesondere die große Gruppe der Hexenwelse der Unterfamilie Loricariinae ist sehr artenreich an ein Leben auf Sandflächen angepasst. Die meisten sandbewohnenden Arten sind abgeflacht, besitzen eine kryptische Färbung und sind deshalb nur mit guten Augen auf diesem Untergrund zu erkennen. Die Harnischwelse der Gattungen *Loricaria, Planiloricaria* und einiger anderer Gattungen tragen sehr lange und fein verzweigte Lippenbarteln, die sie zur Nahrungssuche benutzen. *Planiloricaria* spreizen zum Futterfang diese Barteln wie ein Fächer ab und stellen ihn in der Strömung auf. Wenn ein Nahrungstier die Barteln berührt, schnappen die Fische blitzschnell danach. Als Anpassung an einen Lebensraum, in dem es fast keine Versteckmöglichkeiten für die Gelege gibt, tragen viele Hexenwelse die Eier im Maul mit sich herum. Einige dieser maulbrütenden Hexenwelse graben sich sogar mitsamt ihres Geleges in den Sandboden ein.

Aber auch in anderen Gruppen von Harnischwelsen gibt es typische Sandbewohner, beispielsweise unter den Schilderwelsen der Unterfamilie Hypostominae. So findet man in den Flusssystemen des Amazonas und des Orinoco vielerorts z.B. die Vertreter der Gattung *Aphanotorulus* in diesen Le-

Limatulichthys griseus **ist ein weiterer typischer Bewohner der Sandbänke am Rio Tefé**

bensräumen an, häufig sogar gemeinsam. Sie zeigen als Anpassung an den sandigen Untergrund eine sandfarbene Grundfärbung und ein schwarzes Fleckenmuster.

Ein Kleinod aus dem Tefé ist der seltene *Furcodontichthys novaesi*

BEWOHNER LANGSAM FLIEßENDER ODER STEHENDER GEWÄSSER

Die Mehrzahl der Harnischwelse ist überaus sauerstoffbedürftig und bewohnt schnell fließende Gewässerbereiche. Diese Arten sind auch im Aquarium bezüglich des Sauerstoffgehaltes des Wassers anspruchsvoll und verenden unter Umständen schnell, wenn der Filter ausfällt. Da die Familie Loricariidae jedoch unglaublich formenreich ist, verwundert es nicht, dass es auch an sauerstoffarme Lebensräume angepasste Arten gibt. Besonders zur Trockenzeit werden einige Gewässer durch das Absinken des Wasserstandes von den Fließgewässern abgeschnitten. Zum Ende der Trockenzeit ist der Pegel des Wassers sehr niedrig, die starke Sonneneinstrahlung heizt die Gewässer extrem auf und der Sauerstoffgehalt sinkt stark ab. Allein durch die Kiemenatmung ist dann für viele Fische kein Überleben mehr möglich. Spezielle Anpassungen sind folglich für die hier lebenden Fische erforderlich, um atmosphärischen Sauerstoff aufnehmen und veratmen zu können.

Die Yarina Cocha ist ein Urwaldsee, der zur Trockenzeit relativ sauerstoffarm werden kann

Einige Harnischwelse der Unterfamilien Hypoptopomatinae, Hypostominae und Loricariinae haben sich perfekt an diese Bedingungen angepasst. Ihr Verdauungstrakt ist modifiziert und erlaubt es ihnen, atmosphärische Luft an der Wasseroberfläche zu schlucken und darin zu veratmen. Ein veränderter, stark durchbluteter Bereich des Magens oder des Darmtraktes übernimmt diese Aufgabe. Luftatmer sind innerhalb der Loricariiden vor allem unter den Hypostominen zu finden. So kommen beispielsweise einige Vertreter der Gattung *Pterygoplichthys, Hypostomus* und *Ancistrus* hervorragend mit solchen Bedingungen zurecht. Aber auch bei den Hypoptopomatinen gibt es unter den *Hypoptopoma*- und *Otocinclus*-Arten manche an sauerstoffarme Bedingungen angepasste Arten. Harnischwelse aus langsam fließenden oder stehenden Gewässern gehören zu den am einfachsten im Aquarium zu pflegenden Vertretern dieser Fischgruppe. Sie sind vergleichsweise anspruchslos und deshalb noch am ehesten für den Anfänger geeignet.

KLIMATISCHE UNTERSCHIEDE IN DEN VORKOMMENSGEBIETEN

Bei einer Reise über den südamerikanischen Kontinent findet man vielerorts ganz ähnlich beschaffene Lebensräume, in denen auch vergleichbare Fischgemeinschaften die verschiedenen ökologischen Nischen besetzen. So sehr sich diese Habitate jedoch auch gleichen mögen, sind doch die klimatischen Bedingungen von Ort zu Ort verschieden. Der Aquarianer neigt leider dazu, die verschiedenen im Zoofachhandel angebotenen Fischarten miteinander zu vergesellschaften, ohne die Ansprüche dieser Tiere vorab zu überprüfen. Die gemeinsame Pflege so vieler verschiedener Fische in den großen Verkaufsanlagen der Zoogeschäfte vermittelt leider auch den Eindruck, als könne man alle diese Arten gleich pflegen.
Der großen Anpassungsfähigkeit vieler Harnischwelse ist es zu verdanken, dass die meisten auch unter nicht optimalen Bedingungen noch zu pflegen sind und zumindest kein sichtbares Unwohlsein zeigen. Da es in diesem Buch jedoch um die Vermehrung von Loricariiden

Hypoptopoma thoracatum **ist einer der häufigsten Harnischwelse der Yarina Cocha**

Ancistrus **sp. „Río Ucayali" ist vor allem in langsam fließenden und stehenden Gewässern des Ucayali-Einzuges heimisch**

Peckoltichthys bachi **kommt auch in sauerstoffarmen Gewässern wie der Yarina Cocha vor**

Rineloricaria wolfei aus der Yarina Cocha

geht, sollte man sich schon genauer über die Ansprüche seiner Pfleglinge informieren, denn meist findet die Vermehrung nur unter den Fischen zuträglichenden Bedingungen statt.
Ich muss zugeben, dass es für den Aquarianer teilweise sehr schwierig bis fast unmöglich ist, etwas Näheres über die Lebensumstände seiner Pfleglinge zu erfahren. Selbst wenn man mal eine Art mit Fundortangabe über den Handel erhält, so kann man bestenfalls daraus schließen, aus welcher klimatischen Region der Fisch stammt. Genaueres weiß man deshalb aber noch lange nicht. Ob die Art nämlich aus einem der meist deutlich wärmeren großen Hauptflüsse oder einem der kleineren Zuflüsse mit womöglich noch ganz anderem Wasserchemismus stammt, die häufig deutlich kühler

Pterygoplichthys scrophus kommt auch unter sauerstoffarmen Bedingungen gut zurecht

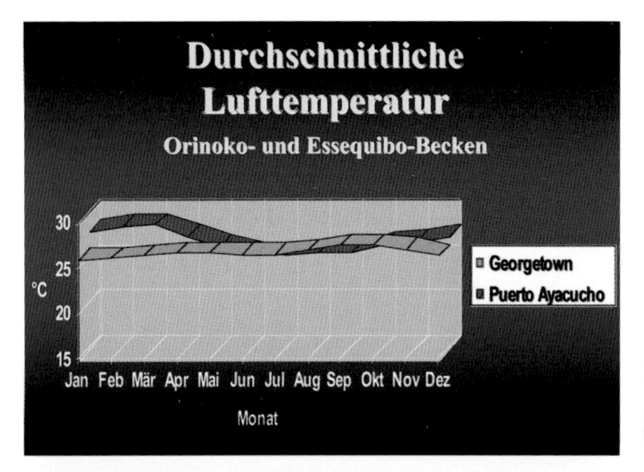

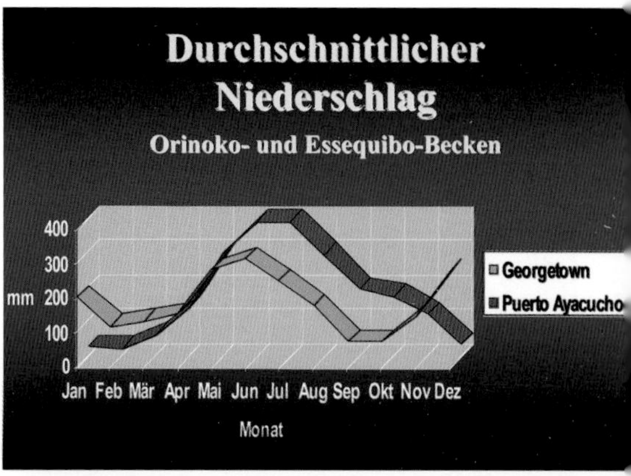

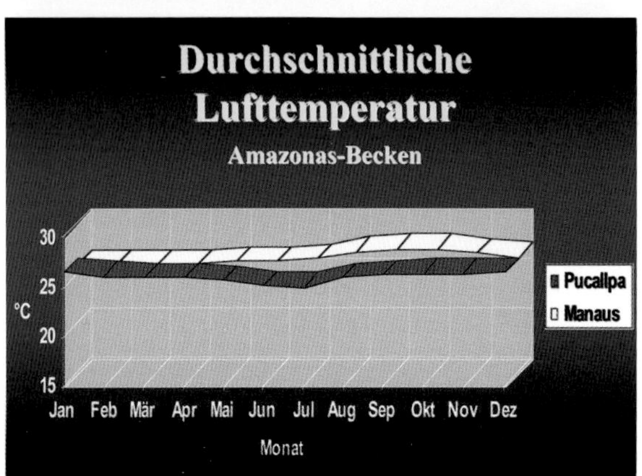

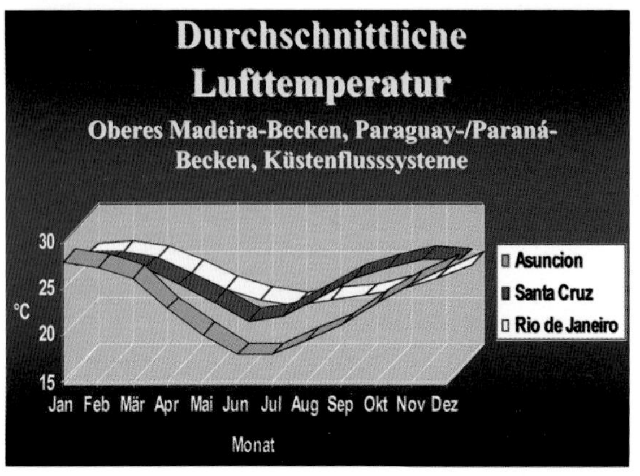

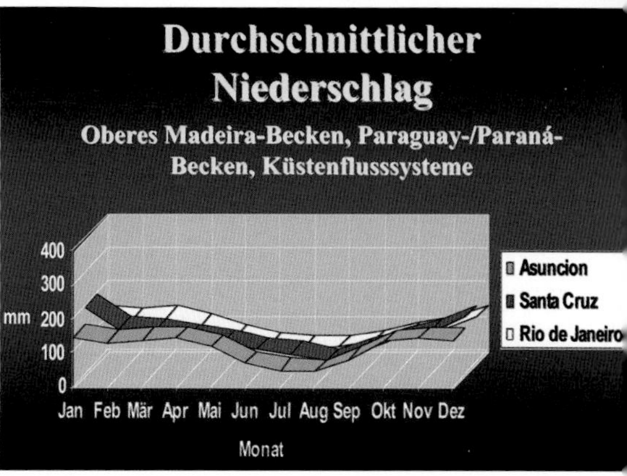

sind, da sie stark abgeschattete Waldregionen durchfließen, ist für uns völlig ungewiss. Wir können folglich nur grob abschätzen, welche Ansprüche eine Art an die Wassertemperatur und die Wasserbeschaffenheit vermutlich hat. Und häufig reicht das auch völlig aus, da die meisten Harnischwelse relativ anpassungsfähig sind.

Der südamerikanische Kontinent lässt sich grob in drei große klimatische Regionen unterteilen. Der Norden des Kontinents mit den Staaten Kolumbien, Venezuela, Guyana und Surinam ist ganzjährig ausgesprochen warm mit nur geringen Schwankungen im Temperaturregime. Fische aus diesem Gebiet sollten ganzjährig gleich warm gepflegt werden. In einigen Regionen, z.B. im Orinoco-Becken, gibt es jedoch extreme saisonale Unterschiede bei den Niederschlägen. Die Regenzeit findet dort in

unseren Sommermonaten statt und überschwemmt vielerorts die Landschaften weiträumig. Südlich des Äquators schließt sich an diese Region das riesige Amazonasbecken an, das die größte Artenvielfalt an Harnischwelsen aufweist und das südliche Kolumbien, Ekuador, Peru, große Teile Brasiliens und das nördliche Bolivien umfasst. Auch in diesem Gebiet sind die Temperaturunterschiede zwischen den verschiedenen Jahreszeiten vernachlässigbar gering. Aber auch hier gibt es eine ausgedehnte Regenzeit, in der sich die Wasserstände in den Flüssen stark erhöhen. Allerdings findet diese im Gegensatz zur Region nördlich des Äquators in unseren Wintermonaten statt.
Noch weiter südlich in den Staaten Bolivien, Paraguay, Argentinien, Uruguay und dem südöstlichen Brasilien sind die saisonalen Unterschiede in den Wasserpegeln der Flüsse deutlich geringer. Die Regenfälle wirken sich hier nicht ganz so extrem aus wie im Norden des Kontinents. Wir kommen hier jedoch so langsam in subtropische Bereiche, was zum einen bedeutet, dass die Artenvielfalt zurück geht, aber dass es zum anderen auch deutliche Unterschiede im Temperatur-Regime gibt. In der kalten Trockenzeit, die dort in unseren Sommermonaten liegt, sinkt die Temperatur vielerorts stark ab, mitunter sogar in den einstelligen Temperaturbereich, während es im Sommer wiederum bis zu 30°C warm werden kann. Fische aus diesen Breiten vertragen mit einigen Ausnahmen ganzjährige hohe Wassertemperaturen mitunter nicht sehr gut. Eine Pflege bei Raumtemperatur mit den damit verbundenen Temperaturschwankungen zu bestimmten Jahreszeiten ist deshalb für diese Arten anzuraten.

WOVON ERNÄHREN SICH HARNISCHWELSE IN DER NATUR?

Noch bis vor einigen Jahren galten Harnischwelse in der Aquaristik als vorwiegend vegetarisch lebende Fische und wurden von den Liebhabern vor allem als Algenfresser und Scheibenputzer in Gesellschaftsaquarien gepflegt. Man muss einräumen, dass bis zum Ende des vorigen Jahrhunderts auch vorwiegend sogenannte Aufwuchsfresser in den Zoofachhandel gelangten. Mit der Erschließung neuer Fanggebiete und der Entdeckung neuer, kommerziell sehr interessanter Arten wurden auch neue Fangmethoden entwickelt, die es auf einmal erlaubten, Fische auch in größerer Tiefe zu fangen. Dadurch waren auf einmal für uns auch solche Loricariiden verfügbar, die in Gewässerregionen leben, in denen es aufgrund der ständigen Dunkelheit gar keinen Algenaufwuchs auf den Steinen gibt und wo die Fische dem entsprechend auf ganz andere Nahrung spezialisiert sind.
Bezüglich ihrer Nahrungsansprüche lassen sich die Harnischwelse in vier Gruppen einordnen, die ich nachfolgend vorstellen möchte. Man könnte vielleicht den Eindruck erlangen, dass sich alle Loricariiden in irgendwelche Schubladen einordnen lassen. Das ist jedoch keinesfalls so, denn zwischen diesen Gruppen gibt es durchaus Übergangsformen und selbst innerhalb einer einzigen Gattung können sich die Fressgewohnheiten unterscheiden. Folgende vier Gruppen möchte ich hier unterscheiden:

Harnischwelse wie *Ancistrus cirrhosus* aus Argentinien sind an relativ niedrige Wassertemperaturen während der Trockenzeit gewohnt

AUFWUCHSFRESSER
Viele Harnischwelse leben von Natur aus vorwiegend vegetarisch und sind auf das Abweiden des Algenaufwuchses auf den Steinen und Hölzern spezialisiert. Man erkennt die sogenannten Aufwuchsfresser einfach an ihrem großen Saugmaul, das mit einer Vielzahl langstieliger, kleiner, zweispitziger Zähne bestückt ist. Die Zähne eines Aufwuchfressers sind so zahlreich, dass man sie meist nicht mit bloßem Auge zählen kann. Die Übergänge von den Aufwuchsfressern zu den Allesfressern sind fließend. Als Faustregel kann man jedoch sagen, dass die Spezialisierung auf Aufwuchs um so stärker ist, je mehr Zähne man in einem Harnischwels-Maul findet.
Mit diesen kammartig angeordneten Zahnreihen raspeln die Tiere große Mengen dieser vorwiegend pflanzlichen Kost vom Substrat herunter, nehmen dabei jedoch auch Kleinstlebewesen und Insektenlarven mit auf, die im oder auf dem Aufwuchs leben. Der Verdauungstrakt eines Aufwuchsfressers ist stark an diese Nahrung angepasst und besteht aus einem relativ kleinen Magen sowie einem sehr langen Darmtrakt. Auch am Größenverhältnis zwischen Magen und Darm kann man den Grad der Spezialisierung erkennen. Bei extrem stark spezialisierten Arten ist der Darmtrakt zur besseren Verdauung pflanzlicher Nahrung besonders lang.
Stark spezialisierte Aufwuchsfresser zählen zu den in ihrer Pflege anspruchsvollsten Harnischwelsen. Wir haben dabei das Problem, dass sie sich auch sehr schnell und problemlos an tierische Kost gewöhnen, diese aber offensichtlich nur schwer verdauen können. Selbst besonders schwer Verdauliches, z.B. Rinderherz, wird problemlos gefressen. Eine fehlerhafte Ernährung kann bei den Tieren jedoch schnell zur völligen Stagnation im Wachstum, zu Kümmerwuchs und Anfälligkeit gegenüber Krankheiten führen. Eine Vergesellschaftung von stark spezialisierten Aufwuchsfressern mit Fleischfressern ist deshalb nicht anzuraten, da eine selektive Fütterung kaum möglich ist. Je mehr Zähne die Tiere in ihren Kiefern tragen, desto wahrscheinlicher ist es außerdem, dass diese Fische den Pflanzenwuchs im Aquarium als willkommene Bereicherung ihres Speiseplans betrachten. So beliebte Wasserpflanzen wie Amazonas-Schwertpflanzen (*Echinodorus*) sind deshalb für die spezialisierten Arten nur bessere Futterpflanzen. Wer in einem Harnischwelsaquarium Wasserpflanzen pflegen möchte, sollte dem entsprechend Arten aussuchen, die deutlich weniger Zähne in den Kiefern haben.

Aufwuchsfresser findet man in den verschiedensten Unterfamilien. Bei den Vertretern der Unterfamilien Delturinae und Lithogeneinae, die aquaristisch so gut wie überhaupt keine Rolle spielen, handelt es sich generell um Aufwuchsfresser. Jedoch gibt es auch in den bei Aquarianern sehr beliebten Unterfamilien Hypoptopomatinae, Hypostominae und Loricariinae Welse aus dieser Gruppe. Die Ohrgittersaugwelse der Unterfamilie Hypoptopomatinae sind gewöhnlich alle Aufwuchsfresser, wenngleich viele Arten, beispielsweise die sehr beliebten *Otocinclus*, nicht allzu spezialisiert sind. Die meisten Aufwuchsfresser findet man in der Unterfamilie Hypostominae. Neben den Schilderwelsen der Gattung *Hypostomus* gibt es besonders in der Verwandtschaft der Antennenwelse (Tribus Ancistrini) zahlreiche aufwuchsfressende Arten. Zu den am meisten spezialisierten Aufwuchsfressern aus der *Ancistrus*-Verwandtschaft zählen auch die aquaristisch beliebten *Baryancistrus*-Arten sowie die Angehörigen der Gattung *Pseudancistrus*. Diese Tiere sind keinesfalls Anfängerfische. Auch unter den Hexenwelsen der Unterfamilie Loricariinae findet man Aufwuchsfresser. Dort sind es die Angehörigen der Gattungsgruppe Harttiini sowie der Subtribus Sturisomina, zu denen auch die beliebten Störwelse zählen, die sich vorwiegend pflanzlich ernähren.

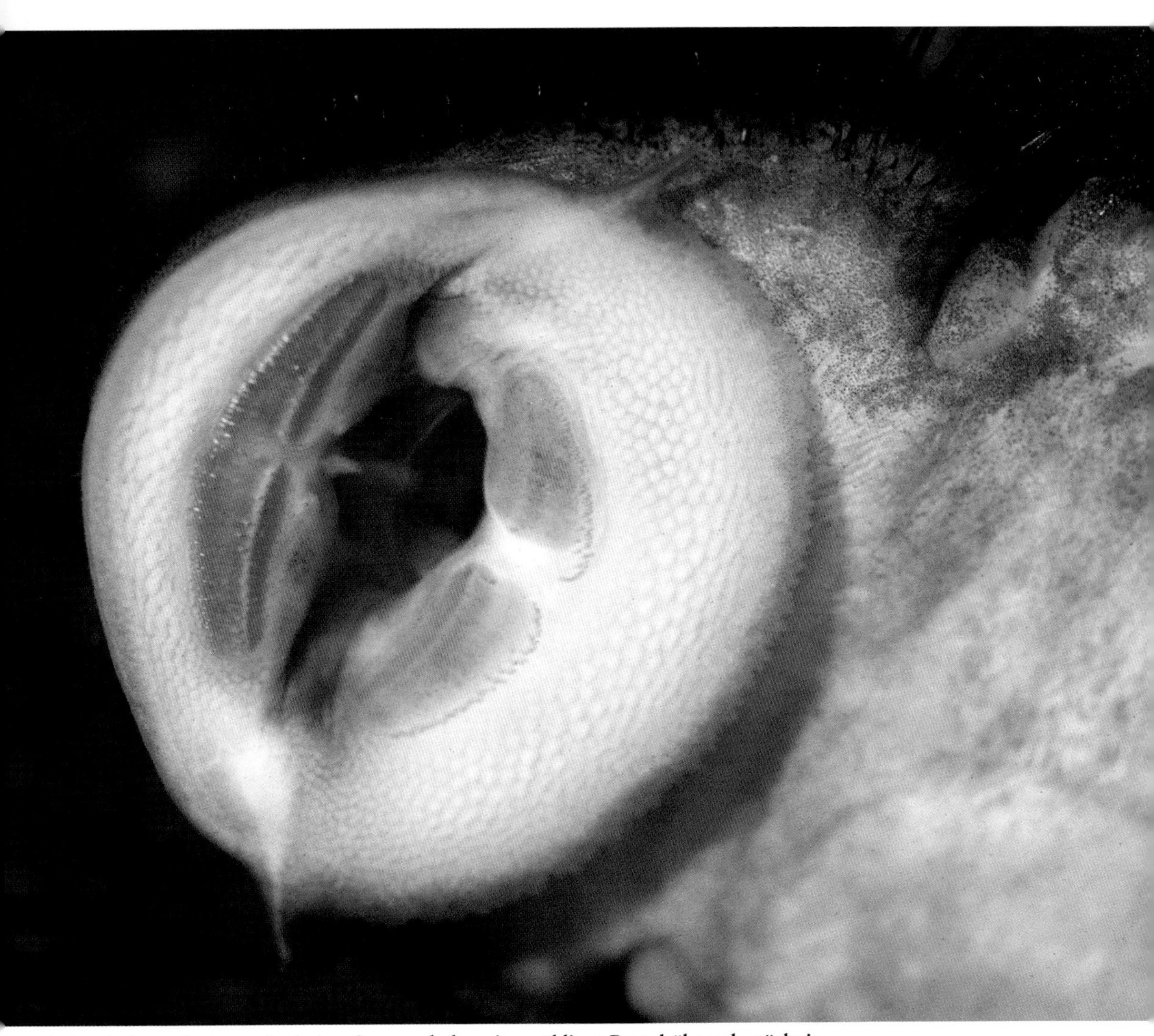

Aufwuchsfresser besitzen ein riesiges Saugmaul, das mit unzähligen Raspelzähnen bestückt ist

Pseudancistrus-Arten sind stark spezialisierte Aufwuchsfresser, die vorwiegend vegetarisch ernährt werden sollten

Bei der Pflege von aufwuchsfressenden Harnischwelsen ist man leider auf die Hinzufütterung von nicht natürlicher Kost angewiesen, denn der Algenwuchs im Aquarium kann als ausschließliche Nahrung natürlich nicht ausreichen. Glücklicherweise sind diese Tiere jedoch sehr anpassungsfähig und nehmen auch problemlos andere pflanzliche Kost an. Dabei bietet sich vor allem Gemüse, z.B. Paprika, Gurke oder Zucchini an, das roh verfüttert werden kann, aber beschwert werden muss, damit es nicht an der Wasseroberfläche treibt. Rosenkohl, Erbsen oder Brokkoli reicht man hingegen am besten gefroren, damit dieses Gemüse relativ weich ist und leicht gefressen werden kann. Es sinkt zudem auch sofort zu Boden. Frische Blätter von Löwenzahn, Salat, Spinat oder Brennesseln sollte man kurz überbrüht und mit einem Stein, einem Stück Edelstahl oder ähnlichem beschwert anbieten. Auch industriell produzierte pflanzliche Kost für Aquarienfische, wie Spirulina- oder Grünflocken, vorwiegend pflanzliche Futtertabletten, Futterpellets für Nager oder Brennessel-Sticks eignen sich zur Verfütterung. An einige im Zoofachhandel erhältliche Futtermittel, wie Futterchips, müssen sich die Tiere erst ein wenig gewöhnen. Man sollte bei der Verfütterung eines neuen Futters sorgfältig beobachten, ob dieses auch angenommen wird und nicht gefressenes Futter nach Möglichkeit bald wieder absaugen. Der Speiseplan unserer Aufwuchsfresser sollte durch nicht zu fetthaltige tierische Nahrung ergänzt werden, beispielsweise Frostfutter in Form von *Cyclops*, Wasserflöhen, Salinenkrebsen oder ähnlichem.

ALLESFRESSER

Es gibt eine Reihe omnivorer Harnischwelse, die nicht auf eine bestimmte Nahrung spezialisiert sind, sondern sowohl pflanzliches als auch tierisches Futter zu sich nehmen. Als Aquarianer haben wir es mit diesen Fischen sehr einfach, denn eine fehlerhafte Ernährung ist nur mit für Fische ungeeigneten Futtermitteln möglich. Die Allesfresser unterscheiden sich von den Aufwuchsfressern durch ein

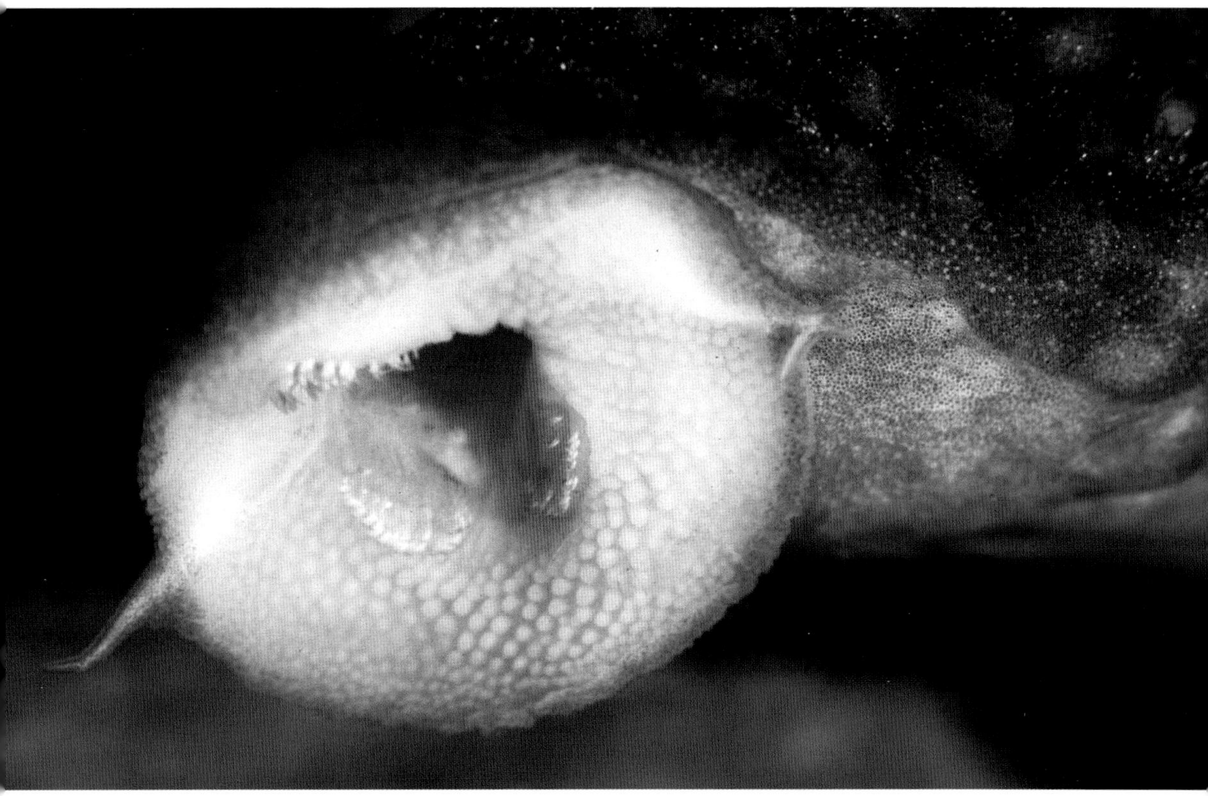

Bei omnivoren Harnischwelsen kann man die Zähne in der Regel mit bloßem Auge zählen

kleineres Saugmaul und eine deutlich reduzierte Bezahnung. Die Zähne sind meist zweispitzig und lassen sich mit bloßem Auge zählen.
Wer einen omnivoren Harnischwels in der Hoffnung erwirbt, dass sich das Tier als Scheibenputzer und guter Algenfresser erweist, wird sicher enttäuscht werden. Dafür muss man bei diesen Tieren jedoch auch kaum befürchten, dass sie sich an den so lieb gewonnen Aquarienpflanzen vergreifen. Allerdings gibt es auch hier Ausnahmen. So scheinen beispielsweise die beliebten Vertreter der Gattung *Hypancistrus* im Laufe ihres Lebens die Ernährungsgewohnheiten zu ändern. Während sich die Alttiere so gut wie gar nicht von pflanzlicher Kost ernähren, scheinen die Jungfische einen erhöhten Bedarf an dieser Nahrung zu haben. Sie ernähren sich in der Natur vorwiegend von ins Wasser gefallenem Blattwerk und Sämereien. Belässt man diese Jungfische dann im Zuchtaquarium, so leidet der Pflanzenwuchs häufig sehr stark darunter. Selbst derbe

Arten wie *Oligancistrus zuanoni* (L20) gehören zu den Allesfressern

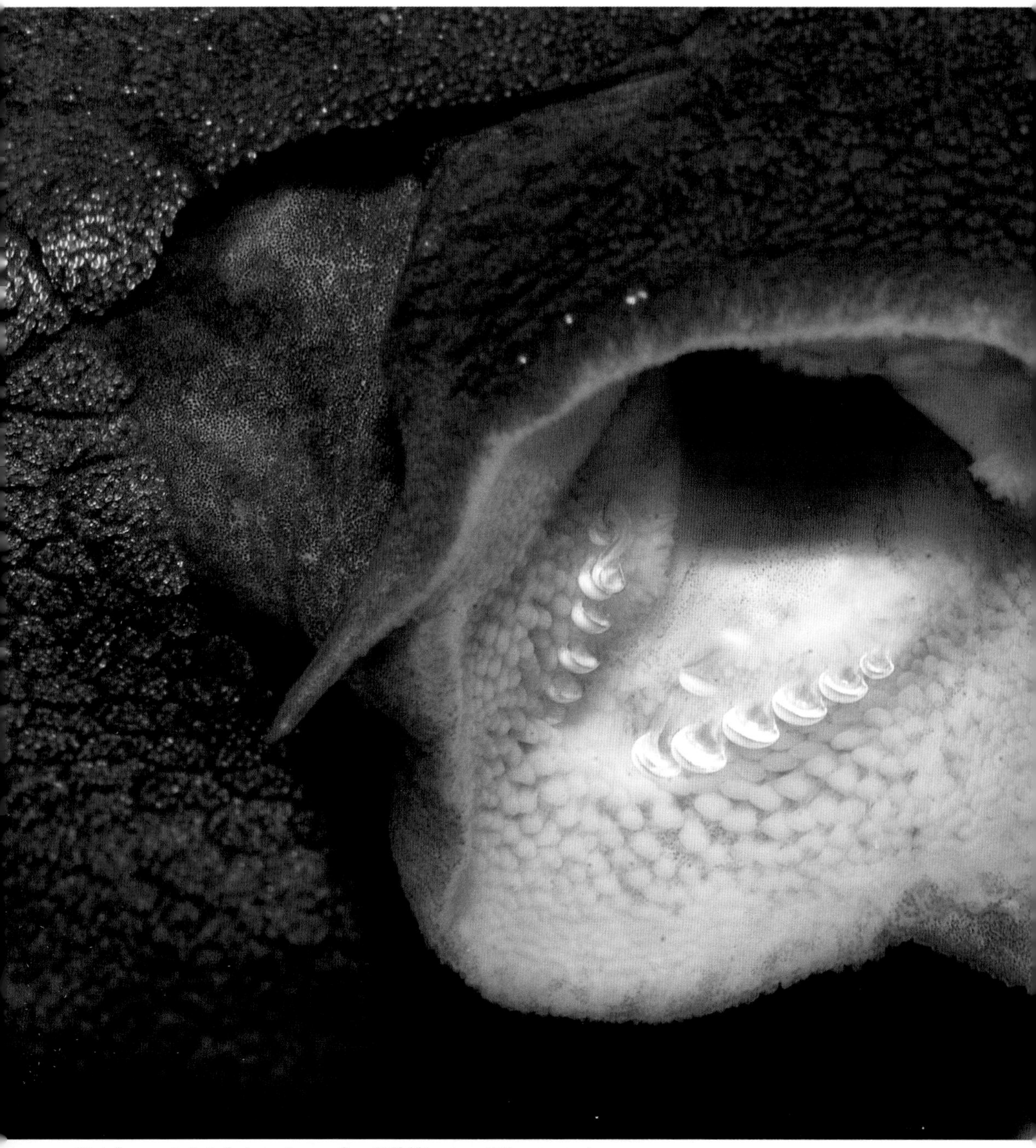

Holzfresser sind einfach an den großen, löffelförmigen Zähnen zu erkennen

Wasserpflanzen wie *Anubias* und Java-Farn werden von *Hypancistrus*-Jungfischen nicht selten völlig durchlöchert.

Allesfressende Harnischwelse sollte man nach Möglichkeit vielseitig und abwechslungsreich ernähren. Als Nahrung eignen sich alle bei den Aufwuchsfressern und den Fleischfressern angegebenen Futtermittel. Jedoch ist der Geschmack auch bei den Fischen mitunter verschieden, so dass man unter Umständen ein wenig probieren muss, was die Tiere am besten annehmen.

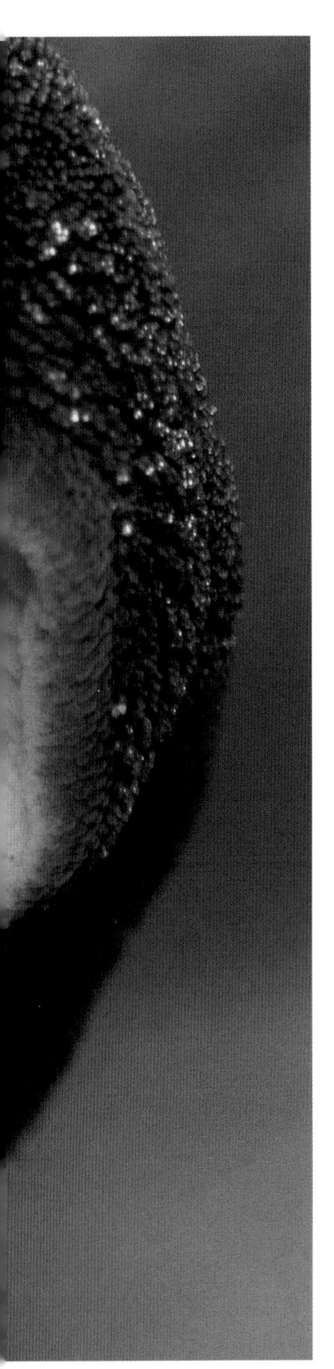

Der Blauaugen-Harnischwels ist als ein Vertreter der Gattung *Panaque* ein typischer Holzfresser

HOLZFRESSER

Die südamerikanischen Flüsse sind allgemein von dichtem Wald gesäumt, ständig fallen Bäume ins Wasser und beginnen, darin zu verrotten. Neben Insektenlarven, die Fraßgänge in diese Stämme hinein fressen, tragen auch einige Harnischwelse zum Abbau dieser Überreste bei. Eine kleine Gruppe von Harnischwelsen hat sich auf das Beraspeln von Holz und das Fressen kleiner Holzchips spezialisiert. Die Loricariiden der Gattung *Panaque* und *Panaqolus* sowie die Vertreter der *Hypostomus-cochliodon-*Gruppe (die frühere Gattung *Cochliodon*) haben als Anpassung an diese ungewöhnliche Nahrung eine ganz spezielle Form der Zähne ausgebildet. Die wenigen, sehr großen Zähne haben nur eine einzige Kuppe, sind löffelförmig, die Ober- und Unterkieferhälften v-förmig angeordnet.
Da die Holzfresser gemeinsam mit den Holzpartikeln auch Algenaufwuchs und tierische Organismen aufnehmen, sollte eine ausgewogene Ernährung für diese Fische aus Holz, pflanzlicher Kost und nicht zu fetthaltiger tierischer Kost bestehen. Das angebotene Wurzelholz darf nicht zu hart sein. An Steinholz oder dem sehr knochigen und harten Mopani-Holz aus Afrika beißen sich die Tiere bestenfalls die Zähne aus. Weiches Moorkienholz ist da schon sehr viel besser geeignet. Auch frisches Holz, etwa von Birke oder Eiche, sollte den Tieren von Zeit zu Zeit angeboten werden. Wenn diese Hölzer jedoch in Fäulnis übergehen, müssen sie rasch aus dem Aquarium entfernt werden, bevor sie das Wasser zu stark belasten. Mittlerweile bieten einige Futtermittelhersteller bereits Futterchips mit einem hohen Holzanteil an, die sich hervorragend für eine Verfütterung eignen. So habe ich beispielsweise mit der Verfütterung von JBL-Novo-PlecoChips bei diesen Fischen sehr gute Erfahrungen gemacht.

Fleischfressende Harnischwelse haben wenige riesige Zähne, wie man am Beispiel dieses *Spectracanthicus* gut erkennt

Außer ihrem hohen Bedarf an zellulosehaltiger Kost haben die holzfressenden Harnischwelse jedoch ganz ähnliche Futteransprüche wie die Aufwuchsfresser und sind deshalb auch problemlos mit diesen zu vergesellschaften. Eine Vergesellschaftung mit Fischen, die als Nahrung viele tierische Proteine erhalten, ist aus diesem Grunde ebenfalls problematisch.

FLEISCHFRESSER

Rein carnivore Harnischwelse sind häufig Bewohner großer Gewässertiefen. Es sind vor allem Hypostominen und Loricariinen. In der Natur ernähren sich diese Fische von Insektenlarven, Kleinkrebsen, Garnelen und Schnecken. Auch tote Fische, die auf dem Gewässergrund von ihnen gefunden werden, bereichern den Speiseplan einiger Fleischfresser.

Im Aquarium sind die Fleischfresser einfach zu ernähren, denn verschiedene Lebend- und Frostfuttersorten sowie diverse Trockenfutterprodukte stehen uns zur Verfügung. Als gutes Grundfutter eignet sich ein hochwertiges Tablettenfutter sehr gut, beispielsweise JBL-NovoTabs. Futtertabletten, -flocken oder -granulate sollten jedoch regelmäßig durch frische oder gefrorene tierische Nahrung ergänzt werden. Hierzu eignen sich neben Daphnien, *Cyclops*, Salinenkrebsen, den verschiedenen Mückenlarven sowie *Mysis* und Krill auch Muschel- und Fischfleisch. Einige Fleischfresser fressen auch gelegentlich in geringen Mengen pflanzliche Kost. Jedoch hält sich die „Begeisterung“ dafür meist in Grenzen.

Einige Harnischwelse, die sich in der Natur vorwiegend von Mollusken ernähren (z.B. die *Scobinancistrus*-Arten), knacken mit ihren kräftigen Zähnen auch im Aquarium Schnecken. Deshalb sind Aquarien mit solchen Welsen häufig nach kurzer Zeit frei von Schnecken.

Auch der attraktive L82 ist ein typischer Fleischfresser

Spectracanthicus murinus ernährt sich in der Natur vermutlich von Mollusken

FORTPFLANZUNGSSTRATEGIEN VON HARNISCHWELSEN

Die Harnischwelse sind eine extrem artenreiche Fischfamilie. Es ist deshalb nicht verwunderlich, dass die Vertreter dieser Fischgruppe in den Lebensräumen, die sie bewohnen, nicht nur ganz unterschiedliche ökologische Nischen besetzt haben. Sie haben auch ihre Fortpflanzungsstrategien sehr stark an diese Lebensräume angepasst. Fünf verschiedene Strategien sind dabei bekannt, die ich im Folgenden vorstellen möchte.

Rhinelepis aspera ist ein Streulaicher ohne Brutpflege, was in der Familie der Harnischwelse selten ist

FREILAICHER OHNE BRUTPFLEGE

Bei den meisten Harnischwelsen betreiben die Männchen Brutpflege. Neben einigen Ohrgittersaugwelsen der Unterfamilie Hypoptopomatinae verzichten auch die *Rhinelepis*-Arten und vermutlich die sehr nahe verwandten *Pogonopoma* auf eine Bewachung ihrer Eier. Die *Rhinelepis* oder Tannenzapfen-Harnischwelse führen laut AGOSTINHO et al. (1991) in den großen Flüssen des südöstlichen Südamerika Laichwanderungen durch. Sie schwimmen weit flussaufwärts in die schneller fließenden Oberläufe, um dort abzulaichen. Die Weibchen produzieren eine unglaubliche Menge von Eiern (bis zu 180000 Oozyten konnten in einem einzigen Tier gezählt werden) und geben die Eier bei der Verpaarung ins freie Wasser ab. Angesichts der sehr hohen Eizahl ist eine Brutpflege offensichtlich nicht nötig. Sicher werden bei dieser Strategie viele der Eier gefressen. Dennoch entwickeln sich immer noch genügend davon, um den Erhalt der Art zu sichern. Vielmehr bedrohen die Überfischung in den Vorkommensgebieten dieser Art sowie Eingriffe des Menschen in den natürlichen Verlauf der Gewässer die Existenz der *Rhinelepis* und Verwandten. Trotz der riesigen Zahl an Nachkommen, die diese Fische produzieren können, sind ihre Bestände in der Natur vielerorts mittlerweile stark zurückgegangen. Im Aquarium konnten diese Tiere bislang noch nicht vermehrt werden.

SUBSTRATLAICHER OHNE BRUTPFLEGE

In Gewässern, in denen es große saisonale Unterschiede des Wasserstandes gibt, erschließen sich zur Regenzeit für die Fische völlig neue Lebensräume: die Überschwemmungsbereiche. In der überschwemmten Vegetation finden einige Harnischwelse nicht nur neue Nahrungsgründe, manche

Otocinclus-Arten laichen auf Pflanzen ab, betreiben aber keine Brutpflege

laichen auch an den untergetauchten Pflanzen ab. Dieses Verhalten ist beispielsweise von den Ohrgittersaugwelsen der Gattung *Otocinclus* sowie einigen verwandten Arten bekannt. Das Fortpflanzungsverhalten der kleinen Welse ähnelt dem der in der Aquaristik so beliebten Panzerwelse der Gattung *Corydoras.* Mehrere Männchen verfolgen dabei meist unter heftigem Treiben ein einzelnes Weibchen. Während der Paarung legt das Männchen seinen Körper u-förmig um den Kopf des Weibchens herum. Die klebrigen Eier werden von den Weibchen an der Vegetation abgelegt. Nach der Eiablage werden die Eier nicht weiter betreut. Sie sind gewöhnlich klein und durchsichtig und deshalb von Fressfeinden nur sehr schwer zu entdecken.

Auch die nahe verwandten *Parotocinclus*-Arten und noch weitere Hypoptopomatinen betreiben keine Brutpflege. Allerdings bewohnen diese Ohrgittersaugwelse meist schnell fließende Gewässer, die nur geringen Schwankungen des Wasserstandes unterliegen. Hier laichen die Tiere vermutlich in der Natur auf Steinen, auf untergetauchter Vegetation, auf Geäst oder Blättern ab.

Es geschieht auch in Gesellschaftsaquarien immer wieder, dass plötzlich Jungfische von Ohrgittersaugwelsen auftauchen. An einer gezielten Zucht dieser kleinen Hypoptopomatinen versuchen sich jedoch nur wenige Aquarianer.

Die Männchen der *Harttia*-Arten, hier *Harttia duriventris*, betreuen Gelege auf Steinen

SUBSTRATBRÜTER

Die meisten Harnischwelse betreiben Brutpflege im männlichen Geschlecht. Allerdings gibt es dabei drei verschiedene Strategien. Neben der sehr artenreichen Gruppe der Höhlenbrüter und den stark spezialisierten Maul- bzw. Lippenbrütern gibt es auch die Substrat- oder Offenbrüter. Wir finden diese Form der Brutpflege sowohl bei den Hexenwelsen der Unterfamilie Loricariinae als auch bei einigen Ohrgittersaugwelsen (Hypoptopomatinae).

Brutpflegendes Männchen des Segelflossen-Störwelses, *Sturisoma festivum*

Die Sturisomina werden in der Aquaristik als Störwelse bezeichnet. Die bekanntesten Vertreter dieser Gruppe sind die bei Aquarianern sehr beliebten *Sturisoma*-Arten. Neben *Sturisoma* sind jedoch mittlerweile auch bereits die seltener eingeführten *Sturisomatichthys, Lamontichthys, Pterosturisoma,* ebenso wie die verwandten *Harttia* und *Farlowella* im Aquarium vermehrt worden. Bei diesen Fischen, die in der Natur vor allem schnell fließende Gewässer bewohnen, werden die Gelege insbesondere an glatten Flächen in der Nähe des Filterauslaufs abgelegt. Die Eier sind relativ groß und werden vom Männchen etwa eine Woche lang bewacht, bis die Jungfische, bereits relativ weit entwickelt, schlüpfen und überall hin verstreut werden.

***Rineloricaria*-Paar beim Ablaichen**

Auch einige Ohrgittersaugwelse betreiben Brutpflege auf einer offenen Fläche. Dieses Verhalten ist bislang jedoch nur von den Vertretern der Gattungen *Hypoptopoma* und *Oxyropsis* bekannt. Diese kleinen Harnischwelse findet man in der Natur vor allem an untergetauchtem Geäst oder an Vegetation. Mit ihren kräftigen Bauchflossen können sie sich gut daran festhalten. Ein eher unauffälliges Gelege aus kleinen, durchsichtigen Eiern wird von den Männchen mit dem Körper abgedeckt und bewacht. Die sehr unauffällig gefärbten Jungfische tragen zunächst noch einen Dottersack, von dem sie einige Tage zehren.

HÖHLENBRÜTER

Die Höhlenbrüter stellen zahlenmäßig die bei weitem größte Gruppe der Harnischwelse dar. Innerhalb der riesigen Unterfamilie Hypostominae scheinen bis auf die *Rhinelepis* und Verwandte alle Loricariiden diese Form der Brutpflege zu betreiben. Weiterhin sind auch die Hexenwelse der Gattung *Rineloricaria* sowie einige verwandte Gattungen Höhlenbrüter.

Die großen Schilderwelse der Gattungen *Hypostomus* und *Pterygoplichthys* sowie ihre

Brutpflegendes Männchen von *Peckoltia* cf. *braueri*

Dieses *Ancistrus*-Männchen betreut ein Gelege hinter einem Stein

nächsten Verwandten laichen in der Natur häufig in röhrenförmigen Höhlen in der Uferböschung. Höhlenbrütende Harnischwelse sind jedoch anpassungsfähig und suchen auch durchaus andere Verstecke aus, um ihre Gelege zu erbrüten. Die Männchen bewachen meist umfangreiche Gelege, bestehend aus großen, gelblichen Eiern. Die Jungfische schlüpfen mit einem riesigen Dottersack, von dem sie noch viele Tage im Schutze der Höhle und unter der väterlichen Aufsicht zehren.
Die kleinen Vertreter der Hypostomini, zu denen aquaristisch so populäre Gattungen wie *Ancistrus, Peckoltia* und *Hypancistrus* gehören, brüten mehrheitlich in Astlöchern oder Steinhöhlen. In einigen südamerikanischen Flüssen ist das Gestein vulkanischen Ursprungs und sehr löchrig, in anderen Flüssen finden die Tiere lediglich Höhlen in Steinzwischenräumen vor. Die kleinen hypostominen Harnischwelse sind häufig unproduktiv mit vergleichsweise wenigen, dafür aber bis zu 4 mm großen Eiern. Die Jungfische verbleiben lange in der Höhle, bis sie ihren Dottersack aufgezehrt haben.
Die Hexenwelse der Gattung *Rineloricaria* laichen in der Natur ebenfalls in Zwischenräumen von Steinen, Astlöchern etc. ab. Im Aquarium scheinen sie jedoch vor allem röhrenförmige Höhlen zu bevorzugen, die ruhig an beiden Seiten geöffnet sein dürfen. Derartige Höhlen finden sie in der Natur natürlich nicht immer, passen sich aber vielfach an. Die deutlich größeren *Spatuloricaria* und *Dasyloricaria* laichen in der Natur und im Aquarium an der Unterseite von Steinplatten ab. Die großen Eier werden auch hier vom Männchen eine Zeit lang intensiv umsorgt. Frisch geschlüpfte Hexenwels-Jungfische haben jedoch im Gegensatz zu den Hypostominen nur einen rudimentären Dottersack und verlassen bereits direkt nach dem Schlupf die väterliche Obhut.

MAUL- BZW. LIPPENBRÜTER

Eine außergewöhnliche Fortpflanzungsstrategie haben einige Sand bewohnende Hexenwelse der Unterfamilie Loricariinae entwickelt. Da in den Lebensräumen dieser Fische, den riesigen freien Sandflächen der Flüsse, Versteckmöglichkeiten Mangelware sind, tragen sie die Gelege mit sich herum. Sie betreiben eine Art von Maulbrutpflege, die man besser als Lippenbrüten bezeichnen sollte. Denn im Gegensatz zu den echten Maulbrütern wird das Gelege von ihnen nicht vollständig im Maul verborgen. Die Männchen halten die Laichballen, die aus stark miteinander verklebten Eiern bestehen, viel mehr mit den Lippen fest und tragen sie viele Tage lang mit sich herum.
Die bekanntesten maulbrütenden Hexenwelse sind die *Loricaria*-Arten, die artenreich sehr weit in Südamerika verbreitet sind. Diese bis etwa 25 cm großen Welse sind wie die meisten anderen Sand bewohnenden Hexenwelse gewöhnlich hellgraubraun gefärbt und deshalb perfekt an den Untergrund angepasst. Sie verlassen sich vollständig auf ihre Tarnung und schwimmen auch bei der Brutpflege nur wenig umher. Während die *Loricaria* ihre langen und flachen, meist nur aus zwei Lagen sehr großen Eiern bestehenden Gelege auf dem Sandboden bewachen, scheinen die nahe verwandten *Brochiloricaria* für die Brutpflege Anhöhen zu bevorzugen. Die brutpflegenden Männchen sitzen mit den Gelegen auf Steinen oder Holzstücken.
Die viel mehr abgeflachten *Pseudohemiodon*- und *Crossoloricaria*-Arten, die in der Aquaristik als Flunderharnischwelse bekannt sind, führen eine deutlich stärker verborgene Lebensweise. Man findet sie im Boden fast völlig vergraben vor und entdeckt sie im Aquarium deshalb nur mit einem geschul-

ten Auge. Selbst während der Brutpflege graben sich die Männchen mitsamt dem Gelege im Maul in den Boden ein. Sie wippen aber von Zeit zu Zeit immer wieder mit dem Vorderkörper auf und ab, damit die Eier gut mit Sauerstoff versorgt werden. Die Gelege sind dadurch offensichtlich so perfekt geschützt, dass auf eine große Eianzahl zur Sicherung der Nachkommenschaft verzichtet werden kann. Die Gelege der Flunderharnischwelse sind deshalb nur etwa 4 bis 5 cm im Durchmesser und bestehen aus wenigen, riesigen Eiern. Bei den Hexenwelsen der Gattungen *Loricariichthys, Pseudoloricaria* und *Hemiodontichthys* hat sich auch die Lippenstruktur der Welse an diese Form der Brutpflege stark angepasst. Den Männchen dieser außergewöhnlichen Sandbewohner wachsen nur zur Laichzeit die Lippen stark an. Besonders die Oberlippe wächst ganz extrem; Ober- und Unterlippe bilden eine Art Schlauch, der über das Gelege gestülpt wird. So können beispielsweise die *Loricariichthys* riesige, klumpenförmige Gelege ohne Mühe mit sich herumtragen. Die Jungfische schlüpfen über einen langen Zeitraum, um die Gefahr des Aufgefressenwerdens der gesamten Nachkommenschaft zu minimieren. Beim Nasenharnischwels *Hemiodontichthys acipenserinus*, der in der Aquaristik verbreitet ist, sind die Gelege deutlich kleiner. *Pseudoloricaria* laichen zum Schutz ihres Geleges vor Keimen im Boden auf Blättern ab und tragen diese mitsamt dem Gelege mit sich herum.

Loricaria cataphracta ist ein maulbrütender Harnischwels

Auch die Flunderharnischwels-Männchen tragen die Gelege im Maul mit sich herum; hier *Pseudohemiodon lamina*

DAS HARNISCHWELS-AQUARIUM

Nur wenn es uns gelingt, unseren Pfleglingen eine Umgebung zu schaffen, in der sie sich wohl fühlen, werden sie sich im Aquarium auch vermehren. Glücklicherweise sind viele Harnischwelse relativ anpassungsfähig und geben dem Pfleger bezüglich der anzustrebenden Pflegebedingungen einigen Spielraum. Etliche wichtige Punkte sind bei der Pflege von Loricariiden jedoch grundsätzlich zu beachten.

WIE GROß MUSS DAS AQUARIUM SEIN?

Natürlich richtet sich die Größe eines Aquariums für die Pflege von Harnischwelsen in erster Linie nach der Anzahl und der Größe der gepflegten Tiere sowie ihrem Temperament. Mit Ausnahme der kleinen Ohrgittersaugwelse der Gattung *Otocinclus* sowie einiger nahe verwandter Gattungen der Unterfamilie Hypoptopomatinae sind Loricariiden gewöhnlich keine Schwarmfische, d.h. eine paarweise Pflege ist bei ihnen durchaus möglich, bei einigen Arten sogar sehr empfehlenswert, bei besonders revierbildenden Arten sogar unumgänglich. Sind Harnischwelse temperamentvoll, so heißt das nicht, dass sie sehr schwimmfreudig wären, sondern dass sie ihr Revier verteidigen und selbst bei paarweiser Pflege der Geschlechtspartner häufiger gejagt wird. Für solche Fische sollten die Aquarien dem entsprechend natürlich geräumig sein. Das ist umso wichtiger, da ein richtig eingerichtetes Aquarium für diese Tiere auch viele Versteckmöglichkeiten beinhalten sollte, die wiederum Raum einnehmen.

Ich pflege die meisten meiner Harnischwelse in 200-Liter-Aquarien

Es ist schwierig, etwas allgemein Geltendes über die Aquariengröße auszusagen, denn so viele Faktoren spielen dabei eine Rolle. So können sich die verschiedenen Harnischwelse beispielsweise auch im Stoffwechsel stark unterscheiden. Arten mit einem höheren Stoffwechsel, die somit das Wasser stärker belasten, sollten dem entsprechend in geräumigeren Aquarien gepflegt werden.
Auch die Art der Filterung hat natürlich Einfluss bezüglich der gewählten Aquariengröße. So nimmt ja z.B. ein Außenfilter den Fischen kaum Schwimmraum weg, während ein Hamburger Mattenfilter gleich ein stattliches Volumen im Becken einnimmt, das den Fischen verloren geht.
Alles in allem kann man sagen, dass Harnischwelse selbst für die Zucht mitunter erstaunlich wenig Platz in einem Aquarium beanspruchen. Allerdings sollte man sich keinesfalls ein Beispiel an Aquarianern nehmen, denen selbst in viel zu kleinen Fisch-Behausungen Nachzuchterfolge gelingen. So erhielt ich vor einiger Zeit Bilder eines japanischen Harnischwels-Liebhabers, der ein Pärchen des

Für große Arten stehen mir aber auch geräumigere sowie einige kleine Aquarien für Zwergarten zur Verfügung

Rotflossen-Kaktuswelses, *Pseudacanthicus* sp. L25, in einem 60 cm langen Aquarium pflegte und vermehrte. Da sträuben sich auch mir die Nackenhaare und es verwundert mich keineswegs, dass besagter Züchter zuvor bereits ein Weibchen dieser Art aufgrund der starken Aggression des Männchens in diesem Aquarium einbüßen musste.
Ich bevorzuge für die Pflege und Vermehrung der Ohrgittersaugwelse auch kleine Aquarien, aber die wirklich großen und teilweise aggressiven L-Welse sollten schon wirklich geräumige Behausungen angeboten bekommen. Für die Mehrzahl der mittelgroßen Arten macht es jedoch kaum einen Unterschied, ob man sie in kleineren oder größeren Aquarien pflegt. Vielfach ist es gut, diese Fische paarweise in relativ kleinen Aquarien zu pflegen als in der Gruppe in größeren, da die Ausbeute an Jungfischen dann einfach höher ausfällt.

Große Harnischwelse wie *Hypostomus alatus* benötigen natürlich geräumige Aquarien

WELCHE AQUARIENTECHNIK IST SINNVOLL?

Da die meisten Harnischwelse sauberes und sauerstoffreiches Wasser benötigen, um sich in einem Aquarium wohl zu fühlen, kommt der Filterung die größte Bedeutung zu. Gerade für Arten mit hohem Stoffwechsel, beispielsweise die *Panaque-* oder *Panaqolus*-Arten, ist eine leistungsstarke Filterung unabdingbar. Sie kann auf ganz verschiedene Art und Weise realisiert werden. Ob sich der Pfleger nun für einen Innen- oder Außenfilter, einen Topf-, Überhang-, Riesel-, Schwamm- oder Mattenfilter entscheidet, ist von der Vorliebe und dem Geldbeutel des einzelnen Aquarianers abhängig, der dabei so ziemlich alle Freiheiten hat. Mittlerweile bietet der Handel so viele unterschiedliche Filtersysteme an, die meist alle einen guten Dienst leisten. Jedoch sollte man gerade bei Arten, die überaus viel Reststoffe produzieren, bedenken, dass das Filtermedium nicht zu fein gewählt wird, da sich dieses ansonsten zu schnell verdichtet.
Um das Wasser mit ausreichend Sauerstoff anzureichern, ist der Einsatz eines Diffusors, eines Oxydators oder eines Belüftersteines empfehlenswert. Diffusoren werden dem Filterauslauf vorgeschaltet und tragen über einen angeschlossenen Schlauch, der über die Wasseroberfläche hinaus reichen sollte, feine Luftblasen ins Wasser ein. In einem Oxydator, der an einer umkippsicheren Stelle im Aquarium aufgestellt werden sollte, wird unter Zuhilfenahme eines Katalysators Wasserstoffperoxyd aufgespalten und dadurch dem Wasser ständig Sauerstoff zugeführt. Um das Wasser über einen Belüfterstein mit Sauerstoff anzureichern, werden natürlich eine zusätzliche Membranpumpe und ein Luftschlauch benötigt. Filtert man das Aquarium über einen Luftheber, so erübrigt sich das Belüften eigentlich schon, da dieser meist dem Wasser bereits ausreichend Sauerstoff zuführt.
Gerade bei der Pflege von sehr sauerstoffbedürftigen Loricariiden sollte man bedenken, dass ein Filter auch mal ausfallen, sich ein Diffusor leicht verstopfen und ein Luftheber oder ein Belüfterstein durch den Kalkgehalt des Wassers mit der Zeit an Leistung verlieren kann. Ist der Sauerstoffeintrag durch diese Hilfsmittel unterbunden, so kann der Sauerstoffgehalt schnell so stark absinken, dass die Tiere

verenden. Schlau ist, wer diesem vorbeugt und seinen Fischen immer eine zweite Art der Belüftung zukommen lässt.
Da die meisten Harnischwelse aus tropischen Bereichen stammen, benötigen sie natürlich gewöhnlich höhere Wassertemperaturen als es die Umgebungstemperaturen in den Räumen, in denen das oder die Aquarien aufgestellt sind. Folglich müssen die Aquarien zusätzlich beheizt werden. Dieses erreichen wir am einfachsten über einen Regelheizer, der das Wasser nahezu konstant auf eine voreingestellte Temperatur heizt. Zuverlässige Regelheizer werden von unterschiedlichen Herstellern angeboten. Vergessen Sie bitte nicht, den Heizer auszuschalten, bevor sie im Aquarium hantieren oder einen Wasserwechsel durchführen.
Harnischwelse sind gewöhnlich nächtlich aktive Fische und kommen normalerweise ohnehin in Gewässerbereichen mit zumindest schummrigen Lichtverhältnissen vor. Eine Beleuchtung des Aquariums ist dem entsprechend reiner Luxus. Die Fische benötigen diese keineswegs, da das Licht des Raumes für sie völlig ausreicht. Wer jedoch die Fische besser beobachten möchte oder gar bepflanzte Aquarien bevorzugt, der sollte eine Beleuchtung installieren. Man muss sich jedoch darüber im Klaren sein, dass gerade die sehr lichtscheuen Arten dann unter Umständen umso weniger zu sehen sind, je heller die Beleuchtung ausfällt.

WELCHE WASSERWERTE SOLLTE MAN EINSTELLEN?

Wie ich bereits in dem Kapitel über die Lebensräume der Harnischwelse erwähnte, kommen diese Fische in den unterschiedlichsten Habitaten vor. Man kann sie in kühlem und sauerstoffreichem Wasser ebenso wie in warmem und sauerstoffarmem antreffen. Weiterhin sind sie sowohl in Weiß- und Klarwasserflüssen als auch im Schwarzwasser heimisch. Man kann also über die Ansprüche dieser Fische an die Beschaffenheit des Wassers keineswegs etwas allgemein Gültiges aussagen.

Eine gute Filterung ist gerade für Harnischwelse zumeist von essentieller Bedeutung und ein wichtiger Schlüssel zum Erfolg bei der Zucht

Die Wassertemperatur sollte man der Herkunft der Tiere entsprechend einstellen. Harnischwelse aus dem zentralen Amazonas- und Orinoco-Becken benötigen dabei allgemein hohe Wassertemperaturen, zur Zucht sollten diese mindestens etwa 26°C betragen. Die Harnischwelse der kleinen Waldbäche, der Gebirgsflüsse und der südlichen Flusssysteme in Südamerika mögen es nicht ganz so warm. Je höher oder südlicher die Herkunftsgebiete dieser Welse gelegen sind, um so kühler sollte man diese Fische pflegen. Arten wie beispielsweise *Ancistrus cirrhosus* aus Argentinien fühlen sich bei Wassertemperaturen von 18 bis 24°C wohl, wobei man in unseren Breiten meist auf eine Heizung gänzlich verzichten kann. Zwischen diesen Extremen gibt es in der riesigen Familie der Harnischwelse jedoch sämtliche Übergänge in den Temperaturansprüchen. Es bleibt deshalb dem Aquarianer kaum etwas anderes übrig, als sich über die Herkunft seiner Pfleglinge zu informieren, wenn er sie erfolgreich pflegen und vielleicht sogar vermehren möchte.

Der Weißsaum-Antennenwels, *Ancistrus dolichopterus* (L183), fühlt sich als typischer Schwarzwasserbewohner nur in weichem und saurem Wasser richtig wohl

Die meisten Harnischwelse kommen jedoch auch mit nicht zu hartem Leitungswasser gut zurecht und lassen sich darin meist sogar nachzüchten, wie etwa der häufig importierte *Rineloricaria eigenmanni*

Bezüglich der Härte des Wassers haben wir es da schon deutlich einfacher. Wirklich harte Gewässer gibt es in Südamerika nur ausgesprochen selten, weshalb nahezu alle Arten mit weichem bis mittelhartem Wasser dauerhaft gut zu Recht kommen. Lediglich einige stark spezialisierte Weichwasserfische, die in Schwarzwasser oder in Klarwasser mit niedrigem pH-Wert leben, sollten zur Zucht in sehr weichem Wasser gepflegt werden. Ein gutes Beispiel hierfür ist *Ancistrus dolichopterus* (L183) aus dem Flusssystem des Rio Negro, der in nicht zu hartem Leitungswasser gut gepflegt werden kann. Die Vermehrung scheint jedoch nur in weichem Wasser bei niedrigem pH-Wert zu gelingen. Senkt man diesen weit in den sauren Bereich ab (am besten pH 4,5 bis 6,0), gelingt die Nachzucht dieser Art jedoch meistens gut.

Für die meisten Harnischwelse des Weiß- und Klarwassers, und das ist der bei weitem größte Teil der Arten, reicht jedoch zur Pflege und Vermehrung weiches bis mittelhartes Wasser auch ohne Veränderung des pH-Wertes vollständig aus. Der pH-Wert liegt dann in den meisten Fällen zwischen 6,5 und 7,5, die elektrische Leitfähigkeit sollte jedoch für viele Arten 500 µS/cm nicht übersteigen. Ansonsten dürfte die Vermehrung bei zahlreichen Arten kaum noch glücken.

BODENGRUND ODER NICHT?

Es gibt zahlreiche Harnischwelse, die mit und ohne Bodengrund sehr gut zu pflegen sind. Aber ebenso gibt es auch Arten, die man nur auf feinem Sandboden pflegen sollte und ebenso wiederum andere, deren Pflege nach meinen Erfahrungen am besten ohne Bodengrund gelingt.

Verallgemeinernd kann man sagen, dass sich die Aufwuchs fressenden Fische am besten für eine Pflege auf dem blanken Aquarienboden eignen. Es liegt daran, dass sie den Glasboden ständig abweiden und so eine Schleimschichtbildung verhindern, die ansonsten durch die Besiedelung mit Keimen sehr schnell stattfindet. Einige Loricariiden reagieren empfindlich darauf – ihnen schmelzen die Flossen ein und sie gehen unter Umständen sogar daran zu Grunde. Carnivore Harnischwelse lassen sich durchaus auf Glasboden pflegen. Einige Arten sind im Alter gar nicht so empfindlich gegen die Schleimschicht (Jungfische dieser Arten sind dann meist deutlich empfindlicher). Man kann ihnen jedoch auch einfach einige Aufwuchsfresser hinzugesellen, die die Reinigung des Aquarienbodens für sie übernehmen.

Nach meiner Erfahrung klappt die Pflege vor allem der Aufwuchsfresser auf blankem Glasboden häufig sogar viel besser, da man diese Fische ja häufiger und stärker füttern sollte. Auf Glasboden bleibt das Futter ja für die Tiere sehr viel länger verfügbar und versinkt nicht zwischen den Steinchen im Boden. Aus diesem Grunde hat der Verzicht auf Bodengrund für diese Arten durchaus einigen Sinn.

Welchen Bodengrund man verwendet, ist für viele Loricariiden relativ gleichgültig. Der Boden sollte jedoch nicht zu fein sein, damit keine Fäulnisherde im Boden entstehen, und nicht zu grob, damit das Futter nicht unerreichbar für die Fische dazwischen verschwindet. Er sollte nicht zu scharfkantig sein und auch keinen Kalk und keine Giftstoffe abgeben. Für die sandbewohnenden Hexenwelse, die sich ja teilweise sogar tief in den Boden eingraben, muss der Bodengrund unbedingt fein genug sein, um ihnen das zu ermöglichen.

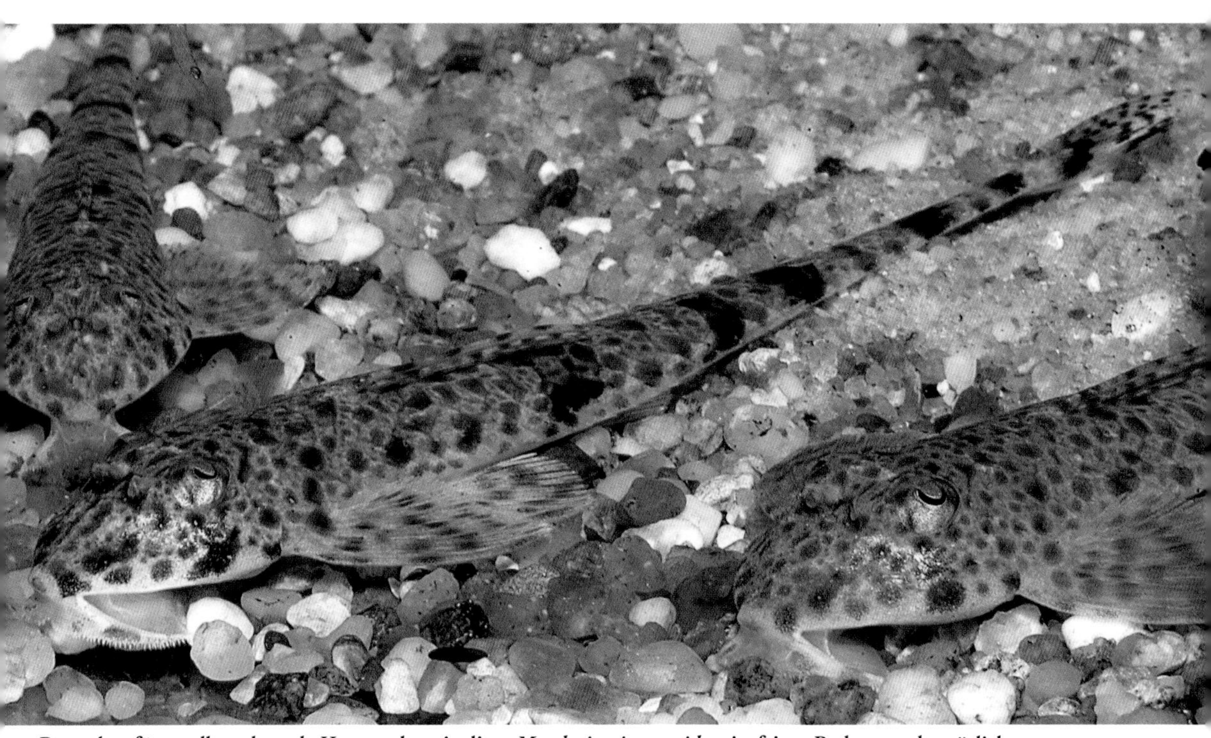

Besonders für sandbewohnende Hexenwelse wie diese *Metaloricaria paucidens* ist feiner Bodengrund natürlich ausgesprochen wichtig

Es liegt wiederum im Ermessen des Aquarianers, ob er Bodengrund verwendet, und welchen. Man sollte aber auch bedenken, dass ein gut durchfluteter Aquarienboden als zusätzliches Filtermedium stark zur Stabilität des Lebensraumes Aquarium beitragen kann.

WIE RICHTE ICH EIN SOLCHES AQUARIUM SINNVOLL EIN?

Ein Aquarium für die Pflege und Vermehrung von Harnischwelsen ist nur in den seltensten Fällen ein schönes Aquarium. Man muss sich immer vor Augen halten, dass auch die natürlichen Lebensräume unserer Pfleglinge gewöhnlich nicht schön aussehen. Wir haben es viel mehr mit Ansammlungen von

Harnischwels-Aquarien müssen nicht schön aussehen, sondern sollten sinnvoll und versteckreich eingerichtet sein

Steinen und Hölzern, mit freien Sandflächen oder auch Senken zu tun, in denen sich pflanzliches Material, etwa Blätter und Äste, anreichert. Folglich können wir Aquarien mit geringen Mitteln sehr naturnah einrichten und mit attraktiven Steinen und Hölzern eingerichtete Aquarien können sogar durchaus ansprechend aussehen. Eine Bepflanzung ist darüber hinaus, sofern sie die Pfleglinge nicht als Nahrung ansehen, auch möglich.
Unter den Harnischwels-Liebhabern gibt es Ästheten und Minimalisten. Wenn sie bei der Einrichtung der Aquarien die Bedürfnisse der Tiere in erster Linie berücksichtigen, so ist beides sicher völlig in Ordnung. Ein für das menschliche Auge schönes Aquarium muss nicht unbedingt für Harnischwelse

geeignet sein, eine an einen Müllhaufen erinnernde Einrichtung kann hingegen für Loricariiden ein wahres Paradies darstellen. Beide Typen von Aquarianern sind unter Berücksichtigung der Ansprüche ihrer Pfleglinge also durchaus in der Lage, diese Welse gut zu pflegen und sogar zu vermehren.
Der Zoofachhandel bietet dem Aquarianer heute eine unglaubliche Vielfalt an Einrichtungsgegenständen an, die wir sehr gut in einem solchen Aquarium nutzen können. Den Harnischwelsen dürfte es dabei ziemlich egal sein, ob sie nun in einer Höhle aus natürlichen Steinen verweilen oder in einer halbierten Kokosnussschale, einem umgestülpten Blumentopf, einer Amphore oder einem der grässlichen, für die Aquaristik erhältlichen Totenköpfe aus Keramik. Alle diese Dinge erfüllen den gleichen Zweck, den Tieren Unterschlupf zu bieten. Wollen wir den Tieren Laichhöhlen anbieten, so müssen wir schon gezielter die Bedürfnisse der Tiere berücksichtigen. Jedoch nehmen nach meinen Erfahrungen viele Harnischwelse Höhlen aus Ton, Schiefer, Keramik oder Holz nahezu gleich gut an. Wer dekorative Aquarien einrichten möchte, kann die farblich häufig auffälligen Höhlen auch mit Steinen verdecken. Namiba Terra ist gerade dabei, spezielle Höhlen so zu entwickeln, dass nicht nur für unterschiedlich große Harnischwelse mehrere Größen und Formen zur Auswahl stehen, sondern auch zudem naturnah wirkendes Tonmaterial dem Ästheten einen guten Eindruck verschafft. Außerdem sind sie für Gelegekontrollen sehr praktisch konzipiert, weil sie sich öffnen lassen, ohne herausgenommen zu werden.
Ganz verschiedene Hölzer für Aquarien bietet der Zoofachhandel an. Man sollte unbedingt darauf achten, nur solche zu verwenden, die unter Wasser nicht in Fäulnis übergehen, da das Wasser sonst zu stark belastet würde. Weiches Moorkienholz ist dem teilweise sehr harten Mopani oder Steinholz vorzuziehen, denn letztere Holzsorten können Harnischwelse gar nicht beraspeln.
Auch mit Blättern lässt sich ein naturnaher Lebensraum im Aquarium einrichten. Viele Harnischwelse ernähren sich auch von Blättern, so dass diese unter Umständen nach kurzer Zeit zerfressen sind und erneuert werden müssen. Besonders gut eignen sich deshalb relativ harte Blätter, etwa Eichenlaub, da sie nicht so schnell zerfallen wie beispielsweise die deutlich dünneren Buchenblätter.
Auch in schön bepflanzten Aquarien können sich Harnischwelse wohl fühlen. Die stark spezialisierten Aufwuchsfresser mit ihren breiten Zahnreihen lassen jedoch meist keine Bepflanzung zu, da sie diese als Nahrung ansehen und sie sehr bald zerfressen.

Solche Laichhöhlen, wie sie die Firma AquaKeramik anbietet, sind überaus praktisch, denn aus ihnen lassen sich leicht die Jungfische entnehmen

WELCHE MÖGLICHKEITEN EINER VERGESELLSCHAFTUNG GIBT ES?

Harnischwelse sind gewöhnlich friedliche Aquarienfische. Selbst die revierbildenden Arten richten ihre Aggressionen nur auf Artgenossen und andere ähnlich aussehende sowie große Fische aus. Selbst Jungfischen stellen sie nur in den seltensten Fällen nach, so dass die Möglichkeit einer Vergesellschaftung mit anderen Fischen sehr vielfältig ist.
Für eine Vergesellschaftung kommen jedoch nur Tiere mit ähnlichen Ansprüchen in

Frage. Bei den meisten Harnischwelsen handelt es sich um Weichwasserfische, die zwar hartes Wasser tolerieren, sich aber meist nur in weichem bis mittelhartem Wasser vermehren lassen. Somit passen sie beispielsweise mit Tanganjikasee-Cichliden nur sehr schlecht zusammen. Auch unterschiedliche Temperaturansprüche sollten bei einer Vergesellschaftung unbedingt beachtet werden, denn während viele L-Welse aus dem Amazonasgebiet Temperaturen von über 30°C gewöhnt sind, gibt es auch deutlich kühler lebende Harnischwelse in den Gebirgen oder sogar in subtropischen Gefilden. Und auch die Nahrungsansprüche sollten bei einer möglichen Vergesellschaftung berücksichtigt werden. So ist beispielsweise eine Vergesellschaftung von Aufwuchsfressern, deren Verdauungstrakt in erster Linie auf die Verarbeitung pflanzlicher Nahrung spezialisiert ist, mit Fleischfressern auch nicht optimal, denn zu viel tierische Fette und Proteine können die Vegetarier nur sehr schwer verdauen.

Viele Schmerlen, hier *Syncrossus berdmorei*, stellen keine guten Gesellschafter für Harnischwelse dar, denn sie können aggressiv werden und ihnen die Höhlen streitig machen

Weiterhin darf die Gesellschaft weder zu aggressiv, noch zu gefräßig sein. Zwar gibt es unter den Loricariiden auch überaus gut gepanzerte, wehrhafte Arten, die sich selbst in Gesellschaft der übelsten Raufbolde aus dem Reich der Cichliden durchzusetzen vermögen. Aber das ist ja nicht unbedingt die Regel, und eine gezielte Attacke auf die Augen der Tiere vertragen auch die am besten geschützten Arten nur ausgesprochen schlecht. Als gewöhnlich bodengebunden lebende Fische können Harnischwelse außerdem nur das fressen, was noch in ihrem Lebensbereich ankommt, und selbst da sind die frei schwimmenden Fische häufig noch schneller an der Futterquelle. Folglich ist eine Vergesellschaftung mit einem großen Schwarm von Barben oder Malawisee-Buntbarschen nicht sinnvoll, da die Welse dabei einfach nicht genügend Futter abbekommen. Aber selbst da gibt es eine Lösung, indem man den Loricariiden gezielt nach dem Ausschalten der Beleuchtung eine Portion Futter an einer dunklen und für andere Fische nur schwer zugänglichen Stelle des Aquariums anbietet.
Je passiver sich Harnischwelse im Aquarium verhalten, desto weniger Fische kommen für eine Vergesellschaftung in Frage. Am problematischsten sind diesbezüglich die sogenannten Hexenwelse. Diese

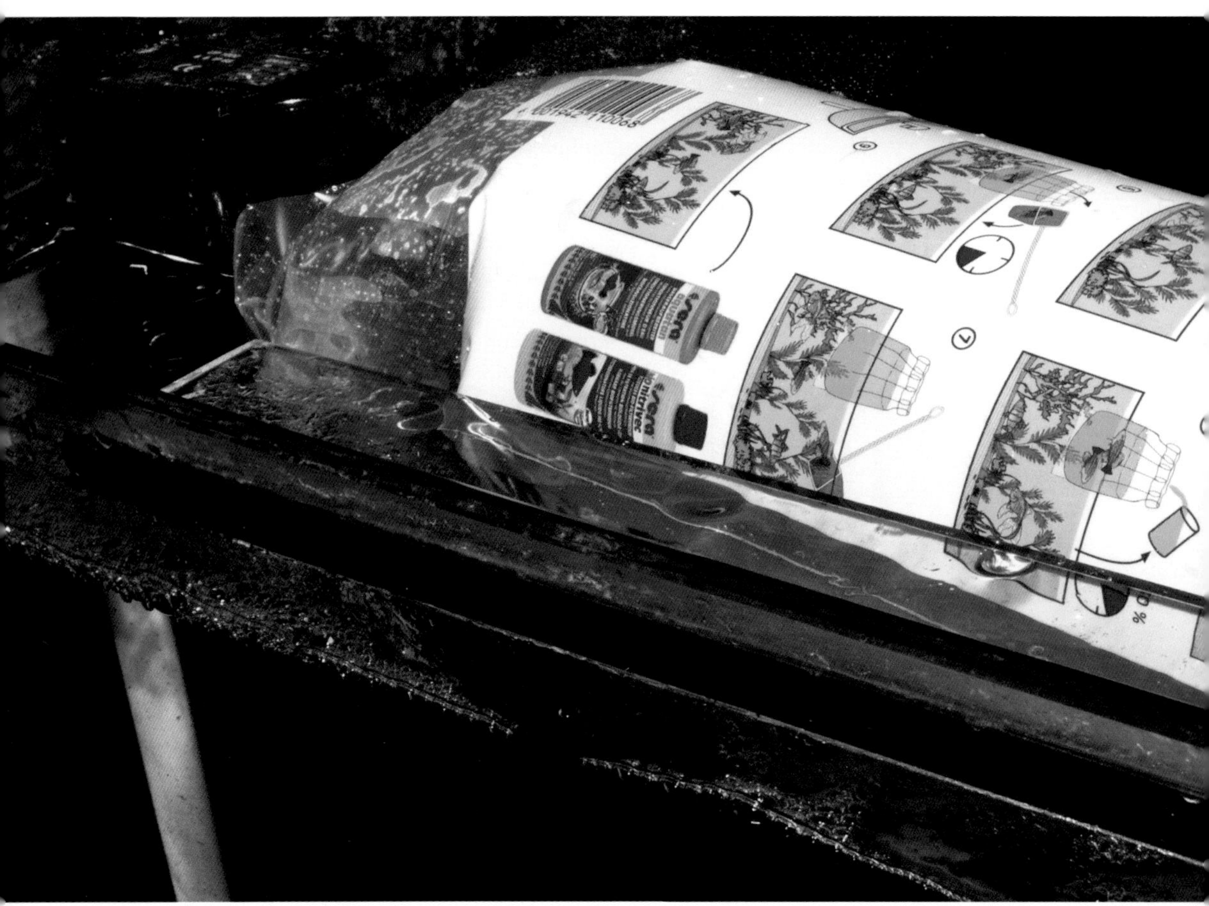

Nach dem Kauf sollten die neu erworbenen Fische im Transportbeutel zunächst für einige Zeit zur Temperaturangleichung auf die Wasseroberfläche gelegt werden

meist sandfarbenen Fische verlassen sich bei Gefahr gewöhnlich vollkommen auf ihre Tarnung und fliehen nur in den seltensten Fällen. Aufdringlichen Fischen gegenüber können sie sich deshalb kaum erwehren. Dabei ist das Abfressen von Schwanzflossenfilamenten noch eine harmlose Sache. Aggressive Fische können diesen Tieren so stark nachstellen, dass sie schließlich am Stress zugrunde gehen. Die häufigsten Todesfälle bei Sandwelsen konnte ich jedoch bislang bei einer Vergesellschaftung mit kleinen Aufwuchs fressenden Saugwelsen beobachten, beispielsweise mit *Otocinclus* oder Jungfischen von *Ancistrus*-Arten. Diese raspeln nämlich nicht selten den völlig hilflosen Sandbewohnern auf Nahrungssuche die Schleimhäute herunter und verletzen dabei diesen wichtigen Schutz für die Tiere. Die geschädigten Partien hellen dann zunächst auf und entzünden sich kurze Zeit später, zeigen Rötungen; ohne das Eingreifen des Pflegers ist ein solcher Fisch dann fast immer verloren.

DIE EINGEWÖHNUNG NEU ERWORBENER FISCHE

Die Pflege von Harnischwelsen beginnt natürlich normalerweise mit dem Erwerb einiger Tiere in einem Zoofachgeschäft oder bei einem Züchter. Gewöhnlich bringt man dann einen Fischtransportbeutel mit Fischen nach Hause und hat schließlich in den meisten Fällen das Problem, dass sich das Wasser im Beutel und im Aquarium in einigen Parametern unterscheidet. Ich setze voraus, dass man sich als verantwortungsbewusster, angehender Pfleger von Loricariiden über deren Ansprüche an die Temperatur und die wesentlichen Wasserparameter, wie den pH-Wert und die Härte, informiert und bereits im Vorfeld Maßnahmen getroffen hat, dass die angebotene Umgebung den Tieren auch zusagt.

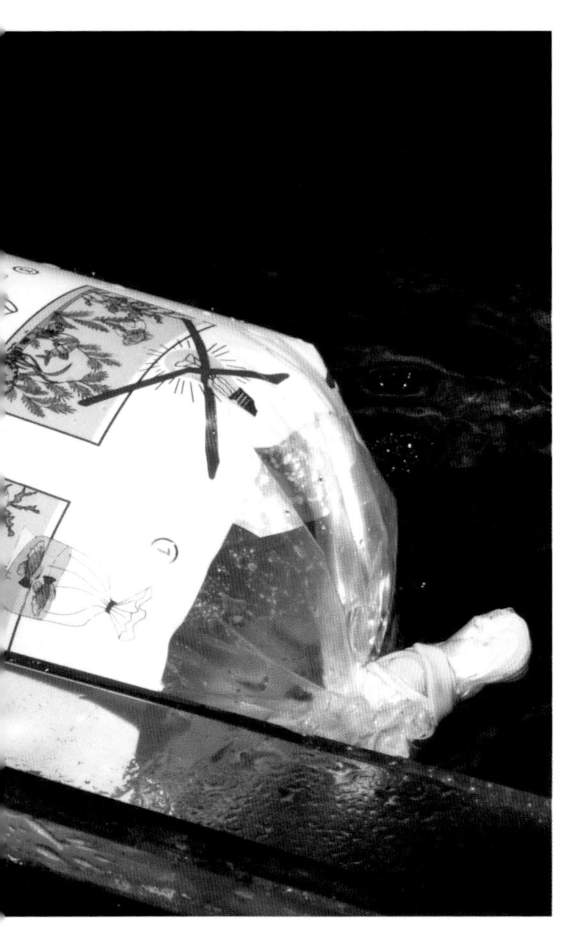

Durch den Transport wird je nach Jahreszeit, Transportzeitraum und Güte der Isolierung der Transportverpackung die Temperatur im Transportbeutel um einige Grad abgefallen sein. Nun gilt es, die Wassertemperatur möglichst schonend für die Fische anzugleichen. Am Sinnvollsten legt man den Beutel dafür etwa eine halbe Stunde lang auf die Wasseroberfläche, bis sich die Temperatur im Inneren des Beutels an die Außentemperatur angepasst hat. Man braucht dabei nicht zu befürchten, dass den Fischen im Inneren des Beutels der Sauerstoff ausgeht, denn Aquarienfische werden in guten Zoofachgeschäften mit reinem Sauerstoff verpackt und selbst bei Verpackung mit normaler Luft reicht bei nicht zu starkem Besatz und nicht tagelangem Transport der Sauerstoffgehalt des Wassers vollständig aus. Im Gegenteil: Es ist unter Umständen gefährlich, den Beutel vorzeitig zu öffnen, denn im Inneren des Beutels haben sich durch den Transport mitunter einige Parameter des Wassers verändert, die bei einem zu vorzeitigen Öffnen zu Problemen führen können.

Um dieses zu erklären, muss ich aber ein wenig ausholen. Man sagt zwar, man solle Fische einen Tag vor dem Transport nicht mehr füttern. In den Zoofachgeschäften lässt sich diese Grundregel jedoch nicht so einfach befolgen, denn Fische werden ja fast jeden Tag verkauft und Futter benötigen sie trotzdem. Folglich ist bei den erworbenen Fischen gewöhnlich auch im Transportbeutel der Stoffwechsel noch im vollen Gange. Die Stoffwechselendprodukte werden zum Großteil über die Kiemen als Ammonium ausgeschieden. In einem eingefahrenen Aquarium wird das Ammonium durch die Filterbakterien in zwei Stufen über Nitrit in das nur wenig toxische Nitrat umgewandelt. Dieses kann in einem Transportbeutel natürlich nicht passieren, so dass sich das Ammonium mit der Zeit im Wasser ansammelt. Ammonium wandelt sich jedoch bei einem alkalischen pH-Wert in das sehr fischgiftige Ammoniak um. Dass wir jedoch dennoch selbst in einem alkalischen Wasser Fische in einem Beutel transportieren können, haben wir der Tatsache zu verdanken, dass Fische Kohlendioxid ausatmen, was zwangsläufig dazu führt, dass sich der pH-Wert im Beutel zumindest in einen schwach sauren Bereich absenkt. Öffnen wir den Beutel vorzeitig ohne schnelles Handeln, treibt dieses CO_2 aus, der pH-Wert steigt an, das Ammonium wandelt sich zu Ammoniak um und die Fische können bald erste Vergiftungserscheinungen zeigen. Deshalb ist bei längeren Fischtransporten die Möglichkeit einer Ammoniak-Vergiftung immer gegeben, gegen die wir durch zwei verschiedene Maßnahmen Vorsorge treffen können: Zum Einen kann man im Handel sogenannte Ammonium-Killer erwerben, die das Ammonium im Transportwasser zuverlässig binden. Bei der zweiten Möglichkeit, sollte der pH-Wert des Aquariums, in das wir die Fische einsetzen wollen, kurzzeitig durch die Zugabe einer geeigneten Säure (z.B. Eichenextrakt) in den schwach sauren Bereich gesenkt werden. Dieses sollte jedoch nur in einem nicht bereits von Fischen bewohnten Aquarium und unter Verwendung eines Messgerätes oder von Messreagenzien erfolgen. Danach kann der Beutel geöffnet und Wasser des Zielaquariums langsam dem Transportwas-

ser hinzugefügt werden, bis es sich aneinander angeglichen hat und die Fische ohne Probleme in die neue Behausung entlassen werden können.
Besonders in der Anfangsphase empfehlen sich häufige Wasserwechsel und ein Absaugen von Futterresten, die nicht von den Tieren sofort gefressen werden. Eine leichte Erhöhung der Wassertemperatur hat sich in der Eingewöhnungszeit als sehr vorteilhaft herausgestellt, um den Stoffwechsel der Fische zusätzlich anzuregen. Allerdings sollte sich die Wassertemperatur noch in den für die Tiere geeigneten Bereichen bewegen.

Auch wenn frisch erworbene Fische wie dieses Exemplar von *Rineloricaria* cf. *lanceolata* aus Kolumbien noch so gesund aussehen mögen, sollte man sie dennoch zunächst in Quarantäne setzen, denn durch den Transport- und Umgewöhnungsstress können auch ansonsten robuste Fische schnell erkranken

WARUM MAN EIN QUARANTÄNE-AQUARIUM HABEN SOLLTE

Wer einen Harnischwels, aus welcher Quelle auch immer, neu erwirbt, tut gut daran, seinen vorhandenen gesunden Fischbestand nicht durch das Hinzusetzen des Neuankömmlings in große Gefahr zu bringen. Selbst wenn der Fisch offensichtlich in Ordnung ist, kann er durch eine Verletzung oder durch zu starke Abkühlung auf dem Transport, durch veränderte Wasserbedingungen, durch Stress mit anderen Fischen im Aquarium oder durch eine Futterumstellung so geschwächt sein, dass er plötzlich erkrankt. Außerdem hat man in einem versteckreich eingerichteten Aquarium häufig überhaupt keine Möglichkeit mehr, nachzuvollziehen, ob es dem kostbaren Neuankömmling gut geht, ob er Futter annimmt usw.
Insofern kann die Anschaffung eines kleinen Quarantäne-Aquariums sehr vorteilhaft sein. Darin kann sich der Fisch an die neuen Wasser-, Temperatur- und Futterbedingungen langsam gewöhnen. Natürlich sollte ein solches Aquarium zwar den Ansprüchen der Tiere entsprechen, aber nur spärlich eingerichtet sein, um das Verhalten beobachten zu können.

Das Quarantäneaquarium muss gefiltert und beheizt werden, muss aber nicht ständig in Betrieb sein. Auch eine kurzfristige Inbetriebnahme aufgrund des unerwarteten Erwerbs eines Fisches ist ja durchaus möglich, indem man einen Teil des Wassers sowie etwas bereits biologisch aktives Filtermaterial aus einem eingefahrenen Aquarium übernimmt. Der Aufwand mit solch einem Becken hält sich also verglichen mit dem Nutzen sehr in Grenzen.

WORAN ERKENNE ICH EINEN GESUNDEN HARNISCHWELS?

Einen guten Aquarianer erkennt man daran, dass er nicht irgendwelche Hilfsmittel benötigt, um zu sehen, ob bei seinen Fischen alles in Ordnung ist. Er erkennt schon allein am Verhalten seiner Tiere, ob etwas nicht stimmt. Gesunde Loricariiden zeigen normalerweise ihre volle Pracht, in dem sie ihre Flossen zumindest immer wieder von Zeit zu Zeit weit von sich abspreizen. Außerdem verlieren sie nur selten eine gewisse Scheu. Tiere, die sich wohl fühlen, erkennt man also meistens daran, dass man sie überhaupt nicht sieht. Sind die Welse hingegen ungewöhnlich zutraulich und sitzen für lange Zeit festgesaugt an der Seitenscheibe, womöglich noch mit allen Flossen wedelnd, so ist das ein Alarmzeichen. Häufig ist dann eine parasitäre Erkrankung, z.B. die Weißpünktchen-Krankheit, die Ursache. Aber auch bei Verschlechterung der Wasserverhältnisse sowie zu kühlen oder zu warmen Wassertemperaturen zeigen die Welse schon bald ihr Unwohlsein durch Flossenklemmen, Schreckfärbung oder ein noch stärkeres Verblassen. Ein kräftiger Wasserwechsel sowie eine Veränderung der Temperatur in einen geeigneteren Bereich können hier mitunter schnelle Abhilfe schaffen.
Kleine und größere Risse in den Flossen passieren immer wieder von Zeit zu Zeit durch Rangeleien nebst Verletzungen und sind deshalb kein Grund zur Beunruhigung. Diese Beschädigungen sind bei kräftigen Tieren meist schon nach wenigen Tagen wieder verschwunden. Erst wenn Verletzungen nicht verheilen oder zu verpilzen beginnen, müssen wir uns Sorgen machen.
Gesunde Loricariiden haben einen flachen oder nach außen gewölbten Bauch. Ist der Bauch hingegen eingefallen und nach innen gewölbt, muss man sich verstärkt um diesen Fisch bemühen, ihn unter Umständen separieren, damit er wieder zu Kräften kommen kann. Auch die Augen sind ein guter Indikator für das Wohlbefinden der Tiere. Bei erkrankten Fischen liegen diese häufig sehr viel tiefer, wobei dann allerdings meist auch die Flossen stark angezogen werden. Zuweilen neigen einige Arten von Harnischwelsen zu partieller oder gar völliger Entfärbung. Bei L-Welsen der Gattungen *Oligancistrus*, *Parancistrus* oder *Baryancistrus* findet man diese Erscheinung beispielsweise häufig, aber auch bei Hexenwelsen der Gattung *Rineloricaria* ist das von Zeit zu Zeit zu beobachten. Die Tiere zeigen dabei kein Unwohlsein, nehmen aber gewöhnlich nach einigen Wochen wieder die Normalfärbung an. Da dieses Phänomen besonders bei Wildfängen kurz nach dem Import häufig auftritt, ist es vermutlich auf die veränderte Nahrung zurückzuführen, an die sich die Fische offensichtlich erst gewöhnen müssen.

Gesunde Harnischwelse, hier ein junger Rüsselzahnwels, erkennt man meist an weit abgespreizten Brust- und Bauchflossen, weit außen liegenden Augen und einer nicht eingefallenen Bauchpartie

DER TÄGLICHE CHECK – IST ALLES OK?

Es gibt eine Reihe von Pflegemaßnahmen, die man als verantwortungsvoller Harnischwels-Liebhaber täglich durchführen sollte, andere wiederum sind in regelmäßigen Abständen zu leisten. Zu den täglichen Aufgaben eines Aquarianers gehört der kurze Check, ob alles in Ordnung ist. Ich überprüfe dabei zunächst, ob die Sauerstoff-Versorgung noch optimal funktioniert. Fördert der Diffusor genügend feine Luftblasen, so ist auch der Filter nicht so stark verstopft, dass ein Auswaschen des Filtermaterials erforderlich ist. Auch ein eventuell eingesetzter Luftheber muss genügend Wasser fördern. Andernfalls ist er selbst von Kalkablagerungen verstopft oder das Filtermaterial hat sich zu stark verdichtet und muss ausgewaschen werden. Setzt man einen Belüfterstein ein, aus dem nur noch ein paar Luftblasen heraus perlen, so hat entweder die Membranpumpe stark an Leistung verloren oder der Stein ist verkalkt und sollte in einem Säurebad gereinigt werden.

Mein zweiter Blick gilt dann immer den Fischen. Wenn sie sich normal verhalten, sich verstecken, von Zeit zu Zeit die Flossen vollständig abspreizen und einen quicklebendigen Eindruck machen, kann ich mir weitere Kontrollen wie einen Check der Wassertemperatur, der Wasserwerte usw. sparen. Diese Parameter sollten zwar auch von Zeit zu Zeit überprüft werden. Täglich ist das jedoch nicht erforderlich.

Sollte der Fall eintreten, dass einer unserer Lieblinge verendet ist, so muss der tote Fisch schnellstmöglich aus dem Wasser entfernt werden. Gerade in kleinen Aquarien kann das Wasser ansonsten sehr schnell stark belastet werden, sich trüben und zum Unwohlsein des noch lebenden Fischbestandes führen. Auch nicht gefressene Futterreste vom Vortag müssen unbedingt aus dem Wasser entfernt werden, bevor sie in Fäulnis übergehen.

WASSERWECHSEL – WIE OFT UND WIEVIEL?

Beim Wasserwechsel scheiden sich die Gemüter schon seit jeher stark. Während früher das Altwasser als das Nonplusultra propagiert und Wasserwechsel verpönt war, weiß heute bereits jeder Jungaquarianer, dass sich die Stoffwechselendprodukte der Fische als Nitrat im Wasser anreichern und am einfachsten durch einen Wasserwechsel aus dem Aquarium entfernt werden können. Aber auch Häufigkeit

Täglich sollte vor allem die Funktionsfähigkeit der Filterung und natürlich das Verhalten der Fische begutachtet werden

und Menge des Wasserwechsels ist kein festgeschriebenes Gesetz, sondern ein sehr umstrittenes Thema. Ganz logisch sollte jedoch sein, dass man umso mehr und häufiger Wasser wechseln muss, je mehr Fische das Wasser belasten.

Wenn man sich in der Harnischwels-Szene umhört, so wird man feststellen, dass eindeutig jene Aquarianer die größten Nachzuchterfolge zu verzeichnen haben, die häufig Wasserwechsel durchführen. Ein direkter Zusammenhang zwischen Frischwasser und Zuchterfolg ist also nicht zu leugnen. Auch wenn mich der eine oder andere gestandene und vielleicht eher konservative Aquarianer dafür jetzt an den Pranger stellen mag, möchte ich mich hiermit outen, dass ich in meinen Harnischwels-

Aquarien regelmäßig etwa 4/5 des Wassers ablasse und gegen gleichwertiges Frischwasser austausche. Weil dieses gegen alle Regeln spricht, die in Aquarienbüchern den Anfängern gelehrt werden, möchte ich mich hüten, Ihnen jetzt zu empfehlen, Selbiges zu tun. Sie sind jedoch sicher alt genug, um selbst zu entscheiden, ob sie bei ihren Harnischwelsen ebenso verfahren. Ich kann Ihnen jedoch versichern, dass ich in all den Jahren, in denen ich diese Form des Wasserwechsels praktiziere, niemals auch nur einen einzigen Fisch aufgrund des vielen Frischwassers eingebüßt habe.

In meinen Aquarien führe ich regelmäßig große Wasserwechsel durch, eine wichtige Voraussetzung für eine erfolgreiche Pflege

Sehr wichtig ist es jedoch, dass sich bei so umfangreichen Wasserwechseln das Austauschwasser in Temperatur, Härte und pH-Wert nicht zu stark vom Altwasser unterscheidet. Eine Temperaturabweichung von etwa 3°C sollte dabei nicht überschritten werden. Nach meiner Erfahrung erweist sich etwas kühleres Wechselwasser als sehr vorteilhaft, denn vielfach werden Harnischwelse durch eine leichte Temperaturabsenkung beim Wasseraustausch zusätzlich zum Ablaichen stimuliert.
Sollte es tatsächlich mal durch Unachtsamkeit passieren, dass zu viel sehr kaltes Wasser in das Aquarium gelangt, haben allgemein die Jungfische damit größere Probleme als die adulten Exemplare, die so Einiges vertragen.
Da sich das Wechselwasser während der Zeit kaum in pH-Wert und Härte verändert, gewöhnen sich die Fische schnell an einen regelmäßigen Wasserwechsel. In den meisten Fällen sinkt der pH-Wert des Wassers in unseren Aquarien nach kurzer Zeit etwas ab. Das ist aber nicht so schlimm, denn Austauschwasser mit einem höheren pH-Wert als das Aquarienwasser wird von den meisten Fischen deutlich besser vertragen als solches mit einem niedrigeren pH-Wert.

WIE UND WIE OFT SOLLTE MAN FÜTTERN?

Wie oft man seine Harnischwelse füttern sollte, ist schon sehr stark davon abhängig, welche Nahrung diese Tiere zu sich nehmen und ob wir es mit Jungtieren oder erwachsenen Exemplaren zu tun haben. Was die einzelnen Gruppen von Loricariiden so alles fressen und womit wir sie am sinnvollsten füttern sollten, habe ich bereits im Kapitel über die Ernährung detailliert beschrieben. Hier soll es nun nur noch um die Häufigkeit der Futtergaben gehen. Und diese sollte, will man seine Pfleglinge optimal füttern, individuell der Fischart und dem Alter der Tiere entsprechend gewählt werden.
Adulte Harnischwelse neigen leider vielfach dazu, sich zu überfressen. Werden beispielsweise die Männchen der *Hypancistrus*-Arten mit Tablettenfutter förmlich gemästet, so entwickeln sie eine Bauchpartie, die der laichreifer Weibchen in nichts nachsteht. Bei derartig verfetteten Tieren sind dann wahrscheinlich Einschränkungen in der Fruchtbarkeit zu befürchten. Vor allem die Fleisch- und Allesfresser sollten aus diesem Grunde nicht ausschließlich mit Tablettenfutter ernährt werden. Frostfutter ist eine deutlich naturnähere Ernährungsform, denn es enthält sehr viel Wasser, hat wichtige Ballaststoffe und ist nicht zu fett. Auf eine ausgewogene Ernährung ist also zu achten. Ein gelegentlicher Fastentag ist bei diesen Fischen ebenfalls keine schlechte Sache.
Anders verhält es sich bei den vorwiegend vegetarisch lebenden Aufwuchs- und Holzfressern. Ihr Verdauungstrakt ist an die Aufnahme großer Futtermengen angepasst. Aus diesem Grunde ist eine

zweimalige Fütterung für diese Tiere optimal und auch anzuraten. Allerdings sollte das Futter dabei den Ansprüchen dieser Welse entsprechend nicht zu gehaltvoll sein und aus Pflanzenkost, Futtertabletten mit hohem Pflanzenanteil und wenig tierischem Protein bestehen.
Auch Jungfische sollten förmlich „im Futter stehen". Sie benötigen zum Wachstum sehr viel Energie und wir können sie auch mit energiehaltiger Kost kaum überfüttern. Bei der Aufzucht von Jungtieren kann man aus diesem Grunde prinzipiell gar nicht genug füttern, wäre da nicht das Problem, dass wir es ja mit einem geschlossenen System zu tun haben. Es bedeutet, dass alles, was wir füttern, verdaut oder unverdaut, das Wasser in irgendeiner Form belastet. Je mehr wir also füttern, desto mehr Wasserwechsel sollte man durchführen. Für Jungfische ist eine zweimal tägliche Fütterung morgens und abends anzuraten. Man sollte zu Beginn weniger füttern und dann ausloten, wie viel von den Tieren im Verlauf des Tages gefressen wird.
Haben wir es mit Harnischwelsen zu tun, die Grünfutter fressen, so ist es sehr sinnvoll, auch außerhalb der Fütterungszeiten, ständig Futter für sie im Angebot zu haben. Neben Gemüse bieten sich dabei auch die von verschiedenen Herstellern angebotenen Grünfutterchips (z.B. JBL NovoPleco) an, denn sie zerfallen in der Regel nicht und werden als Langzeitfutter über den ganzen Tag angenagt. Futter, das sehr schnell verdirbt, beispielsweise Frostfutter, sollte jedoch bald wieder abgesaugt werden, wenn es nicht nach einigen Stunden verzehrt wurde. Auch die Reste von Grünfutter und Futterchips sollten spätestens am zweiten Tag aus dem Aquarium entfernt werden, bevor diese das Wasser zu stark belasten.

Die Fütterung der „Raubtiere"

ZUCHT IST MEHR ALS NUR VERMEHRUNG

Während man noch vor etwa 35 Jahren nur wenige Harnischwelse im Aquarium zur Fortpflanzung bringen konnte, hat sich in der jungen Vergangenheit diesbezüglich unglaublich viel getan. Es gibt mittlerweile kaum noch regelmäßig gehandelte Arten, die noch nicht unter Aquarienbedingungen vermehrt worden sind. Das ist sicher damit zu begründen, dass die Kenntnis der Ansprüche der verschiedenen Harnischwelse bei den Aquarianern sehr stark zugenommen hat und das Interesse an diesen Fischen durch die in den vergangenen Jahren neu importierten L-Welse gestiegen ist. Viele Harnischwelse schreiten bei guter Pflege aber auch nahezu von alleine zur Fortpflanzung.

Harnischwelse wie dieser *Panaqolus albivermis* (L204) vermehren sich in der Natur auch zur Trockenzeit, da die Bedingungen in ihren Lebensräumen auch dann noch sehr gut sind

WANN PFLANZEN SICH HARNISCHWELSE FORT?

Im Kapitel über die Lebensräume habe ich bereits darüber berichtet, dass besonders solche Arten, deren Lebensbedingungen während des Jahres stark schwanken, vorwiegend während der Regenzeit zur Fortpflanzung schreiten. Ich habe aber andererseits in Gewässern, die auch zur Trockenzeit gute Bedingungen für die Fische aufweisen, selbst zu dieser Jahreszeit Jungfische entdeckt. Es ist also noch nicht einmal in der Natur einheitlich zu beobachten, wann sich Loricariiden vermehren. Harnischwelse pflanzen sich immer dann fort, wenn die Bedingungen für sie gut sind, und das ist auch im Aquarium so. Ich behaupte, dass man – natürlich mit unterschiedlichem Aufwand – zu jeder Jahreszeit Harnischwelse vermehren kann, wenn man ihnen ein optimales Umfeld schafft.

Ich höre immer wieder Aquarianer fragen, wann sich denn bestimmte Fischarten in der Natur vermehren, da sie sich genau zu diesem Zeitpunkt dann die beste Aussicht auf Erfolg versprechen. Es ist allerdings eine Fehlannahme, dass bei den Tieren eine innere Uhr nach unserem menschlichen Zeitverständnis tickt, die ihnen eingibt, wann sie sich zu vermehren haben. Das wäre ja auch für den Fall fatal, dass sich mal die Jahreszeiten leicht verschieben, was in den Tropen natürlich häufig

passiert. Wenn Fische in einem Aquarium in jedem Jahr zur selben Zeit ablaichen, dann liegt das vielmehr daran, dass genau zu dieser Zeit die Voraussetzungen optimal sind, und das kann ganz simple Gründe haben. So ist es in unseren Fischräumen beispielsweise zu unterschiedlichen Jahreszeiten unterschiedlich warm und man hat halt zu mancher Zeit auch deutlich mehr Zeit und Lust, Wasserwechsel durchzuführen.
Natürlich ist es für die Nachzucht von Harnischwelsen sehr hilfreich, zu wissen, wann und unter welchen Bedingungen sich die verschiedenen Arten in der Natur vermehren. Denn dann ist es relativ einfach, den Tieren ein geeignetes Umfeld zu schaffen oder sie geeignet zu stimulieren.

MÖGLICHKEITEN DER STIMULATION ZUR ZUCHT

Wie ich es bereits im Kapitel über die Biologie der Harnischwelse angesprochen habe, unterliegen die Lebensräume dieser Fische saisonalen Schwankungen. Vielerorts ist ein starker Wandel zwischen Trocken- und Regenzeit zu beobachten. Man kann sich vorstellen, dass die meisten Arten dabei die Regenzeit zum Ablaichen bevorzugen, da die Gewässer dann mehr und qualitativ besseres Wasser führen und das Nahrungsangebot größer ist. Viele Loricariiden pflanzen sich also gewöhnlich in dieser Zeit fort, und folglich wirkt sich eine Simulation von Regenzeit durch Veränderung bestimmter Bedingungen häufig stimulierend auf diese Fische aus.

SIMULATION EINER TROCKENZEIT

In den Tropen verlieren viele Gewässer zur trockenen Jahreszeit stark an Volumen. Vielerorts bleiben nur sauerstoffarme Restgewässer zurück, in denen Fische unter widrigen Umständen ums Überleben kämpfen müssen. Man sollte jedoch vorsichtig sein, dieses zu generalisieren und anzunehmen, dass

Zur Trockenzeit bleiben in Südamerika mancherorts nur Restgewässer zurück, die auch von Harnischwelsen bevölkert sind; für solche Arten empfiehlt sich die Simulation einer Trockenphase

Die *Hypoptopoma*-Arten bewohnen häufig Biotope, die starken saisonalen Schwankungen des Wasserstandes unterliegen

Harnischwelse generell während der Trockenzeit unter schlechteren Bedingungen leben. Für die meisten Arten trifft das nämlich nicht zu, denn die größte Artenvielfalt findet man schließlich in stark strömenden Gewässern, die sicher zur Trockenzeit an Strömungsgeschwindigkeit verlieren, aber niemals unter Sauerstoffarmut leiden.
Folglich kann eine Simulation von Trockenzeit nur für solche Fischarten Erfolg versprechen, die auch tatsächlich in der Natur zu bestimmten Zeiten unter suboptimalen Bedingungen vorkommen. Wir wissen, dass beispielsweise einige Schilderwelse der Gattungen *Hypostomus* oder *Pterygoplichthys*, zahlreiche Hexenwelse wie *Rineloricaria* und *Loricariichtys*, manche *Farlowella* und vor allem einige Ohrgittersaugwelse der Unterfamilie Hypoptopomatinae zur Trockenzeit in Restgewässern angetroffen werden können. Für die meisten dieser Fische ist eine starke Simulation einer Trockenperiode aber offensichtlich gar nicht nötig, weshalb ich sie auch nicht empfehlen würde. Ich habe in all den Jahren, in denen ich mich nun mit Harnischwelsen beschäftige, nur wenige Arten finden können, bei denen ich eine Trockenzeit-Simulation für sinnvoll halte. Mir fallen dabei eigentlich nur manche Hypoptopomatinen der Gattung *Otocinclus* und *Hypoptopoma* ein.
In den saisonal stark veränderten Gewässern kommt es zur Trockenzeit zu einem starken Absinken des Wasserstandes, was wiederum bedeutet, dass die Fische nun sehr viel beengter leben. Wo auf engerem Raum mehr Fische leben müssen, kommt es meistens zu einer Knappheit im Nahrungsangebot, oft verbunden mit einem leichten Anstieg der elektrischen Leitfähigkeit und des pH-Wertes. Auch die Wassertemperatur steigt, je nach Sonneneinstrahlung, mehr oder weniger stark an, wobei der Sauerstoffgehalt dann wiederum absinkt. Alle diese Veränderungen der Bedingungen lassen sich auch im Aquarium leicht nachvollziehen. Ich empfehle dabei folgendes Vorgehen:
Man setzt eine Gruppe von Ohrgittersaugwelsen (wirklich nur solche, die derartige Trockenzeitbedingungen auch aus der Natur gewohnt sind) in einem kleinen Aquarium (30 bis 60 Liter) zur Zucht an. Eine Filterung über einen kleinen Schaumstoffpatronenfilter ist dabei optimal, denn die Filterpatrone

setzt sich mit der Zeit durch den anfallenden Mulm langsam zu, so dass der Sauerstoffeintrag langsam abnimmt. Entfernen Sie keinesfalls Mulm aus dem Becken und füllen Sie auch kein Frischwasser nach. Mit der Zeit nimmt der Wasserstand im Aquarium deutlich ab. Der Filter verliert stark an Durchfluss. Die Trockenperiode ist also im vollen Gange. Während dieser Zeit sollte überaus sparsam gefüttert werden, denn ein ganz wichtiger Punkt dieser Simulation ist, dass die Nahrungsreserven der Tiere (Fett an den Bauchseiten) sowie die eventuell bei den Weibchen noch vorhandenen Eier resorbiert werden. Als nicht zu energiehaltiges Futter kann man beispielsweise Algen von der Deckscheibe abschaben und ins Wasser geben, darüber hinaus genügen ab und zu mal einige Futterflocken oder etwas Grünfutter. Man sollte diese Trockenzeit schon einige Zeit durchhalten (mindestens etwa zwei Monate), damit überhaupt Aussicht auf Erfolg besteht.
Nach dieser Trockenphase muss nun die Simulation der Regenzeit erfolgen. Das Aquarium wird mit nicht zu hartem Wasser aufgefüllt. Eine optimale Fütterung dürfte bei den Weibchen rasch zur Laichbereitschaft führen. Die Filterpatrone sollte ausgewaschen und der Mulm aus dem Aquarium entfernt werden. Dadurch dürfte nun wieder eine gewisse Strömung im Aquarium und eine gute Sauerstoffanreicherung des Wassers festzustellen sein. Umfangreiche Wasserwechsel sollten nun so häufig wie möglich erfolgen. Im Idealfall laichen die Tiere bald ab, eine Garantie gibt es dafür allerdings nicht.

STIMULATION DURCH WASSERWECHSEL

Vor allem relativ kühle Wasserwechsel werden zur Stimulation von Aquarienfischen schon seit vielen Jahren erfolgreich von Züchtern eingesetzt. Besonders die Züchter von Panzerwelsen setzen diese als probate Methode bevorzugt ein. Auch bei den Harnischwelsen ist diese Form der Stimulation sehr wichtig. Im Kapitel über die Pflege von Loricariiden habe ich mich bereits als jemand geoutet, der

Bei vielen Harnischwelsen (hier L399/L400) stimulieren große Wasserwechsel die Fortpflanzungsbereitschaft

entgegen allen Empfehlungen in den Lehrbüchern umfangreiche Wasserwechsel durchführt. Ich habe ebenso wie andere Harnischwels-Freunde festgestellt, dass häufige und große Wasserwechsel neben einer vernünftigen Fütterung zu den wichtigsten Voraussetzungen für eine erfolgreiche Vermehrung dieser Fische gehören. Da auch vor allem diejenigen Züchter, die eine Durchflussanlage mit automatischer Frischwasserzufuhr betreiben, sehr erfolgreich Loricariiden vermehren können, scheint hierbei aber nicht die Schwankung in den Wasserparametern der Schlüssel zum Erfolg zu sein. Ich vermute vielmehr, dass die dadurch erreichte sehr gute Wasserqualität nebst geringer Keimzahl das Erfolgsgeheimnis ist. Eine Vielzahl von Harnischwelsen kommt ja schließlich aus ganzjährig überaus stark strömenden Gewässerbereichen, wie Stromschnellen, oder aus den schnell fließenden Gebirgsbächen, in denen sie in sauerstoffreichem und unbelastetem Wasser leben.
Ich habe es schon diverse Male erlebt, dass sich Hartnäckigkeit bei den Wasserwechseln ausgezahlt hat und dass sich nach wiederholten sehr großen Wasserwechseln an mehreren Tagen nacheinander plötzlich verschiedene Arten vermehrten. Ich wechsele dabei jeweils einen Großteil des Wassers und tausche es durch gleichwertiges, vorzugsweise etwas kühleres als wärmeres Wasser aus. Erfolg bei der Harnischwelszucht ist halt häufig mit Arbeit verbunden, und wer keinen Erfolg hat, muss deshalb sein Handeln verändern. Wer nicht in der Lage ist, so viel Zeit in Wasserwechsel zu investieren, sollte vielleicht über eine automatische Wasserzufuhr nachdenken, wenngleich das auch einen kostspieligen Umbau einer Aquarienanlage nach sich ziehen kann. Außerdem besteht bei gleichem Wasseraustausch unter Verwendung eines Überlaufs natürlich das Problem, dass ein Teil des sich mit dem Aquarienwasser vermischenden Frischwassers sofort wieder abgeleitet wird. Um also gleiche Effekte zu erzielen, muss etwas mehr Frischwasser hinzugefügt werden als beim manuellen Wasserwechsel.

ABSENKEN UND ANHEBEN DER WASSERTEMPERATUR

Viele Harnischwelse des zentralen Amazonas- und Orinoco-Gebietes – und besonders viele L-Welse gehören zu diesen Fischen – bewohnen ausgesprochen warme Gewässer, die über das Jahr hinweg kaum Schwankungen in den Wassertemperaturen unterliegen. Zur Fortpflanzung benötigen diese Tiere oft relativ hohe Temperaturen von mindestens 26 bis 27, besser 28 bis 30°C. Eine Absenkung der Wassertemperatur außerhalb der Brutsaison ist zwar in diesem Fall nicht natürlich, hat aber den Vorteil, dass man damit alle Fortpflanzungsaktivitäten während dieser Ruhephase, die man den Tieren

Harnischwelse wie *Sturisoma robustum* sind von Natur aus jahreszeitliche Schwankungen in den Temperaturen gewohnt, die sie am besten auch im Aquarium erhalten sollten

von Zeit zu Zeit gönnen sollte, unterbindet. Man darf jedoch bei den wärmeliebenden Arten die Wassertemperatur nicht zu weit absenken. Für Fische aus dem Rio Xingu halte ich beispielsweise Temperaturen unter 25°C für bedenklich und gefährlich. Häufig reagieren die Fische auf ein Anheben der Wassertemperatur mit plötzlichem Ablaichen. Sehr viel mehr Erfolg verspricht jedoch eine Kombination mit einer der anderen Maßnahmen zur Stimulation von Loricariiden.
Besonders wichtig ist eine Schwankung in den Wassertemperaturen natürlich für solche Harnischwelse, die aus dem südlichen Teil Südamerikas stammen. Da sie an den Wandel zwischen einer kühlen Trockenzeit und einer warmen Regenzeit von Natur aus angepasst sind, empfiehlt sich bei ihnen eine zeitweise Pflege bei Wassertemperaturen von etwa 16 bis 20°C (je nach Herkunft auch kühler oder wärmer). Während der Fortpflanzungsphase sollte die Temperatur dann beispielsweise auf 22 bis 26°C angehoben werden, was für diese Fische dann in Verbindung mit häufigen Wasserwechseln den Beginn der Regenzeit simuliert.

VERÄNDERUNG DES PH-WERTES UND DER HÄRTE DES WASSERS

Starke Schwankungen des pH-Wertes und der Härte des Wassers kann man in den Gewässern in Südamerika gewöhnlich auch zwischen den Jahreszeiten nicht feststellen. Zwar konnte ich bei einzelnen Gewässern mitunter bereits innerhalb eines Tages im Tag- und Nacht-Rhythmus Abweichungen im pH-Wert von einer halben Stufe messen, aber viel größer sind diese Schwankungen nicht. Auch in unseren Aquarien schwankt der pH-Wert manchmal stark, und die Fische kommen, sofern diese Veränderungen nicht zu abrupt und schnell sind, meist auch ganz gut damit klar.
Ich muss zugeben, dass ich in den meisten meiner Aquarien Wasserwerte nur äußerst selten überprüfe, denn mein Wasser, das ich zum Wechseln verwende, ist hart genug, um Abstürze des pH-Wertes nach

Schmetterlings-Harnischwelse wie dieser *Zonancistrus brachyurus* (L168) sind Schwarzwasserbewohner, die nicht selten bei Absenkung des pH-Wertes sofort ablaichen

kurzer Zeit relativ unwahrscheinlich zu machen. Und auch die aus den weichen und schwach sauren Klargewässern des Amazonas-Gebietes stammenden Welse kommen mit meinem schwach alkalischen Wechselwasser mit einer Leitfähigkeit von 200 bis 400 µS/cm, das nach kurzer Zeit noch etwas im pH-Wert absinkt, hervorragend zurecht. Ich habe die Erfahrung gemacht, dass die meisten Arten in einem solchen Wasser problemlos zu pflegen und nachzuzüchten sind. Ich will das jedoch nicht generalisieren, denn für einige ausgesprochene Weichwasserfische aus Schwarzgewässern wie dem Rio Negro in Brasilien reicht ein solches Wasser offensichtlich nicht aus.
Am Beispiel der sogenannten „Butterfly-Peckoltias" konnte ich gut beobachten, dass eine Absenkung des pH-Wertes, die ich in meinen Aquarien über eine Torffilterung erreiche, kurzfristig zu Zuchterfolgen führen kann. Ich pflegte diese *Zonancistrus* sp. L52 fast zwei Jahre lang in normalem Leitungswasser, worin sie sich offensichtlich wohl fühlten, sich aber nicht vermehrten. Durch Zugabe von Osmosewasser und Absenken des pH-Wertes fühlten sich die Tiere dann aber sofort genötigt, sich fortzupflanzen, und wiederholten das Ablaichen mehrere Male hintereinander in den folgenden Wochen unter diesen Bedingungen (pH-Wert etwa 5,0, elektrische Leitfähigkeit ca. 100 µS/cm). Viele Schwarzwasserfische reagieren auf eine Absenkung des pH-Wertes ähnlich und sind dann gar nicht so schwierig zur Vermehrung zu bringen. Ein Ablaichen bei höheren pH-Werten ist zwar durchaus möglich, aber dann entwickeln sich die Eier oft nicht. Häufig entwickeln sich die Eier dann aber nicht. Da diese Schwarzwasserfische normalerweise auch extrem niedrige pH-Werte gut vertragen, ist auch ein starker Abfall in den sauren Bereich nicht so gefährlich. Bei den meisten Klar- und Weißwas-

serfischen muss man schon deutlich vorsichtiger sein, weshalb ich auf eine Absenkung des pH-Wertes bei ihnen gewöhnlich verzichte. Denn diese Welse kommen auch mit neutralem oder sogar schwach alkalischem pH-Wert zur Zucht meist gut zurecht.

VERÄNDERUNG DER STRÖMUNGSVERHÄLTNISSE

In der Natur nimmt zur Regenzeit die Strömungsgeschwindigkeit in vielen Lebensräumen stark zu. Sogar in den Stromschnellen, in denen ja viele rheophile Harnischwelse vorkommen, ist ein Unterschied zwischen den Jahreszeiten deutlich festzustellen. Mehr Strömung bedeutet für viele Arten deshalb natürlich bessere Lebensbedingungen und signalisiert ihnen, dass es Zeit ist, sich zu vermehren.
Ich konnte bei einigen Harnischwelsen erst dann Zuchterfolge erzielen, nachdem ich eine zusätzliche Strömungspumpe installiert habe. Man kann die Strömung dabei in Richtung der vermutlichen Ablaichplätze ausrichten, was einen zusätzlichen Effekt haben dürfte. In meinen Aquarien haben einige L-Welse, z.B. L66, auf eine Erhöhung der Strömungsgeschwindigkeit des Wassers immer wieder mit Ablaichen reagiert, allerdings kombiniere ich dieses dann auch noch mit umfangreichen Wasserwechseln und einer Erhöhung der Wassertemperatur in optimale Bereiche, vielleicht spielte also in dem einem oder anderem Fall nicht die Wasserströmung die Hauptrolle. Wenn ich meinen Tieren eine Ruhephase gönne und die Temperatur etwas absenke, entferne ich die zusätzliche Pumpe wieder aus dem Aquarium.

Einige Harnischwelse reagieren bei einer Erhöhung der Strömung des Wassers nach kurzer Zeit mit dem Ablaichen, ich konnte das wiederholt bei *Hypancistrus* sp. (L66) beobachten

WAS TUN NACH DER EIABLAGE?

Nach der Eiablage betreibt bei den meisten Loricariiden das Männchen Brutpflege. Es umsorgt das Gelege dabei gewöhnlich sehr viel besser als wir dazu in der Lage sind. Dem Vater das Gelege wegzunehmen, bringt nicht sehr viele Vorteile, weshalb die künstliche Erbrütung von Eiern brutpflegender Arten meist auch nur betrieben wird, wenn die Gelege im Stich gelassen werden oder regelmäßig verschwinden. Lediglich die Eier der nicht brutpflegenden Arten bedürfen einer gewissen Pflege. Wie man generell mit Eiern von Harnischwelsen umgehen sollte, möchte ich im Folgenden beschreiben.

WIE BEHANDELE ICH EIER VON NICHT BRUTPFLEGENDEN ARTEN?

Von den im Aquarium vermehrten Harnischwelsen betreiben eigentlich nur einige Ohrgittersaugwelse der Unterfamilie Hypoptopomatinae keine Brutpflege. Die Eier dieser Fische sind relativ klein, transparent und nur schwer zu entdecken. Bei einigen Arten haben die Eier sogar als Anpassung an den Untergrund, also Pflanzen, an denen sie abgelegt werden, eine grünliche Färbung. Sie sind durch diese besondere Schutzmaßnahme nicht nur von Fressfeinden, sondern auch von uns Menschen nur ausgesprochen schwierig zu entdecken. Vielfach dürfte deshalb in einem bepflanzten oder sehr versteckreich eingerichteten Aquarium die Eiablage dieser Fische gar nicht auffallen.

Ohrgittersaugwelse legen relativ kleine und unauffällige Eier ab, die sich selbst überlassen bleiben, dafür sind die Eier jedoch auch unempfindlich

Wenn wir jedoch tatsächlich Eier entdeckt haben, so bleibt uns in einem stark mit Fischen besetzten Aquarium eigentlich nur die Möglichkeit, die Eier aus dem Aquarium zu entfernen. Am besten schneidet man das kleine Blattstück der Wasserpflanze, an der Eier anheften, einfach ab. Oder man löst die meist klebrigen Eier mit den Fingern vorsichtig von der Unterlage und überführt sie in ein kleines Gefäß. Ein Kunststoffgefäß mit temperiertem Frischwasser sollte dafür vorbereitet werden, das natürlich vor der Benutzung ausgiebig gereinigt werden muss. Ein Belüfterstein sollte für eine schwache Strömung und ausreichende Sauerstoffversorgung des Wassers sorgen. Drosseln Sie auf jeden Fall die Luftzufuhr über diesen Belüfterstein so stark, dass die Eier nicht zu stark durch das Wasser gewirbelt werden. Eine leichte Bewegung ist jedoch gut.

Für den Zuchtansatz von nicht brutpflegenden Ohrgittersaugwelsen haben sich kleine Aquarien ohne eine zu starke Einrichtung bewährt. Darin lassen sich die Eier viel einfacher entdecken, und wenn genügend davon vorhanden sind, lohnt es sich, die Elterntiere aus dem Aquarium zu entfernen, in das nächste kleine Zuchtbecken zu überführen und das Aquarium mit den Eiern mit Frischwasser aufzufüllen. Nur so lassen sich diese Fische meines Erachtens in lohnenswerter Stückzahl vermehren.

Die Eier der Nichtbrutpfleger sind meistens nicht so empfindlich wie die brutpflegender Arten, die ja ständig vom Männchen gesäubert und mit Schleim benetzt werden. Dennoch sollten wir versuchen, die Keimzahl im Aufzuchtaquarium so gering wie möglich zu halten, denn sie ist in der Natur überaus gering. Das können wir durch den Einsatz eines UV-Wasserklärers oder durch häufige Wasserwechsel erreichen. Abgestorbene Eier gehen schnell in Fäulnis über und verderben das Wasser. Man muss sie

deshalb möglichst umgehend entfernen. Wir können die Entwicklung der Eier auf alle Fälle unterstützen, in dem wir dem Wasser keimhemmende Mittel hinzufügen, beispielsweise Huminsäuren (z.B. in Erlenzäpfchen enthalten, aber auch als fertiges Präparat im Zoofachhandel) oder eines der zahlreichen Mittelchen gegen Verpilzungen.
Sind die Jungfische geschlüpft, so sollten eventuell hinzugefügte Chemikalien wieder aus dem Wasser durch Wasserwechsel entfernt werden. Sie können die Jungfische, wenn sie zu hoch dosiert sind, durchaus schädigen.

KANN ICH DAS BRUTPFLEGENDE TIER UNTERSTÜTZEN?

Wie ich ja bereits erwähnte, führen die Männchen der meisten Arten normalerweise zuverlässig Brutpflege durch. Es ist also bei ihnen nicht nötig und eher gefährlich, das Gelege aus dem Aquarium vorzeitig zu entfernen. Jedoch kann man den brutpflegenden Vater durchaus durch einige Maßnahmen bei seiner biologischen Funktion unterstützen.
Es hat wenig Sinn, dem mit Fischen besetzten Aquarium irgendwelche keimhemmenden Chemikalien hinzuzufügen. Das würde die Elterntiere zu stark beeinträchtigen und ist auch gar nicht nötig, da die Eier durch die regelmäßige Säuberung seitens des Männchens bereits hervorragend geschützt sind. Sehr wohl können wir aber durch regelmäßige und häufige kleine Wasserwechsel die Entwicklung der Eier begünstigen.
Achten Sie jedoch immer darauf, dass Sie bei allen Pflegemaßnahmen, die Sie unternehmen, das pflegende Männchen möglichst wenig stören. Verwenden Sie nicht zu häufig die Taschenlampe, um die Eientwicklung zu kontrollieren. Ich habe es schon mehrfach erlebt, dass so gestörte Männchen ihre Gelege bald gefressen haben. Lassen Sie dem Fisch seine Ruhe, dann unterstützen sie die Brutpflege am besten. Problematisch ist unter Umständen ein Wasserwechsel bei brutpflegenden Männ-

Brutpflegende Tiere, hier *Dolichancistrus* cf. *setosus* (L225), sollten so wenig wie möglich gestört werden

Störwelse wie *Sturisomatichthys* sp. „Kolumbien I" laichen oft unter dem Wasserspiegel ab, was Wasserwechsel erschwert

chen aus der *Sturisoma*-Verwandtschaft. Diese Tiere laichen nicht selten knapp unter der Wasseroberfläche, so dass die Gelege bei einem Wasserwechsel trocken fallen würden. Ich habe bislang bei einem schnellen Wasserwechsel mit nicht zu starker Absenkung des Wasserspiegels und deshalb nur kurzer Trockenphase für die Eier noch niemals schlechte Erfahrungen gemacht. Die Männchen haben die Gelege eigentlich nach dem Auffüllen des Wassers immer wieder angenommen und die Eier hatten dabei auch niemals Schaden genommen. Allerdings kommen die Eier vermutlich bei diesen Fischen in den meisten Fällen bei der ja nur etwa einwöchigen Entwicklungsdauer in der Regel auch ohne einen Wasserwechsel aus.

Andere Aquarienbewohner, die den Eiern gefährlich werden können, sollten nach Möglichkeit ohne allzu große Störung aus dem Aquarium entfern werden. Gegen Schnecken, die Eier fressen, kann sich ein brutpflegendes Harnischwels-Männchen allgemein wehren. Manche Garnelen können dem Männchen da schon deutlich größere Probleme bereiten. Besonders aber flinke Salmler, Barben oder Cichliden dürften immer wieder einige Eier stehlen können, weshalb diese, sofern sie dieses Verhalten an den Tag legen, umgehend entfernt werden sollten.

Sehr viel problematischer können da die heimlichen Mitbewohner in einem Aquarium sein, die man unter Umständen gar nicht bemerkt, da sie nur in der Dunkelheit aktiv sind. Ich spreche hier von Planarien, sogenannten Plattwürmern, die sich leicht über Lebendfutter oder auch Wasserpflanzen einschleppen lassen. Diese bis zu etwa einen Zentimeter langen Würmer, die an der Scheibe und auf dem Boden kriechen, sind für den Aquarianer eine wahre Geißel. Sie vermehren sich zuweilen massenhaft und fallen dann förmlich über alles Fressbare her, so unter anderem auch über die gewünschten Eier der Loricariiden. Verschwinden immer wieder Harnischwels-Gelege plötzlich und ohne ersichtlichen Grund, so können Planarien durchaus der Grund sein. Glücklicherweise gibt es mittlerweile mindestens ein gut wirkendes und für Fische unschädliches Medikament gegen diese Plagegeister im Handel.

WAS TUN, WENN DAS MÄNNCHEN SEIN GELEGE IM STICH LÄSST?

Die normalerweise sehr gute Brutpflege der Loricariiden-Männchen bedeutet auf der anderen Seite natürlich für den Pfleger, dass er ein großes Problem hat, wenn das Gelege vom Vater vorzeitig im Stich gelassen wird. Je früher das Gelege dabei verlassen wurde, desto schwieriger wird es für den Pfleger, es aufzuziehen. Schließlich muss nun der Pfleger die wichtige Funktion des Männchens ersetzen, ständig das Gelege mit dem Maul zu reinigen und mit Schleim zu benetzen. Versuchen Sie dieses bitte gar nicht erst im wörtlichen Sinne. Ablagerungen auf den Eiern sind jedoch in jedem Fall regelmäßig zu entfernen. Das kann beispielsweise mit einem weichen Pinsel erfolgen oder mit einem leichten Wasserstrahl. Wenn die Eier dabei etwas durcheinander gewirbelt werden, so macht das gar nichts. Nach der Reinigung des Geleges sollte anschließend auf jeden Fall auch noch die Reinigung des Gefäßes stattfinden, in dem es aufbewahrt wurde.

Hierzu empfiehlt sich ein kleines Plexiglasbecken oder ein anderes, am besten durchsichtiges Kunststoffgefäß. Wichtig bei der künstlichen Erbrütung von Eiern ist meines Erachtens, dass mit einem Belüfterstein dem Wasser Sauerstoff hinzugefügt wird und dass die Eier dadurch auch in leichter Bewegung sind. Mittlerweile werden von einigen Aquarianern spezielle Inkubatoren verwendet, das sind meist unten trichterförmig angeordnete Gefäße, in denen die Eier immer in der Schwebe gehalten werden. Vermeiden Sie dabei jedoch eine zu starke Bewegung. Die Eier können nämlich leicht zerplatzen.

Da das Männchen gewöhnlich abgestorbene und weiß gewordene Eier aus dem Gelege entfernt, müssen wir nun dieses Aufgabe übernehmen. Mit einer an ein Stöckchen angebundenen Nadel steche ich gewöhnlich in das abgestorbene Ei und mit einem Wasserstrahl (z.B. aus einer Pipette) blase ich dann den Inhalt aus der Hülle. Die verbliebene Resthülle kann im Gelege verbleiben, denn sie geht nicht mehr in Fäulnis über. Sobald man mit dieser Technik alle toten Eier aus dem Gelege entfernt

Wenn Maulbrütende Harnischwelse ihr Gelege im Stich lassen (hier ein Gelege von *Loricaria cataphracta*), so sind diese sehr schwierig künstlich zu erbrüten

Die Gelege brutpflegender Harnischwelse (diese Eier stammen von *Hypancistrus* sp. L201) bedürfen einiger Pflege

hat, muss man es leicht abspülen, aus dem Behältnis entnehmen und diesen Behälter wieder reinigen und mit frischem Wasser füllen, bevor man das Gelege wieder hineingibt. Ein kurzzeitiger Luftkontakt der Eier ist dabei nicht schädlich.
Natürlich ist es gerade bei den Eiern der brutpflegenden Arten extrem wichtig, die Keimzahl im Wasser besonders gering zu halten. Insofern empfiehlt sich die Zugabe von keimhemmenden Mitteln,

Denn schließlich muss der Pfleger die Brutfürsorge nun vollständig übernehmen.

beispielsweise einigen Erlenzäpfchen, die Huminsäuren freigeben und das Wasser braun färben. Auch mit Acriflavin, Methylenblau oder der Zugabe handelsüblicher Medikamente zur Verhinderung von Verpilzungen kann man selbiges erreichen.
Einige Aquarianer haben gute Erfolge, wenn sie das verlassene oder aus einer Laichhöhle heraus gewirbelte Gelege einfach in ein kleines Sieb (beispielsweise ein Teesieb) geben, das in der Nähe des

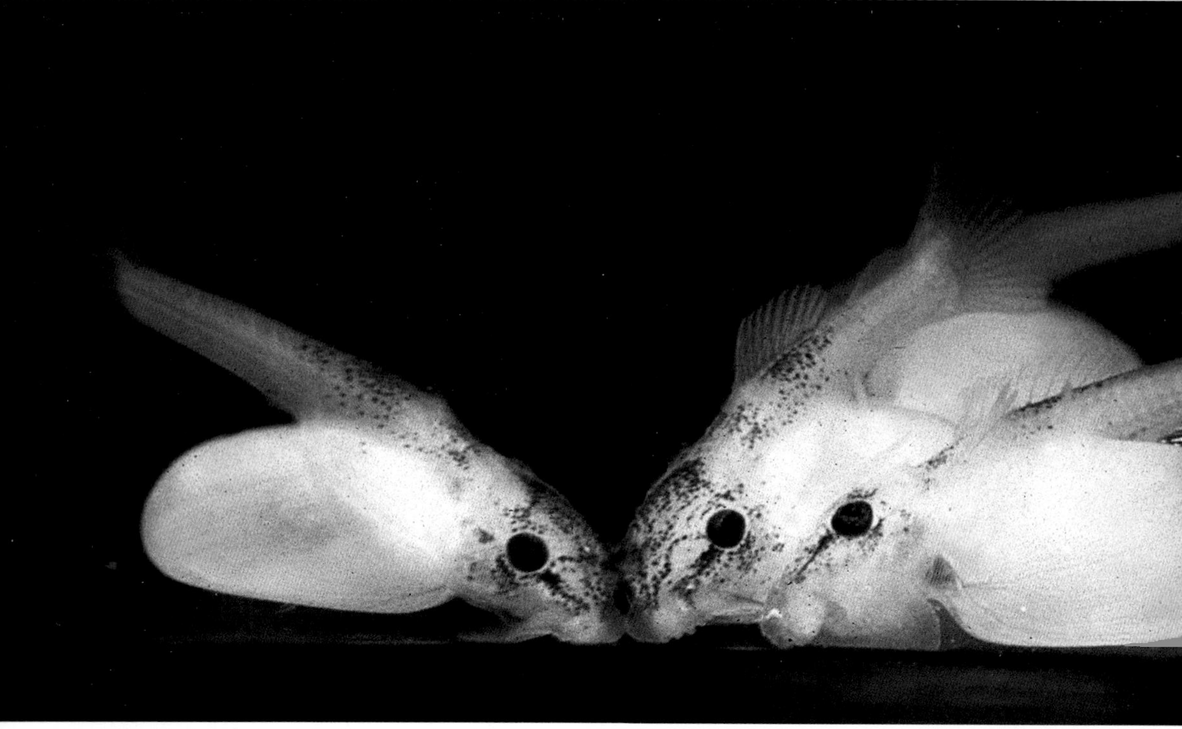

Vor allem die Jungfische vieler Hypostominen (hier *Leporacanthicus heterodon*) sind beim Schlupf noch wenig entwickelt und unselbständig, sie können ohne das pflegende Männchen absterben, wenn sie nicht optimal gepflegt werden

Filterausstroms befestigt wird. Ich habe damit ganz unterschiedliche Erfahrungen gemacht. Zuweilen klappt diese Form der Erbrütung von Eiern ganz gut. Manchmal verschwinden die Eier dann aber auch schnell. Am besten funktionierte die Siebmethode, wenn ich in das Sieb zu den Eiern noch einige Malaiische Turmdeckelschnecken, *Melanoides tuberculata*, hinzugesetzt hatte. Sie fressen gesunde Eier nicht, beseitigen aber die Reste abgestorbener und reinigen die Eier außerdem ständig. Mir ist es so sogar bereits gelungen, die schwierig künstlich zu erbrütenden Eier einiger maulbrütender Hexenwelse nahezu verlustfrei zum Schlupf zu bringen. Das ist nämlich besonders problematisch, wenn die Eier frisch und noch nicht sehr weit entwickelt sind.

AUFZUCHT VON JUNGFISCHEN

Bei der Aufzucht von Harnischwels-Jungfischen gilt es, bestimmte Dinge zu beachten, denn einige Arten sind besonders in der Jungfischphase besonders anspruchsvoll. Ich möchte in diesem Kapitel ausführlich darüber berichten, wie man in den verschiedenen Stadien des Jungfischlebens mit diesen Tieren am sinnvollsten umgeht.

DIE DOTTERSACKPHASE

Direkt nach dem Schlupf tragen Harnischwelse gewöhnlich einen Dottersack an der Bauchseite, einen Nahrungsvorrat, der es ihnen ermöglicht, sich auch außerhalb der schützenden Eihülle eine Weile ohne Nahrungsaufnahme von außen zu ernähren. Dieser Vorrat kann je nachdem, mit welcher systematischen Gruppe wir es zu tun haben, unterschiedlich groß ausfallen. Die größten Dottersäcke findet man unter den Jungfischen der Hypostominen, die teilweise bis zu 14 Tage lang von diesem Vorrat zehren. Hexen-, Nadel- und Störwelse sowie die kleinen Hypoptopomatinen sind hingegen nach dem Schlupf schon wesentlich weiter entwickelt und benötigen nur noch etwa zwei Tage, bis sie selbstständig Nahrung zu sich nehmen. Diese Jungtiere müssen bereits direkt nach dem Schlupf in der

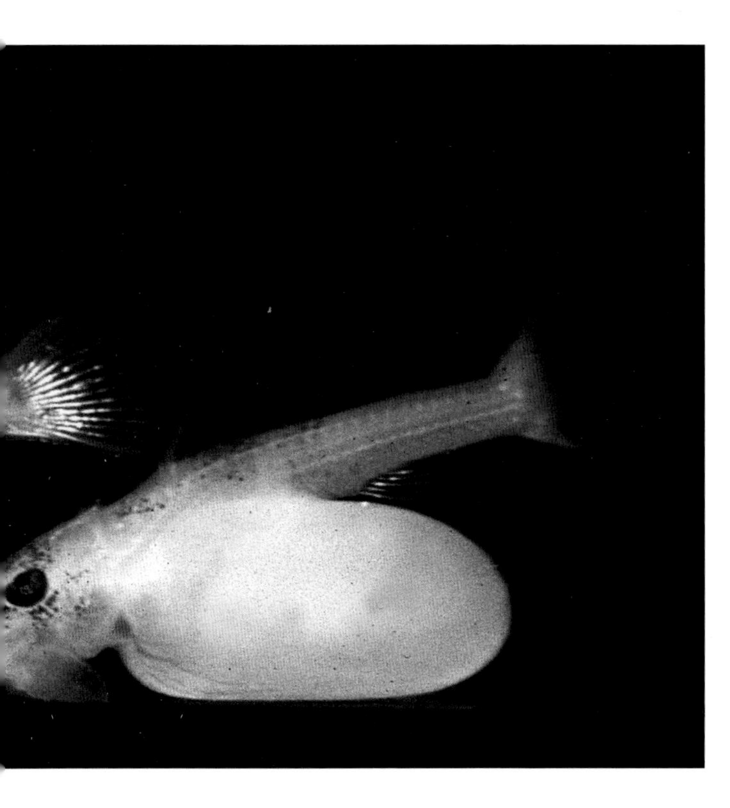

Natur gänzlich ohne die väterliche Fürsorge auskommen und sind auf sich allein gestellt.
Je weniger weit die Jungfische nach dem Schlupf entwickelt sind, desto empfindlicher sind diese Tiere gewöhnlich in den ersten Lebensstunden. Nicht umsonst müssen die Männchen der Hypostominen ihre Jungfische noch eine ganze Weile in der Bruthöhle umsorgen. Sie sind in diesem langen, frühen Stadium noch keinesfalls selbständig.
Normalerweise können die Jungtiere auch in den ersten Lebenstagen bereits ohne die väterliche Fürsorge außerhalb der Bruthöhle überleben, wenn wir sie beispielsweise in ein kleines Einhängebecken mit einigen Versteckmöglichkeiten unterbringen. Sicher ist das jedoch keinesfalls. Ich habe es nämlich auch schon erlebt, dass beispielsweise wenige Tage alte *Hypancistrus*-Jungfische plötzlich ohne ersichtlichen Grund starben. Wir müssen nämlich bedenken, dass offensichtlich die Immunabwehr dieser Dottersack-Jungfische noch nicht 100%ig funktioniert. Das Männchen benetzt die Jungfische in der Bruthöhle ebenso wie die Eier immer noch mit Schleim aus seiner Mundhöhle, indem es sie ablutscht. Dieser Schleim schützt die Jungtiere dann zunächst noch vor Keimen und Krankheitserregern, bis sie stark genug sind, um diesen Schutz über die eigene Schleimhaut selbst ausgebildet zu haben.
Wenn man also bei hypostominen Jungfischen mit Dottersack gezwungen ist, diese schon in einem frühen Stadium vom Vater getrennt aufzuziehen, so sollte man nach Möglichkeit dabei für keimarme Bedingungen sorgen. Das können wir durch einen UV-Wasserklärer, viel Frischwasser und die Zugabe von Huminstoffen (z.B. durch einige Erlenzäpfchen) erreichen.

DAS ERSTE FUTTER

Die Brutpflege endet bei den Loricariiden mit dem Aufzehren des Dotters. Bis dahin hat sich der Nachwuchs allein von diesem Nahrungsvorrat ernährt. Nun gehen die Jungfische selbständig auf erste Futtersuche. Meist haben sie dabei ähnliche Nahrungsansprüche wie die Alttiere, nur sollte das Futter natürlich eine maulgerechte Größe haben.

ALGEN

Viele Harnischwelse sind Aufwuchsfresser, und auch die Jungfische dieser Arten ernähren sich von Beginn an meist von den auf Steinen oder Hölzern wachsenden Algen und den darauf lebenden Kleinstlebewesen. Im Aufzuchtbehälter finden die Jungtiere natürlich dauerhaft nicht genügend Algen. Die wenigen eventuell vorhandenen Algen sollten schnell aufgefressen sein, weshalb diese Tiere bald zusätzliche Nahrung benötigen. Was liegt da näher, als solche Jungfische anfänglich auch mit Algen zu ernähren. Das kann aber sicher keine dauerhafte Lösung sein, denn allein mit Algen kann man diese ständig wachsenden und immer mehr Futter benötigenden Fischchen kaum für längere Zeit

ernähren. Gerade in der wichtigen Anfangsphase ist diese Art der Fütterung jedoch ideal. Aber woher nehmen wir diese Algen?
Algen findet man beispielsweise anhaftend an der Unterseite der Abdeckscheiben, die man zum Abweiden ins Aquarium stellen kann. Auf der Fensterbank oder im Garten lassen sich Algen auch gezielt vermehren. So sah ich beispielsweise bei einem tschechischen Harnischwelszüchter einen großen Trog im Garten, der mit Wasser und vielen kleinen Marmeladengläsern gefüllt war, die alle stark veralgt waren. Glas für Glas wurde dann zum Abweiden ins Aquarium gegeben.

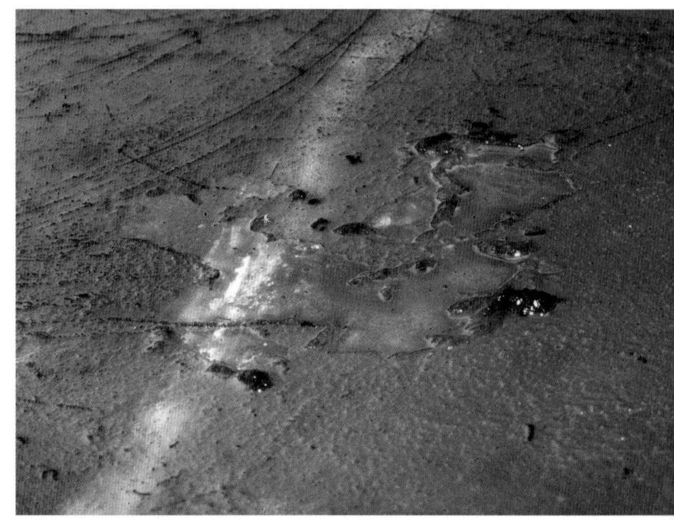

Solche Algenbelege auf der Unterseite der Abdeckscheiben sind für Jungfische von Aufwuchsfressern ein gutes Futter

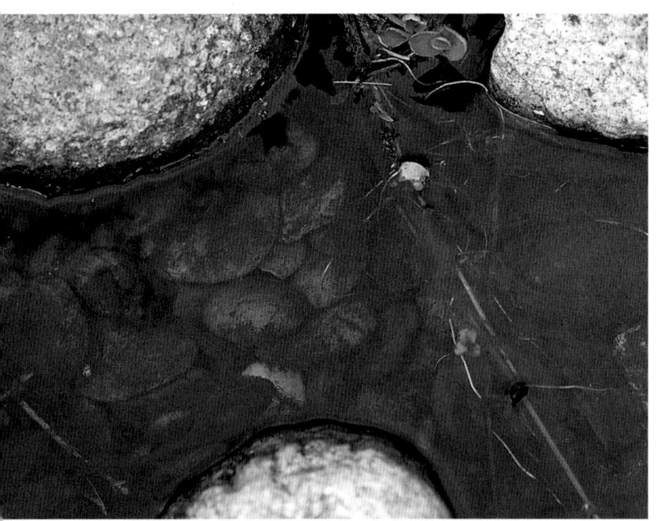

In einheimischen Gewässern kann man veralgte Steine sammeln, um sie den Jungfischen zum Abweiden anzubieten

Von einem Hamburger Züchter erfuhr ich, dass er seine *Sturisoma* in den ersten Lebenstagen mit dem Aufwuchs veralgter Steine füttert, die er in Fließgewässern in der Umgebung sammelt. Denn auch in unseren einheimischen Gewässern sind natürlich die Steine mit Algen bewachsen, die als glitschiger Überzug gut zu erkennen sind. Das ist natürlich die beste Nahrung, die man seinen Jungfischen anbieten kann, denn auch dieser Aufwuchs dürfte ähnliche Kleinstlebewesen beinhalten, wie sie die Tiere in ihrer Heimat als Jungfische fressen. Allerdings könnten selbst dem engagiertesten Aquarianer vom vielen Steine schleppen irgendwann die Arme zu lang werden, so dass man bald auf alternative und in größeren Mengen verfügbare Futtermittel umstellen sollte.

GRÜNFUTTER

Gerade für die Jungfische von sich vorwiegend vegetarisch ernährenden Harnischwelsen ist Grünfutter ein gutes Ersatzfutter, denn allein mit Algen werden wir selbst kleine Fischchen auf Dauer nicht ernähren können. Wir sollten jedoch bedenken, dass die Kauwerkzeuge besonders der kleinsten Jungtiere noch nicht sehr kräftig ausgebildet sind, so dass wir anfänglich vor allem weiches und leicht aufzunehmendes Futter anbieten müssen. Der klassische Salat oder Spinat sollte deshalb kurz überbrüht oder gefrostet werden, damit die Tiere Stücke davon abbeißen können. Einige Züchter verwenden Brennnessel-Blätter, die ebenfalls kurz überbrüht wurden. Blätter von Brennnesseln lassen sich jedoch auch sehr gut trocknen und zu einem feinen Pulver zermahlen, das den Jungfischen ebenfalls angeboten werden kann und auch im Winter als Vorrat verfügbar ist. Im Zoofachhandel werden Brennnesselsticks für Garnelen angeboten, die natürlich auch ein hervorragendes Futter sind. Ebenso gut lassen sich natürlich auch vegetarische Nagerpellets verwenden.

Was uns an Gemüse schmeckt, eignet sich meistens auch zur Verfütterung an unsere Lieblinge

Prinzipiell kann man alles Gemüse verfüttern, das auch wir gern essen. Paprika, Gurke und Zucchini können für einige Jungfische zu hart sein, jedoch sind beispielsweise die meisten Jungfische der Hypostominen bereits von Anfang an in der Lage, dieses Futter zu beraspeln. Für andere Jungfische eignen sich die häufig zu Staub zerfallenden gefrorenen Erbsen oder Blätter von gefrorenem Rosenkohl. Vorsichtig muss man jedoch sein, damit das Wasser von sich zersetzenden Futterresten nicht zu stark belastet wird. Einige Jungfische halten sich bevorzugt in der Strömung auf, weshalb das Befestigen von Grünfutter direkt über einem Belüfterstein eine gute Möglichkeit ist, solche Tiere gezielt zu füttern.

Überbrühte Brennesseln sind ein gutes Futter für vegetarisch lebende Jungfische von Harnischwelsen

Diverse Futtertabletten werden heute für verschiedenste Ansprüche angeboten und sind häufig gut für eine Verfütterung an Jungfische geeignet

FUTTERTABLETTEN

Viele Jungfische von Harnischwelsen sind häufig von Beginn an auch bereits mit industriell hergestelltem Futter zu ernähren. Sicher ist diese Nahrung nicht perfekt, da diese Futtermittel aus Kostengründen Inhaltsstoffe wie Molkerei-Nebenprodukte enthalten, die eigentlich nicht optimal für eine Verfütterung an Jungfische sind. Wir haben jedoch in Mitteleuropa das Glück, dass die hier angebotenen Futtertabletten und Futterchips qualitativ hochwertig sind und mit deutlich wertvolleren Bestandteilen hergestellt werden als in anderen Ländern. Ich habe die Jungfische einiger Arten sogar bereits ausschließlich damit ernährt und konnte dabei gesunde Tiere aufziehen. Jedoch sollte man darauf achten, nur Markenfutter zu erwerben, das in einer vor Licht geschützten Vakuumverpackung angeboten wird.

Mittlerweile werden sowohl Tabletten und Futterchips mit hohem Pflanzenanteil als auch solche für omnivore und carnivore Welse angeboten. Und einige Futtermittelhersteller entwickelten sogar für Holzfresser Futterchips mit einem hohen Holzanteil an (z.B. JBL NovoPleco), die auch auf die Bedürfnisse dieser Tiere abgestimmt sind.

Für Jungfische, die schon von Beginn an aktiv auf Futtersuche gehen, können die Futtertabletten problemlos ganz ins Aquarium geworfen werden. Jungfische, etwa die der *Sturisoma*-Arten, sind es jedoch offensichtlich nicht gewohnt, aktiv auf Futtersuche zu gehen. Sie fressen meist nur Futter, das sie direkt vor der Nasenspitze finden. Für solche Jungfische empfiehlt es sich, das Futter fein zu zermahlen und auf dem Boden fein zu verteilen.

Generell sind für kleine Jungfische solche Futtertabletten zu bevorzugen, die schon bald zerfallen. Die häufig sehr harten Futterchips sind für viele Jungfische anfänglich ungeeignet, denn ihre Zähne sind noch nicht kräftig genug, um Teile davon abzuraspeln.

Artemia-Nauplien sind als Jungfischfutter heute kaum noch wegzudenken und für die Aufzucht einiger Welse sehr wichtig

ARTEMIA-NAUPLIEN

Die ersten Larvenstadien der Salinenkrebse, die so genannten *Artemia*-Nauplien, sind kaum noch als Jungfischfutter wegzudenken. Die Dauereier dieser beliebten Futtertiere werden vakuumverpackt in Dosen oder

Kunststoffpacks angeboten und sind geschützt vor Feuchtigkeit meist sehr lange schlupffähig.
Man erbrütet diese Dauereier in gut belüftetem Salzwasser, trennt die geschlüpften Nauplien von den Eiern und verfüttert sie, kurz mit Süßwasser gereinigt, an die Jungfische. In reinem Süßwasser sind sie allerdings nur für wenige Minuten bis Stunden lebensfähig, aber auch frisch abgestorben können sie noch gut von jungen Harnischwelsen gefressen werden. Dieses Futter lässt sich jedoch nur ausgesprochen schlecht dosieren. Häufig gibt man zu viel ins Aufzuchtbecken, so dass ein Großteil der Nauplien verdirbt und das Wasser belastet. Einige eingesetzte Schnecken sind hierbei die beste Lösung, denn sie beseitigen die abgestorbenen Nauplien zuverlässig.
Offensichtlich haben die angebotenen Artemien eine etwas unterschiedliche Nährstoffzusammensetzung. Misserfolge bei der Aufzucht von Jungfischen und plötzliches Jungfischsterben kann die Folge sein, wenn man die „falschen" Nauplien verfüttert. Das hat mir schon manchen Misserfolg eingebracht. So war es mir beispielsweise möglich, Jungfische von Roten Hexenwelsen, *Rineloricaria* sp., oder Segelflossen-Störwelsen, *Sturisoma festivum*, einzig und allein mit Salinenkrebs-Nauplien erfolgreich aufzuziehen. Später verlor ich dann wiederholt ganze Bruten bei, wie ich dachte, gleicher Fütterung. Schließlich stellte es sich heraus, dass die Dauereier von der San Francisco Bay sehr gut für die Jungfische verträgliche Nauplien hervorbrachten, während eine Verfütterung von *Artemia*-Nauplien der Eier aus China oder Russland zum Tode der Jungfische führte. Bei vielen ist es offensichtlich egal, welche Nauplien man verfüttert. Einige Arten scheinen diesbezüglich jedoch besonders anspruchsvoll zu sein. Vorsicht ist hier also geboten.

FEINES FROSTFUTTER

Im gut sortierten Zoofachhandel werden dem Aquarianer diverse Frostfuttersorten angeboten. Dabei findet man auch durchaus für kleine Fischmäuler geeignete gefrostete Futtertiere, die auch Harnischwels-Jungfische gut bewältigen können. Zuweilen werden sogar gefrostete *Artemia*-Nauplien angeboten, aber auch andere Kleinkrebse wie *Cyclops*, sowie Rädertierchen werden gefressen und sind ein wertvolles Futter. Derartige Kleintiere sind selbst für die Aufwuchsfresser unter den Harnischwelsen sehr gut geeignet, denn sie sind leicht verdaulich.

Gefrostete Rädertierchen und *Cyclops* sind für viele junge Harnischwelse ein gutes Futter

Allerdings kann die Qualität von Frostfuttermitteln von Charge zu Charge sehr verschieden ausfallen, weshalb man das vor einer Verfütterung gut prüfen und gerade für Jungfische nur einwandfreies Futter verwenden sollte.

DER RICHTIGE BEHÄLTER FÜR DIE AUFZUCHT

Man kann die Jungfische einiger Arten durchaus bei den Alttieren im Aquarium belassen. Das hat sich in meinen Aquarien beispielsweise bei den Gebirgsharnischwelsen bewährt. Ich konnte die Jungfische ansonsten nie so erfolgreich aufziehen wie im Zuchtbecken bei den Eltern. Bei den meisten anderen Arten empfiehlt sich jedoch eine von den Elterntieren getrennte Aufzucht. Ich möchte nachfolgend verschiedene Aufzuchtbehälter für Jungfische vorstellen und deren Vor- und Nachteile darstellen.

Einige Harnischwelse sind im Zuchtbecken sogar unter Umständen besser aufzuziehen als in anderen Behältnissen, z.B. die Gebirgsharnischwelse der Gattung *Chaetostoma* (hier L277)

AUFZUCHT IM ZUCHTBECKEN

Diese Methode bedeutet für den Pfleger den geringsten Aufwand. Die Jungtiere schlüpfen und können bei den Eltern verbeiben, da ihnen diese nicht nachstellen oder sie sogar fressen. Der Nachteil dieser Methode besteht jedoch darin, dass eine gezielte Fütterung der Jungfische in einem größeren Aquarium, und das ist ein Zuchtbecken ja meistens, kaum möglich ist. Lediglich Jungtiere, die bei Futtergaben sofort reagieren und zielstrebig zum Futter schwimmen, können so gut aufgezogen werden. Bei den besagten Gebirgsharnischwelsen der Gattung *Chaetostoma* haben sich beispielsweise bereits nach wenigen Minuten kleinere Pulks von Jungtieren um eine Futtertablette versammelt. Da ist eine gezielte und dosierte Fütterung leicht möglich. Andere Jungtiere, etwa die der *Sturisoma*-Arten, würden bei dieser Form der Fütterung glatt verhungern. Wollten wir diese Fische im elterlichen Aquarium erfolgreich aufziehen, müssten wir schon Unmengen von Algen verfügbar haben oder so viel Futter verstreuen, dass das Wasser einfach viel zu stark belastet werden würde.
Belässt man die Jungtiere im Zuchtaquarium so wird man sie jedoch zwangsläufig irgendwann doch einmal heraus fangen müssen. Spätestens nach der zweiten oder dritten Brut ist das Aquarium dann nämlich meist so stark übervölkert, dass die Elterntiere das Ablaichen einstellen. Außerdem ist die Wasserbelastung ganz erheblich. In einem solchen Fall empfiehlt sich die weitere Aufzucht in einem gesonderten Aquarium.

SEPARATE AUFZUCHTAQUARIEN

Viele Aquarianer verwenden zur Aufzucht von Jungfischen separate Aquarien, was natürlich auch bei Harnischwelsen möglich ist. Solche Aquarien sind dann ähnlich wie die Zuchtbecken mit Steinen, Holzstücken und Bodengrund eingerichtet, damit sich die Jungfische verstecken können. Wenn ein solches Aquarium eine ähnliche Größe wie das Zuchtbecken hat, so bietet diese Aufzuchtmethode eigentlich keinerlei Vorteile, vielleicht den einzigen, dass sich die Alttiere ungestört weiter vermehren können. Bei kleineren Aufzuchtaquarien besteht zumindest der Vorteil, dass die Jungfische darin gezielter gefüttert werden können. Ein Nachteil ist dann jedoch wiederum, dass in so stark besetzten kleinen Aquarien die Wasserbelastung sehr groß ist, so dass sehr viel Wasser gewechselt werden muss. Dieses bedeutet, dass dabei die Wasserqualität sehr stark schwankt.

Kleine, vielleicht mit einem kleinen Schaumstoff- oder Mattenfilter ausgestattete Aquarien ohne Einrichtung eignen sich jedoch recht gut zur Aufzucht vor allem von Loricariinen und Hypoptopomatinen in den ersten Lebenstagen. Dazu verwende ich die vielerorts angebotenen kleinen Glasbecken in den Standardgrößen 30 x 20 x 20 cm oder 40 x 25 x 25 cm. Wenn man darin nur so viel füttert, wie von den Tieren auch wirklich gefressen wird, hält sich angesichts der anfänglich noch winzigen Fische die Wasserbelastung zunächst in Grenzen. Der Vorteil dieser kleinen Glasbecken liegt darin, dass die ja nicht so aktiv nach Futter suchenden Hexen- und Ohrgittersaugwelse darin das Futter sehr gut finden. Sobald die Jungtiere jedoch eine gewisse Größe erreicht haben, sollten sie optimaler untergebracht werden, da die Wasserbelastung später so groß werden dürfte, dass Aufzuchtprobleme (Mopsköpfe, Deformationen) zu befürchten sind.

In kleinen separat gefilterten Aquarien lassen sich Hexenwelse wie *Loricaria simillima* in den ersten Lebenstagen sehr gut aufziehen

In kleinen geschlossenen Plexiglasbecken lassen sich junge *Sturisoma* sehr gut aufziehen

GESCHLOSSENE EINHÄNGEBECKEN

Die Verwendung von geschlossenen kleinen Behältern ohne die Möglichkeit eines Wasseraustausches macht meines Erachtens nur bei Jungfischen Sinn, die besondere Ansprüche haben, die in einem nicht abgeschlossenen System nicht so einfach erfüllt werden können. Ich verwende solche Gefäße beispielsweise erfolgreich bei den Jungfischen der *Sturisoma* und verwandter Gattungen, aber auch die *Farlowella*-Arten lassen sich darin gut aufziehen. Diese Jungfische haben die Eigenschaft, nach dem Schlupf nicht so aktiv auf Futtersuche zu gehen wie es andere Jungfische tun. Sie sind es offensichtlich von Natur aus gewöhnt, nach dem Schlupf direkt im „Futter zu stehen", denn auf den veralgten Steinen laichen die Eltern ja auch ab. In großen Aquarien verhungern die Jungfische solcher Fische deshalb nicht selten trotz angebotenen Futters, vermutlich einzig und allein, weil sie das Futter nicht finden. Aus Einhängegefäßen wird leider feiner Futterstaub, den die Jungfische problemlos annehmen, leicht heraus befördert oder landet, je nach Bauart des Einhängebeckens, in einem Stück Filterschaum und ist dann nicht mehr für Jungfische verfügbar.
Aus diesem Grund verwende ich geschlossene Gefäße für die Aufzucht von *Sturisoma* & Co. Dabei ist es egal, ob man kleine Plexiglasbecken oder etwa undurchsichtige kleine Fischfuttereimer zur Aufzucht der Jungfische verwendet. Der Behälter sollte jedoch ständig gesäubert, mit abgestandenem Frischwasser gefüllt, gut temperiert und belüftet werden. Zur Fütterung beginne ich für bis zu 100 Jungfische mit einer halben Futtertablette, die ich zermahle und auf der Wasseroberfläche verstreue.

Die feinen Futterpartikel verteilen sich nahezu flächendeckend über den gesamten Boden und sind nun für diese anspruchsvollen Jungfische ständig verfügbar. Optimal ist eine zweimalige Reinigung des Behälters an jedem Tag, ein nahezu vollständiges Abgießen des Altwassers, ein erneutes Auffüllen mit Frischwasser und eine Wiederholung der Futtergabe. Aber selbst bei nur einmaliger Erneuerung von Wasser und Futter scheint diese Form der Aufzucht durchaus erfolgreich zu sein. Zwar ist das Wasser nach einem Tag bereits sehr trüb. Jedoch scheinen die Jungtiere keinen Schaden davon zu nehmen. Auf diese Art und Weise wachsen die kleinen Störwelse gleichmäßig und meist verlustfrei heran. Es ist jedoch nicht zu empfehlen, die Tiere schon zu früh anders unterzubringen. Selbst mit einigen Zentimetern Größe können sie nämlich in geräumigeren Aquarien immer noch verhungern, weshalb ich erst ab einer Länge von etwa 7 bis 8 cm ein Umsetzen empfehle.
Diese Form der Aufzucht ist sehr arbeitsaufwendig und störungsanfällig, denn wenn man mal einen Wasserwechsel nicht rechtzeitig durchführt, können die Jungfische sterben. Aus diesem Grunde empfiehlt sich diese Aufzuchtmethode nur für problematische Arten. Sie ist jedoch gewöhnlich sehr erfolgreich.

EINHÄNGEBECKEN MIT STÄNDIGEM WASSERZUFLUSS

Für die Aufzucht von Jungfischen ist eine gute Wasserqualität sehr wichtig. Als Hobby-Aquarianer ist man wohl kaum in der Lage, seine Nachzuchten in einer aufwendigen und kostspieligen Durchflussanlage unterbringen zu können. Die beste Wasserqualität hat ein Aquarianer gewöhnlich in seinen größten Aquarien, denn große, gut gefilterte Behälter haben bekanntlich die stabilsten Wasserverhältnisse. Andererseits wollen wir unsere Jungfische anfänglich auf möglichst engem Raum unterbringen, um sie so gut wie möglich füttern zu können. Enger Raum und optimale Wasserqualität, das scheint einander zu wiedersprechen. Die Lösung ist allerdings einfach: kleine Einhängebecken mit ständigem Wasseraustausch zum umgebenden Aquarium. Hier können die Jungfische auf engem Raum unter möglichst optimalen Bedingungen aufwachsen.
Nun werden sie sich fragen, ob sich die Jungfische auf so engem Raum überhaupt gut entwickeln können. Als Aquarianer hat man stets solche Angaben im Kopf, dass sich viele Fische im Wachstum der Beckengröße anpassen würden. Das ist natürlich Unsinn. Dass normalerweise sehr groß werdende Fische in kleinen Aquarien häufig Zwergwuchs zeigen, liegt einzig und allein daran, dass in solchen Behältnissen die Wasserqualität sehr schnell so schlecht ist, dass sie die Tiere im Wachstum hemmt. Bei optimaler Wasserqualität würden sie problemlos aus dem Aquarium heraus wachsen. Folglich ist das geringe Platzangebot in solchen Einhängebehältern nur von Vorteil und hat keinerlei Nachteile. Aber trotz der Größe der umliegenden Aquarien muss natürlich auch darin auf eine gute Wasserqualität durch regelmäßige Wasserwechsel und optimale Filterung geachtet werden.
Wenn wir ganz überraschend und unvorbereitet Jungfische von Harnischwelsen entdecken, so reicht zur Not auch schon mal einer der fast in jeder Zoofachhandlung erhältlichen Ablaichkästen für Lebendgebärende aus. Diese Form der Unterbringung ist jedoch keineswegs optimal, denn die Behälter haben meist große Spalten an den Seiten, aus denen das Futter schnell entweichen kann. Eine optimale Lösung bietet der Handel bislang noch nicht.

Eine der zahlreichen Varianten von Einhängegefäßen zur Aufzucht von Harnischwelsen

In der Harnischwels-Szene haben sich einige pfiffige Geschäftsleute auf den Vertrieb von deutlich besser geeigneten Einhängebehältern aus Glas oder Plexiglas spezialisiert. Es gibt sie mittlerweile in den verschiedensten Ausführungen. Anfänglich verwendete man Wände aus feiner Gaze, die zum Einen den Wasseraustausch zum umliegenden Aquarium ermöglicht, zum anderen aber so fein ist, dass selbst kleinstes Lebendfutter oder Partikel von Futtertabletten nicht entweichen können. Als

Weiterentwicklung wurden Abtrennungen aus Filterschaumstoff und Luftheber zur Wasserzufuhr eingebaut. Diese Behälter sind entweder zum Anhängen an die Seitenscheibe konzipiert, haben Schwimmkörper bzw. werden mit Saugnäpfen oder anderweitig befestigt. Die Möglichkeiten sind dabei vielfältig, und der handwerklich begabte Hobby-Aquarianer kann sich auch selbst solche Gefäße nach seinen Vorstellungen basteln. Wichtig ist lediglich, dass eine ständige und störungsfreie Frisch-

Im Baumarkt erhältliche Kunststoffboxen lassen sich mit geringem Aufwand zur Aufzucht vieler Jungfische verwenden

wasserzufuhr und Belüftung gewährleistet ist und das Futter weder aus dem Einhängebecken heraus gewirbelt wird noch sofort in irgendwelchen Schaumstoffmatten verschwindet. Natürlich sollten die Jungfische auch nicht durch Öffnungen oder den Luftheber entweichen können.
Diese Einhängebehälter sind für die meist nachtaktiven und versteckt lebenden Welse vorzugsweise mit zahlreichen Verstecken einzurichten. Ich verwende dafür kleine Steinplatten, Holzstücke und Stücke von PVC-Rohren. Aber auch Blätter können als Versteckmöglichkeit angeboten werden, die vielen Harnischwelsen dann auch noch als zusätzliche Nahrung dienen. Die Jungfische von Aufwuchsfressern weiden den Boden des Aufzuchtbehälters ständig ab und halten ihn sauber. Andere Jungfische können jedoch durch die sich schnell bildende Schleimschicht auf dem Boden erkranken. Für solche Jungfische empfiehlt sich das Einbringen einer dünnen Schicht feinen Bodengrunds. Auch Schnecken halten die Aufzuchtbehälter gut sauber, können sich aber bei dem Überangebot an Futter rasch so stark vermehren, dass sie bereits das meiste Futter fressen, bevor es den Jungfischen zugute kommt. Die Schnecken-Population muss also in Grenzen gehalten werden. Ich ziehe Turmdeckelschnecken den Posthorn- und Blasenschnecken vor, denn sie sind lebendgebärend und legen keine schleimigen Gelege ab, die bald das gesamte Aufzuchtbecken verkleben.
Einige Harnischwelse sind produktiv und können mehrere hundert Jungfische hervorbringen. Für solche Mengen an Jungfischen sind die üblichen Einhängebecken meist zu klein. Ich konnte mir damit behelfen, dass ich im Baumarkt eine der dort in verschiedensten Ausführungen und Größen erhältlichen lebensmittelechten Kunststoffboxen erwarb. An einer der Schmalseiten der Box sägte ich ein großes Loch hinein und verdeckte es mit einer passend zurecht geschnittenen, 4 cm dicken Lage Filterschaum. Die Kunststoffbox klemmte ich zwischen zwei Abdeckscheiben an der Oberseite eines großen Aquariums ein. Nun befestigte ich an der Seite einen Luftheber, der ständig Frischwasser hinein beförderte oder ich zweigte einen Teil des Filterausstroms des Aquariums ab und leitete ihn in dieses Einhängebecken. Ein solcher Behälter kann wie ein richtiges Aquarium mit einer dünnen Lage

Bodengrund und Versteckmöglichkeiten eingerichtet werden und ist ein ideales Aufzuchtgefäß, in das man auch problemlos immer wieder weitere anfallende Jungfische hinzusetzen kann.

PROBLEME BEI DER AUFZUCHT

Natürlich können wir den Jungfischen im Aquarium niemals die gleichen Bedingungen anbieten, wie sie in der Natur gegeben sind. Aus diesem Grund kommt es bei der Aufzucht von Jungwelsen nicht selten zu unterschiedlichen Problemen, auf die ich nachfolgend eingehen möchte. Dabei kommt es mir besonders auf Tipps an, wie man sie umgehen oder beheben kann.

ZURÜCKGEBLIEBENE JUNGTIERE

Bei der Aufzucht von Jungfischen wird man immer wieder feststellen, dass einige schneller wachsen als andere. Manche bleiben sogar stark zurück und magern ab. Sicher gibt es auch in der Natur Nachzügler, die dort allerdings durch Fressfeinde ausgemerzt werden. Unter den beengten Bedingungen eines Aufzuchtaquariums kann es aufgrund der starken Konkurrenz um das Futter jedoch viel eher dazu kommen, dass sogar offensichtlich gesunde Tiere zurückbleiben. Diese Jungfische sind meist einfach zu retten, indem wir sie in einen anderen Behälter umsetzen, wo ein derartiger Konkurrenzdruck nicht mehr besteht. Schnell schließen diese Jungtiere wieder zu den anderen auf, und nach einer Weile können sie sogar wieder ebenso groß sein.
Viele Züchter von Harnischwelsen vergesellschaften Jungfische verschiedener Arten in den Aufzuchtbehältern miteinander. Das ist ja auch sinnvoll, da viele Loricariiden nicht sonderlich produktiv sind. Jedoch kann es dabei durchaus Probleme geben, etwa, dass eine Art eine andere so stark dominiert, dass deren Jungfische zurückbleiben und abmagern. Deshalb sollte man den Nachwuchs gut beobachten und eventuell benachteiligte Tiere gesondert unterbringen.

Bei der Aufzucht von Jungfischen bleiben nicht selten einige Tiere im Wachstum hinter den anderen zurück; diese *Harttia duriventris* haben zwar das gleiche Alter, aber eine deutlich unterschiedliche Größe

So genannte Mopsköpfe mit deformierter Kopfpartie können bei der Aufzucht verschiedener Harnischwelse als Folge nicht optimaler Hälterungsbedingungen auftreten (Foto: Norman Behr)

DEFORMATIONEN

Auch in der Natur fand ich bereits einzelne deformierte Tiere, die offensichtlich seit der Geburt geschädigt waren. Dort fallen die gehandicapten Fische natürlich schnell Fressfeinden zum Opfer. Im Aquarium kommen Deformationen an Jungtieren noch viel öfter vor, besonders wenn Eier künstlich erbrütet werden, denn die Embryonen können in der Eihülle durch mechanische Einflüsse oder hinzugegebene Medikamente nur allzu leicht geschädigt werden. Ich töte deformierte Jungtiere, sobald ich sie bemerke, indem ich sie an größere Fische verfüttere. Meist muss man zwar nicht befürchten, dass sich Deformationen auf nachfolgende Generationen vererben, dennoch wäre die Vitalität der Tiere natürlich eingeschränkt, weshalb ich diese Lösung für meine Nachzuchten wähle. Ein Problem stellen Deformationen der Kopfpartie dar, die als Mopsköpfigkeit bezeichnet werden. Sie treten bei einigen Harnischwelsarten häufiger auf als bei anderen. Besonders viele Züchter von maulbrütenden Hexenwelsen verzweifeln an diesem Problem, denn *Loricaria*-Arten und ähnliche Hexenwelse neigen sehr stark dazu. Auch einige Züchter von Zebrawelsen haben immer wieder Probleme mit deformierten Köpfen unter den Nachzuchten. Mopsköpfigkeit ist sicher kein genetisches Problem, und betroffene Tiere können durchaus zur Nachzucht weiter verwendet werden, da dieses Merkmal nicht im Erbgut verankert ist. Ich habe schon *Loricaria*-Jungfische aus Südamerika mitgebracht, die sich dann erst in meinen Aquarien zu Mopsköpfen entwickelten. Diese Erscheinung ist also sicher auf unsere Aufzuchtbedingungen zurückzuführen. Was nun der genaue Grund für derartige Deformationen ist, vermag ich nicht sicher zu sagen. Ich vermute, dass diese Erscheinung auf eine Anreicherung des Wassers mit bestimmten Stoffen, z.B. mit Phosphaten, zurückzuführen ist, denn Harnischwels-Züchter, die sehr viele Wasserwechsel durchführen oder sogar eine Durchflussanlage betreiben, haben nur wenige Probleme mit dieser Erscheinung. Mopsköpfe sind also ein hausgemachtes Problem und vermutlich durch viel Frischwasser zu vermeiden.

WEIẞLINGE

Nicht selten treten unter den Nachzuchten Weißlinge auf, die sich farblich natürlich deutlich vom Rest der Jungfische unterscheiden. Ich habe solche Weißlinge schon bei verschiedensten Harnischwelsen beobachtet. Regelmäßig werde ich auch von Aquarianern angesprochen, die solche fehlgefärbten Tiere unter den Nachzuchten entdecken. In den meisten Fällen sind diese Aufhellungen jedoch nur von kurzer Dauer. Aus irgendwelchen Gründen fehlen den Tieren zeitweise die Pigmente, aber nach einiger Zeit können sie dann durchaus wieder zurückkehren. Natürlich erhoffen sich viele Aquarianer, dass es sich bei den fehlgefärbten Tieren um Varianten handelt, die später auch noch weiter vermehrbar sind. Jedoch scheinen besonders die Harnischwelse zu Aufhellungen zu neigen und auch unter den Wildfängen kommt es immer wieder zu teilweisem oder völligem Farbverlust, der sich dann fast immer nach einiger Zeit wieder aufhebt.
Machen Sie sich also nicht zu viel Hoffnung auf aparte Zuchtformen, wenn Sie einmal vereinzelte fehlgefärbte Tiere entdecken. Natürlich treten auch von Zeit zu Zeit Mutationen unter den Nachzuchten auf, nur sind im Erbgut verankerte Variationen auch unter Harnischwelsen selten. Die häufigsten Farbformen sind dabei Albinos, die allerdings einfach an den rötlichen Augen aufgrund des völligen Fehlens von Pigment zu erkennen sind. Wenn Weißlinge hingegen schwarze Augen aufweisen, sollte man zumindest misstrauisch sein, denn dann muss es sich nicht wirklich um eine Mutation handeln.

WANN SOLLTE MAN DIE JUNGFISCHE UMSETZEN?

Wachsen die Jungfische unter guten Bedingungen auf, so können Sie durchaus lange im Aufzuchtbehälter verbleiben. Ich muss ehrlich gestehen, dass ich die Jungfische sehr selten in größere Jungfisch-Aufzuchtbecken umsetze und sie meist so lange in den Einhängebecken belasse, bis sie die geeignete Größe zur Abgabe haben. Wenn die Wasserqualität gut ist, entwickeln sie sich meistens auch auf engem Raum hervorragend.

Weißlinge treten unter den Harnischwelsen gar nicht mal so selten auf, nur selten ist diese Färbung jedoch von Dauer und auch vererbbar

Werden junge *Sturisoma* zu früh umgesetzt, muss man große Verluste befürchten

Auch Hexenwelse wie *Rineloricaria lanceolata* sollten erst mit etwa 5-6 cm Länge abgegeben werden

Natürlich ist es optimal, die Jungfische ab einer gewissen Größe in geräumige Aquarien umzusetzen. Das sollte jedoch erst erfolgen, wenn die Tiere genügend Stabilität dafür haben. Wer meint, dass man 4 cm große Hexenwelse oder 5 bis 6 cm große Störwelse schon problemlos umsetzen könne, erhält nicht selten dafür die Rechnung in Form von Verlusten. Man sollte aus diesem Grund die bereits angesprochenen *Sturisoma* und verwandte Gattungen am besten nicht umsetzen, bevor sie eine Größe von ca. 7 bis 8 cm erreicht haben. Die meisten anderen Hexenwelse halte ich auch erst mit etwa 5 bis 6 cm Länge für stabil genug, um sie in andere Behälter umzusetzen. Die kleinen Ohrgittersaugwelse sollten dabei schon mindestens 2 cm groß sein. Jungfische von Hypostominen sind hingegen bereits relativ früh stabil genug und können meist schon ab 3 bis 4 cm Länge einigermaßen problemlos umgesetzt werden. Wenn sich die Bedingungen nicht zu stark verändern, vertragen die Tiere ein Umsetzen auch schon deutlich früher. Man sollte die Jungtiere jedoch in der Anfangszeit sehr gut beobachten. Es gibt von Art zu Art manche Unterschiede darin, wie stabil die Jungfische ab einer gewissen Größe sind. Es ist deshalb kaum möglich, allgemein Gültiges für diese Fragestellung auszusagen. Es zeichnet den erfahrenen Aquarianer aus, dass er seine Fische gut kennt und mit der Zeit genau beurteilen kann, wann seine Nachzuchten stabil genug sind.

AB WELCHER GRÖSSE KANN MAN DIE JUNGFISCHE ABGEBEN?

Auch diese Frage ist nicht so einfach zu beantworten. Ich habe ja bereits zuvor beschrieben, ab welcher Größe man Jungtiere umsetzen sollte. Im Prinzip gelten diese Größenangaben auch für die Abgabe an andere Aquarianer. Man sollte jedoch bedenken, dass dieser Wechsel für Jungfische noch eine sehr viel stärkere Belastung ist. Schließlich bedeutet eine Abgabe von Fischen ja nicht nur den Fang und einen langen Transport, der unter Umständen eine Abkühlung zur Folge hat. Die Fische müssen auch eine Veränderung der Wasserparameter sowie meist auch eine Futterumstellung ertragen. Das bedeutet für junge Fische starken Stress und kann sehr belastend sein. Deshalb empfehle ich als verantwortungsvoller Züchter, die Tiere stets relativ groß wachsen zu lassen, bevor ihnen eine solche Veränderung zugemutet wird.

Jungfische von Harnischwelsen sollten erst abgegeben werden, wenn sie groß und stabil genug sind; diese jungen *Ancistrus* sp. „Wabenmuster" können problemlos den Besitzer wechseln

Hypoptopoma spectabile (EIGENMANN, 1914)

Deutscher Name: Spitzkopf-Ohrgittersaugwels

Unterfamilie: Hypoptopomatinae (Ohrgittersaugwelse)

Gattungsgruppe: Hypoptopomatini

Hypoptopoma spectabile **aus Kolumbien war bisher als** ***Nannoptopoma spectabile*** **bekannt**

Größe: 3-4 cm

Vorkommen:
Diese weit verbreitete *Hypoptopoma*-Art ist in Kolumbien und Venezuela in den Flusssystemen des Río Meta und des Río Apure (Orinoco-Becken) heimisch. Weiterhin soll sich die Verbreitung bis hinein ins obere Amazonas-Becken in Ekuador und Peru erstrecken, wo die Art beispielsweise im Río Napo und Río Pastaza vorkommen soll. Sie scheint lediglich in Gewässern vom Weißwassertyp vorzukommen.

Wasser-Parameter:
Temp.: 24-29°C; pH-Wert: 6,0-7,5; Härte: weich bis mittelhart

Pflege:
Diese kleinen Ohrgittersaugwelse können auch in kleinen Aquarien ab 54 Liter (z.B. Nano-Aquarien) sehr gut gepflegt werden. *Hypoptopoma spectabile* sind jedoch keinesfalls für das „normale" Gesellschaftsaquarium geeignet und sollten bestenfalls gemeinsam mit wenigen ruhigen und nicht zu gefräßigen Arten gepflegt werden. Überaus wichtig für das Wohlbefinden der Tiere sind häufige

Der Río Apure in Venezuela, Heimat von *Hypopoptoma spectabile*

Futtergaben und gute Wasserverhältnisse. Fütterung mit Trockenfutter und Futtertabletten mit hohem pflanzlichem Anteil möglich. Weiterhin werden auch lebende Mikro- und Grindalwürmchen sowie *Artemia*-Nauplien angenommen. Nicht gefressenes Futter sollte abgesaugt werden, bevor es das Wasser zu stark belastet. Eine kräftige Strömung des Wassers ist nicht erforderlich.

Fortpflanzungstyp:
Offenbrüter im männlichen Geschlecht

Geschlechtsunterschiede:
Männchen etwas kleiner als die Weibchen und mit schlankerem Körperbau

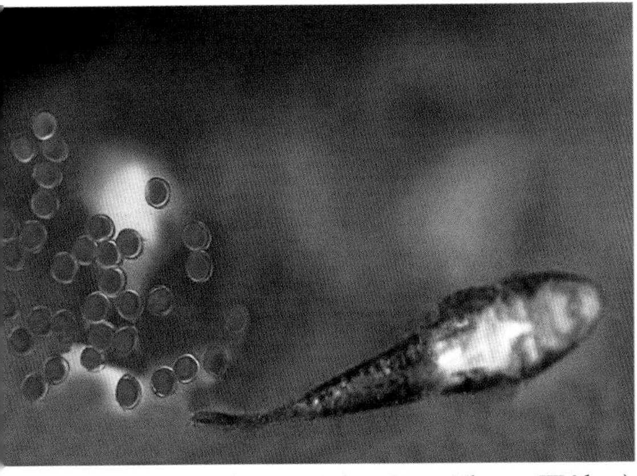

Männchen mit Gelege (Foto: Thomas Weidner)

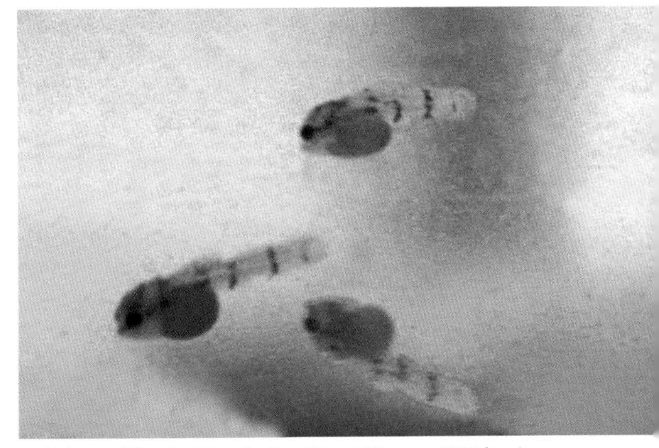

Frisch geschlüpfte Jungfische (Foto: Thomas Weidner)

Hypoptopoma sp. „Zebra" aus Peru ist derzeit sehr populär

Vermehrung im Aquarium:
Bei guter Pflege sind diese kleinen Harnischwelse im Aquarium zu vermehren. Die vermutliche Erstnachzucht von *H. spectabile* gelang DOTZER und WEIDNER (siehe EVERS & SEIDEL, 2005). Sie pflegten eine Gruppe von 12 Tieren in einem kleinen Aquarium (60 x 50 x 35 cm) gemeinsam mit einigen Bodensalmlern (*Characidium steindachneri*) und 3 *Pseudolithoxus tigris*. Die Tiere wurden zweimal täglich und zusätzlich nächtlich gefüttert. Ein wöchentlicher Wasserwechsel erfolgte zu 40-50% mit einem Gemisch aus 4 Teilen Regen- und einem Teil Leitungswasser. Wasserwerte zur Zucht: 25°C; pH 6,0; 3°dGH; 0-1°KH; elektr. Leitfähigkeit 150 µS/cm. Abgelaicht wurde an der Unterseite eines Glassteges des Aquariums, da der Wasserstand sehr hoch war. Bis zu 60 grünliche Eier konnten gezählt werden, die vom Männchen betreut werden. Die Larven schlüpfen nach etwa 60-80 Stunden aus den Eiern und besitzen dann noch einen großen Dottersack.

Aufzucht der Jungfische:
Die Aufzucht der Jungfische versuchten DOTZER und WEIDNER in einem separaten 10-Liter-Aquarium, das über einen Luftheber gefiltert wurde. Nach 100 Stunden hatten die ersten Larven ihren Dottersack aufgezehrt, woraufhin ihnen staubfeines Flockenfutter als erste Nahrung angeboten wurde. Weiterhin wurden von Zeit zu Zeit Mikrowürmchen und frisch geschlüpfte *Artemia*-Nauplien hinzugefüttert. Leider starben bei dieser Fütterung eine Woche später die meisten Jungtiere.

Ähnliche Arten:
Verschiedene *Hypoptopoma*- und *Oxyropsis*-Arten sind in ihrem Fortpflanzungsverhalten und ihren Pflegeansprüchen sehr ähnlich. Weitere empfehlenswerte Arten aus der Verwandtschaft von *Hypoptopoma spectabile* sind:
Hypoptopoma sp. „Zebra" – diese Art wird mittlerweile regelmäßig aus Peru exportiert und ist ausgesprochen atraktiv. Wie *H. spectabile* ist auch sie anspruchsvoll und keineswegs ein Anfängerfisch. Die Nachzucht auch dieser Art sollte jedoch durchaus möglich sein.
Hypoptopoma sp. „Río Huallaga" – aus diesem Zufluss des oberen Amazonas in Peru stammt die noch

Nur sehr selten wird *Hypoptopoma* sp. „Río Huallaga“ aus Peru eingeführt

sehr seltene und interessante Art, die auf den Listen peruanischer Exporteure als *Nannoptopoma* sp. „White“ angeboten wird. Sie hat ähnliche Ansprüche wie *H. spectabile.*
Hypoptopoma sternoptychum – sehr selten importierte Art aus dem oberen Amazonas in Peru. Sie ist zwar unscheinbar gefärbt, hat aber imposante große Flossen. Die Art wird etwas größer als *Hypoptopoma spectabile.*
Hypoptopoma machadoi – ist in Venezuela heimisch. Auch die größeren *Hypoptopoma*-Arten sind in ihren Ansprüchen mit den ehemaligen *Nannoptopoma* vergleichbar, sind aber zumeist nicht ganz so anspruchsvoll. Sie vermehren sich auch ähnlich, werden jedoch etwa doppelt so groß.

Bemerkungen:
Selten importierte Art, die gelegentlich als Beifang von *Otocinclus* cf. *vittatus* aus Kolumbien zu uns gelangt. Von den kleinen *Hypoptopoma*-Arten, die bislang als *Nannoptopoma* bezeichnet wurden, ist *Hypoptopoma* sp. „Zebra“ die einzige derzeit regelmäßig und in größerer Stückzahl eingeführte, die auch bereits im Aquarium auf ähnliche Art und Weise vermehrt werden konnte.

***Hypoptopoma sternoptychum* aus Peru ist selten**

***Hypoptopoma machadoi* aus Venezuela wird relativ groß**

Otocinclus sp. aff. *macrospilus*

Deutscher Name: Purus-Ohrgittersaugwels

Unterfamilie: Hypoptopomatinae (Ohrgittersaugwelse)

Gattungsgruppe: Hypoptopomatini

***Otocinclus* sp. aff. *macrospilus* aus dem Rio Purus in Brasilien ist der am häufigsten importierte Otocinclus**

Größe: 4 cm

Vorkommen:
Diese in der Aquaristik sehr weit verbreitete *Otocinclus*-Art wird aus dem Flusssystem des Rio Purus, einem von Süden in den Amazonas entwässernden Weißwasserfluss in Brasilien, zu uns importiert. Sie bewohnt dort vor allem langsam fließende Bereiche des Flusses. Die Tiere schließen sich zu bestimmten Jahreszeiten zu riesigen Schwärmen zusammen.

Wasser-Parameter:
Temp.: 25-29°C; pH-Wert: 6,0-7,5; Härte: weich bis mittelhart

Pflege:
Die Tatsache, dass diese kleinen Saugwelse in den Zoofachhandlungen in großer Stückzahl als Algenfresser für das Gesellschaftsaquarium verkauft werden, erweckt möglicherweise den Eindruck, dass es sich um einfache Aquarienpfleglinge handelt. Vielfach kommen die Ansprüche dieser Tiere jedoch in einem Gesellschaftsaquarium zu kurz, da sich die kleinen Harnischwelse gegen zu aufdringliche oder aggressive Mitbewohner oder Nahrungskonkurrenten kaum erwehren können. Im Artbecken oder in

Otocinclus-Arten findet man in langsam fließenden Bereichen der Weißwasserflüsse, wie hier am Caño Agua Blanca in Peru

Gesellschaft mit wenigen friedlichen Fischen ist die Pflege jedoch einfach. Neben auf den Pflanzen und an Einrichtungsgegenständen aufsitzenden Algen werden Grünfutter, aber auch Flockenfutter und Futtertabletten gefressen.

Otocinclus sind eifrige Algenfresser im Aquarium

Fortpflanzungstyp:
Substratlaicher ohne Brutpflege

Geschlechtsunterschiede:
Männchen bleiben etwas kleiner als die Weibchen und haben einen schlankeren Körperbau.

Vermehrung im Aquarium:
Die Vermehrung von Ohrgittersaugwelsen der Gattung *Otocinclus* erfolgt nicht selten sogar im dicht bepflanzten Gesellschaftsaquarium, sofern das Wasser nicht zu hart ist. Meist entwickeln sich dann einige Jungfische ohne besonderes Zutun des Aquarianers. Die gezielte Nachzucht im Aquarium erfolgt hingegen selten, da diese aufgrund der geringen Preise für die Importe auch nicht lohnenswert ist. Laut KLEBERHOFF krümmt sich auch bei den *Otocinclus* bei der Verpaarung das Männchen um den Kopf des Weibchens, wobei die Tiere einige Sekunden lang in einer Starre verharren. Ein bis zwei milchige und im

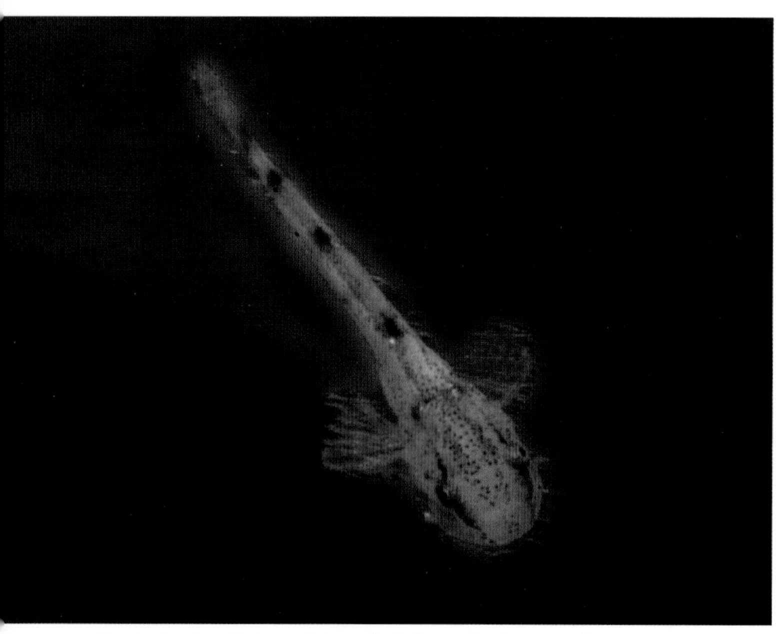

Otocinclus-Jungfisch nach dem Aufzehren des Dottersacks

Durchmesser etwa 1 mm große Eier werden dabei auf einmal abgelegt. Die Eier werden überall im Aquarium verteilt, häufig findet man sie in Bereichen mit etwas Strömung.

Aufzucht der Jungfische:
Der Schlupf der Jungfische kann bereits nach etwa 2 Tagen erfolgen. Sie haben dann nur eine Länge von etwa 4 mm, sind zunächst durchsichtig und haben lediglich einige senkrechte Striche auf dem Schwanz. Bereits einen Tag später sind die Dottersäcke deutlich geschrumpft und kurze Zeit später beginnen sie mit der Nahrungssuche. Im Aquarium weiden sie ähnlich wie die Alttiere den Algenwuchs von den Aquarienpflanzen und Einrichtungsgegenständen ab. Man kann den Jungfischen zusätzlich staubfeines Flockenfutter reichen. Zusätzlich empfiehlt sich auch die Verfütterung von *Artemia*-Nauplien oder Mikrowürmchen. Die Jungfische wachsen meist relativ schnell.

Ähnliche Arten:
Weitere *Otocinclus*-Arten mit ähnlichen Ansprüchen und vergleichbarem Fortpflanzungsverhalten sind: *Otocinclus affinis* – gehört eigentlich nicht zu dieser Gruppe mit ähnlichen Ansprüchen, denn die Art benötigt kühlere Temperaturen. Ich habe sie hier nur abgebildet, um den Unterschied zu den anderen Arten zu zeigen. Die Art besitzt keinen Fleck auf dem Schwanzstiel.
Otocinclus cocama – diese wohl attraktivste aller *Otocinclus*-Arten stammt aus dem nördlichen Peru. Die Zebra-Ohrgittersaugwelse sind zwar kostspielig, bei guter Pflege aber durchaus im Aquarium zu vermehren.
Otocinclus hoppei – zu bestimmten Jahreszeiten häufig importierte Art aus dem Nordosten Brasiliens. Sie unterscheidet sich von anderen Arten durch einen deutlichen Schwanzwurzelfleck und das Fehlen von Punkten oberhalb des Längsbandes.
Otocinclus macrospilus – diese sehr ähnliche Art stammt aus dem peruanischen Amazonas-Gebiet. Sie hat ähnliche Ansprüche und wird von Zeit zu Zeit aus Peru eingeführt.
Otocinclus cf. *vittatus* – eigentlich lebt *O. vittatus* im Flusssystem des Río Paraguay. Diese aus Kolumbien stammenden Fische, die sicher einer neuen Art angehören, werden jedoch von Seiten einiger Wissenschaftler ebenso als solche angesprochen. Es handelt sich um kleine, sehr gut pflegbare Ohrgittersaugwelse, die häufig über Kolumbien zu uns gelangen.

Bemerkungen:
Unter der falschen Bezeichnung *Otocinclus affinis* gelangen diverse sehr ähnliche Ohrgittersaugwelse in den Handel, die in ihren Ansprüchen ähnlich sind. Die häufigste gehandelte Art ist dabei *Otocinclus* sp. aff. *macrospilus* aus dem Rio Purus in Brasilien. Im Gegensatz zum „echten“ *O. affinis*, der ausgesprochen selten importiert wird und kühlere Wassertemperaturen bevorzugt, sollten die meisten importierten *Otocinclus* relativ warm gepflegt werden.

Der „echte“ *Otocinclus affinis* aus dem südöstlichen Brasilien mag keine zu hohen Temperaturen

Der attraktive *Otocinclus* cf. *cocama* aus Peru

Otocinclus hoppei stammt aus dem Nordosten Brasiliens

Otocinclus macrospilus kommt von Zeit zu Zeit aus Peru

Otocinclus cf. *vittatus* aus Kolumbien ist empfehlenswert

Otothyropsis piribebuy CALEGARI, LEHMANN & REIS, 2011

Deutscher Name: Kleiner Brauner Oto (KBO), LG2

Unterfamilie: Hypoptopomatinae (Ohrgittersaugwelse)

Gattungsgruppe: Hypoptopomatini

Otothyropsis piribebuy **wird auch unter der Bezeichnung „*Otocinclus*" sp. „Negros" gehandelt**

Größe: 3-4 cm

Vorkommen:
Dieser kleine Ohrgittersaugwels ist im Flusssystem des Río Paraguay in Paraguay und dem nördlichen Argentinien verbreitet. Die Art bewohnt dort vor allem langsam fließende oder stehende Gewässer vom Weißwassertyp, z.B. den hier abgebildeten Arroyo Piribebuy im Süden Paraguays. Die Temperatur sinkt in diesen Gewässern zur Trockenzeit zumeist auf weniger als 20°C ab.

Wasser-Parameter:
Temp.: 18-25°C; pH-Wert: 6,0-7,5; Härte: weich bis mittelhart

Pflege:
Diese kleinen Saugwelse sind sehr gesellige Aquarienfische, die man am besten im kleinen Trupp pflegen sollte. Die Haltung dieser Art bereitet kaum Probleme. Sie ist bezüglich der Wasserparameter anspruchslos, sollte jedoch aufgrund ihrer Herkunft nicht bei zu warmen Wassertemperaturen gepflegt werden. Die Tiere weiden sehr gut den Algenaufwuchs von Wasserpflanzen und den Aquarienscheiben ab, sollten jedoch zusätzlich mit Futtertabletten, Grünfutter und feinem Frost- und Lebendfutter (*Artemia, Cyclops*, Rädertierchen) gefüttert werden.

Fortpflanzungstyp:
Substratlaicher ohne Brutpflege

Geschlechtsunterschiede:
Männchen bleiben deutlich kleiner als die Weibchen und haben einen schlankeren Körperbau.

Der Arroyo Piripebuy in Paraguay, Lebensraum des KBO

Weibchen von *Otophryopsis piribebuy*

Vermehrung im Aquarium:
Die Vermehrung dieser beliebten Ohrgittersaugwelse ist bereits mehrfach im Aquarium gelungen und im Vergleich zu anderen Hypoptopomatinen einfach. Auch diese Fische sind durch kräftige Wasserwechsel mit relativ kühlem Wasser zum Ablaichen zu stimulieren. Dabei entwickeln die Tiere eine völlig ungewohnte Aktivität, und oft verfolgen gleich mehrere Männchen unter heftigem Treiben ein laichbereites Weibchen. Bei der Paarung legt das Männchen seinen Körper u-förmig um den Kopf des Weibchens herum. Die Eier werden an Pflanzen, Holzstücke oder aber auch auf einer Glasscheibe abgelegt und danach von den Alttieren nicht weiter beachtet. Eine Brutpflege betreiben sie nicht. Die Jungfische schlüpfen nach etwa 3-4 Tagen aus den Eiern.

Otothyropsis piribebuy bei der Paarung (Foto: Stefan K. Hetz)

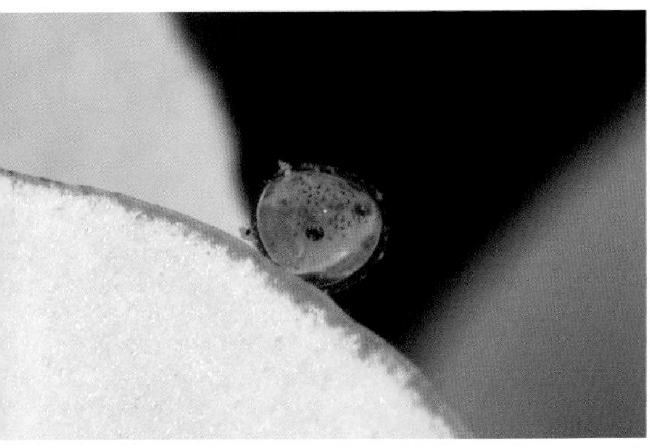

Ei des KBO kurz vor dem Schlupf (Foto: Stefan K. Hetz)

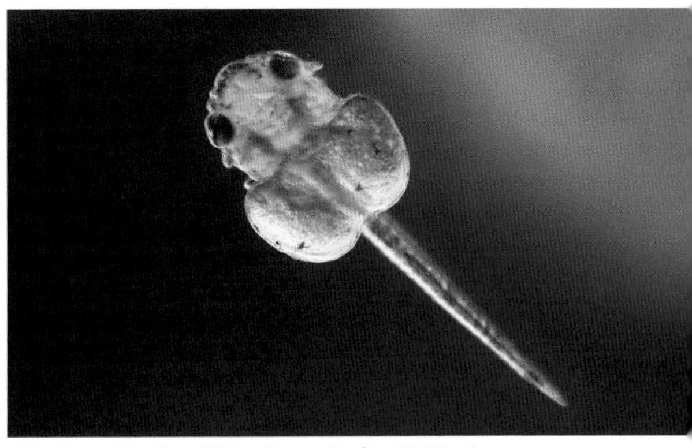

Frisch gechlüpfter KBO (Foto: Stefan K. Hetz)

Eine Woche alter Jungfisch des KBO (Foto: Stefan K. Hetz)

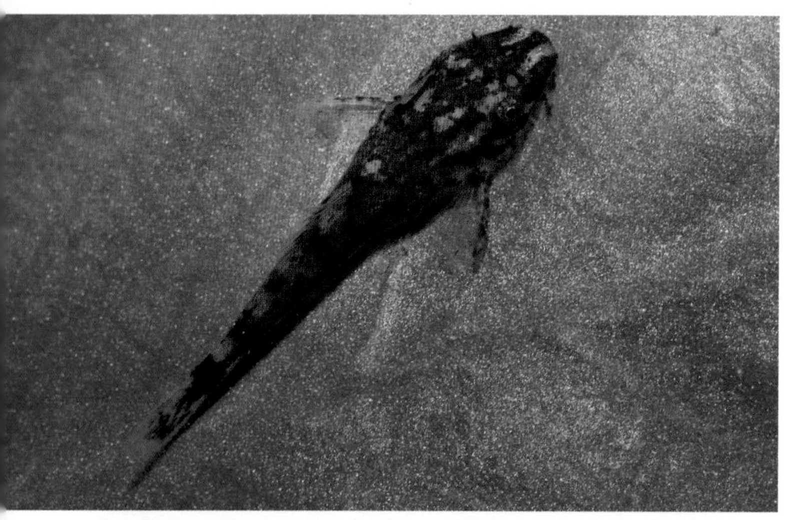

Jungfisch im Alter von etwa drei bis vier Wochen (Foto: Stefan K. Hetz)

Aufzucht der Jungfische:
Nach dem Schlupf besitzen die Jungfische noch einen Dottersack, von dem sie noch etwa 4 Tage lang zehren. Danach können sie einfach mit feinem Trockenfutter, frisch geschlüpften *Artemia*-Nauplien und gefrosteten Rädertierchen ernährt werden. Die Jungfische sind schnellwüchsig und können nach drei bis vier Wochen nahezu die Größe ihrer Elterntiere erreicht haben. Im Alter von einem halben Jahr können sie sich bereits wieder vermehren.

Ähnliche Arten:
Empfehlenswerte Arten aus der Verwandtschaft von *Otothyropsis piribebuy* mit vergleichbaren Pflegeansprüchen (niedrige Wassertemperatur) und ähnlicher Fortpflanzungsbiologie sind:
Hisonotus aky – diese Fische wurden als *Epactionotus aky* beschrieben, gehören aber zu *Hisonotus.* Die aus Argentinien stammende Art hat ihre Färbung an den Untergrund (sie lebt auf *Echinodorus*-Pflanzen) angepasst.

Aus dem Südosten Brasiliens stammt *Hisonotus leucofrenatus*

Hisonotus leucofrenatus – früher häufiger zu uns eingeführt, sind Importe dieser an ihren gelben Zügelstrichen erkennbaren Ohrgittersaugwelse aus dem Südosten Brasiliens heute nur sehr selten.
Hisonotus notatus – ein von Zeit zu Zeit über Rio de Janeiro zu uns kommender Gast aus Brasilien. Die Art sieht LG2 sehr ähnlich und kann auch ähnlich gepflegt werden, verträgt jedoch zu hohe Temperaturen sehr schlecht.
Schizolecis guntheri – häufig zusammen mit *Hisonotus notatus* aus Rio zu uns eingeführte Art. Diese hübschen Ohrgittersaugwelse sind empfindliche Aquarienpfleglinge und längst nicht so einfach wie LG2 zu halten.

Bemerkungen:
Diese Harnischwelse werden von den Aquarianern im Allgemeinen als „*Otocinclus* Negros" angesprochen, eine Phantasiebezeichnung, oder aber kurz als KBOs (Kleine braune Otos). Dabei handelt es sich gar nicht um Vertreter der Gattung *Otocinclus*, denn verschiedene charakteristische Merkmale sprechen für die Zugehörigkeit zur Gattung *Otothyropsis.*

Hisonotus aky aus Argentinien ist eine hübsche Art

Hisonotus notatus aus der Umgebung von Rio de Janeiro

Schizolecis guntheri aus der Umgebung von Rio im Südosten Brasiliens

Parotocinclus haroldoi GARAVELLO, 1988

Deutscher Name: Weißtüpfel-Ohrgittersaugwels

Unterfamilie: Hypoptopomatinae (Ohrgittersaugwelse)

Gattungsgruppe: Otothyrini

***Parotocinclus haroldoi* ist eine der attraktivsten *Parotocinclus*-Arten**

Größe: 4 cm

Vorkommen:
Diese interessante *Parotocinclus*-Art stammt aus dem nordostbrasilianischen Bundesstaat Piaui, wo sie in warmen Gewässern im Einzugsgebiet des Rio Parnaiba vorkommt. Es handelt sich um Gewässer vom Klarwassertyp.

Wasser-Parameter:
Temp.: 25-29°C; pH-Wert: 6,0-7,5; Härte: weich bis mittelhart

Pflege:
Parotocinclus haroldoi ist ein im Aquarium sehr versteckt lebender Harnischwels, der sich tagsüber meist unter Steinen und Aquarienpflanzen verbirgt. Die nicht sehr anspruchsvolle Art liebt warmes, relativ stark bewegtes und sauerstoffreiches Wasser. Die kleinen Aufwuchsfresser können neben dem Algenaufwuchs, den sie abweiden, mit Grünfutter, Futtertabletten und feinem Lebend- und Frostfutter ernährt werden.

***Parotocinclus*-Arten bewohnen zumeist flache, schnell fließende Bereiche von Klarwasserflüssen**

Fortpflanzungstyp:
Substratlaicher ohne Brutpflege

Geschlechtsunterschiede:
Die Männchen haben einen schlankeren Körperbau als die Weibchen.

Vermehrung im Aquarium:
Diese Zwergharnischwelse führen nicht nur ein sehr heimliches Leben im Aquarium. Auch die Vermehrung findet meist in aller Heimlichkeit statt. Nur der geschulte Beobachter findet die durchsichtigen, etwa 1 mm großen Eier auf Pflanzenblättern, die einzeln, paarweise oder zu dritt abgelegt werden. Die Eier findet man häufig vor allem am Tag nach einem größeren Wasserwechsel. Die daraus schlüpfenden Jungfische sind etwa 5 mm groß, zunächst durchsichtig und besitzen ein braunes Strichmuster.

***Parotocinclus* sind wie die *Otocinclus*-Arten eifrige Algenfresser.**

Aufzucht der Jungfische:
Nachdem der Dottersack aufgebraucht ist, weiden die Jungfische den feinen Algenrasen im Aquarium ab. Darüber hinaus können sie mit sehr feinem Staubfutter, das man leicht aus zermahlenem Staub- oder Tablettenfutter herstellen kann, gefüttert werden. Auch

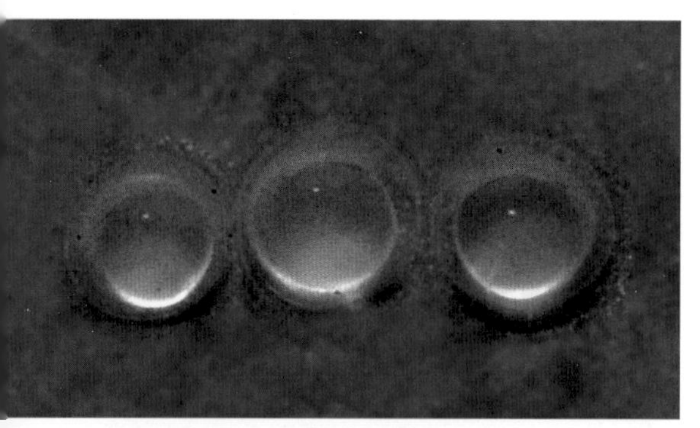

Eier von *Parotocinclus haroldoi*

Jungfisch von *P. haroldoi* mit fast aufgezehrtem Dottersack

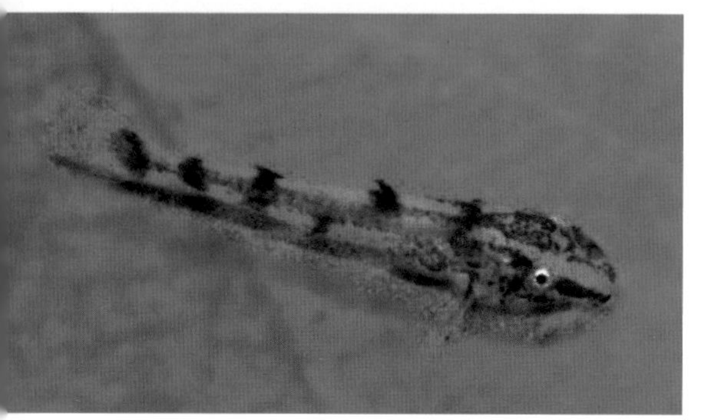

Eine Woche alter Jungfisch

Fünf Wochen alter Jungfisch

Artemia-Nauplien können sie bald fressen und wachsen dabei sehr schnell heran. Die Nachzucht dieser Tiere ist bislang nur im kleinen Stil erfolgt, da die Anzahl der Eier stets gering ist. Ob diese Tiere auch in relativ großem Umfang vermehrt werden können, ist fraglich.

Ähnliche Arten:
Diverse weitere *Parotocinclus*-Arten sind mittlerweile zu uns eingeführt worden, die ganz ähnliche Ansprüche und ein vergleichbares Fortpflanzungsverhalten besitzen:
Parotociclus maculicauda – der Rotflossen-Ohrgittersaugwels stammt aus dem Südosten Brasiliens. Obwohl eigentlich in kühleren Gewässern vorkommend, ist diese Art jedoch ausgesprochen anpassungsfähig und wurde bereits mehrfach vermehrt.
Parotocinclus cristatus – früher wurde dieser kleine

Parotocinclus cristatus aus dem ostbrasilianischen Bundesstaat Bahia

Parotocinclus maculicauda ist die bekannteste-Art dieser Gattung

Ohrgittersaugwels häufiger importiert. Nun habe ich ihn schon ewig lange nicht mehr gesehen. Die Art stellt jedoch ähnlich Ansprüche wie *P. haroldoi.*
Parotocinclus jumbo – der so genannte Pitbull-Harnischwels ist auch unter der Bezeichnung LDA25 bekannt. Die Art wurde früher in großer Stückzahl aus Brasilien exportiert. Leider ist der Export jedoch mittlerweile verboten. *P. jumbo* ist bereits im Aquarium vermehrt worden.
Parotocinclus sp. „Pernambuco" – dieser Ohrgittersaugwels ist ein häufiger Beifang in Importen von *Parotocinclus jumbo.* Die Tiere unterscheiden sich jedoch deutlich von diesen durch ihr helles Fleckenmuster. Eine einfach zu pflegende Art, die jedoch leider dazu neigt, Aquarienpflanzen anzufressen.

Bemerkungen:
Es handelt sich um eine der attraktivsten *Parotocinclus*-Arten, die zudem vergleichsweise einfach im Aquarium gepflegt und vermehrt werden kann. Obwohl die *Parotocinclus,* die man am Vorhandensein einer Fettflosse von den *Otocinclus* unterscheiden kann, eine artenreiche Gruppe darstellen, sind bislang nur wenige Arten aquaristisch bekannt.

Parotocinclus jumbo, der so genannte Pitbull-Harnischwels

Parotocinclus sp. „Pernambuco", Beifang von *P. jumbo*

Acanthicus sp. aff. *adonis*

Deutscher Name: Peruanischer Elfenwels

Unterfamilie: Hypostominae (Schilderwelse)

Gattungsgruppe: *Acanthicus*-Klade

Halbwüchsiger *Acanthicus* sp. aff. *adonis* aus Peru

Der Río Ucayali in Peru, Lebensraum dieses Elfenwelses

Größe: > 120 cm

Vorkommen:
Die Art ist im Oberlauf des Amazonas in Peru weit verbreitet und bewohnt dort vor allem die großen Weißwasserflüsse, etwa den Río Ucayali. Dort ist das Wasser gewöhnlich etwa 25 bis 30°C warm, weich und schwach sauer. Fischer sammeln gezielt die riesigen Gelege in den Flüssen, die sie dann an die peruanischen Zierfischexporteure verkaufen. Diese erbrüten die Gelege künstlich und ziehen die Jungfische auf.

Mit 20 cm Länge sind die hübschen weißen Flecke noch gut zu erkennen

Wasser-Parameter:
Temp.: Temp.: 25-29°C; pH-Wert: 6,0-7,5; Härte: weich bis mittelhart

Pflege:
Auch wenn diese Tiere als Jungfische in den Zoofachhandlungen ausgesprochen hübsch aussehen, sollte man vor dem Kauf bedenken, dass es sich bei diesen Fischen um die größten bekannten Harnischwelse handelt. Loricariiden dieser Größe sind auf Dauer nur in Großaquarien mit mehreren 1000 Litern Inhalt zu pflegen, zumal große Harnischwelse untereinander auch häufig ruppig werden und sich aus dem Weg gehen können müssen. Ich habe mich nie an der Pflege dieser Tiere versucht, da ich ihnen einfach nicht derartige Bedingungen bieten kann. Da sie einen sehr starken Stoffwechsel haben, sind eine kräftige Fütterung und eine leistungsstarke Filterung zur Pflege erforderlich. Die Ernährung dieser Allesfresser ist beispielsweise mit Futtertabletten, Grünfutter sowie gefrosteten Mückenlarven, Garnelen und Muscheln möglich.

Junges albinotisches Exemplar des Peruanischen Elfenwelses

Fortpflanzungstyp:
Höhlenbrüter im männlichen Geschlecht

Elfenwels-Jungfisch kurz nach dem Aufzehren des Dottersacks

Geschlechtsunterschiede:
Die Männchen bilden längere Odontoden hinter dem Kiemendeckel und auf dem Brustflossenstachel aus und sind am Schnauzenrand stärker beborstet.

Vermehrung im Aquarium:
Die Vermehrung ist offensichtlich in großen Schauaquarien durchaus möglich und gar nicht mal so schwierig. Allerdings verfügen die meisten Aquarianer nicht über ausreichend große Behältnisse für diese Tiere. Abgelaicht wird dabei in Zwischenräumen zwischen Steinen und Wurzeln. Das riesige Gelege kann aus mehr als 1000 Eiern bestehen und wird vom Männchen bewacht.

Aufzucht der Jungfische:
Wie die vielen importierten Jungfische aus Peru von verschiedenen Exporteuren zeigen, ist die Aufzucht der von Anfang an bereits relativ großen Jungfische offenbar nicht schwierig. Sie sollen unter guten Bedingungen (häufige Futtergaben und viel Frischwasser) sehr schnell heranwachsen. Als Futter bieten sich anfänglich Grünfutter, Futtertabletten sowie feines Frostfutter (*Cyclops, Moina*) an.

Ähnliche Arten:
Weitere Harnischwelse aus der Verwandtschaft von *Acanthicus* sp. aff. *adonis* mit ähnlicher Größe sowie ähnlichen Ansprüchen sind:

Der „echte“ *Acanthicus adonis* aus Brasilien

Acanthicus adonis:
Der „echte" *Acanthicus adonis* wird nur selten zu uns eingeführt, da sich die Tiere nur geringfügig von den deutlich preiswerteren Peruanern unterscheiden. Auch diese Tiere verlieren leider ihre hübschen weißen Flecke im Alter völlig.
Acanthicus cf. *hystrix*:
Dieser Elfenwels stammt aus dem Flusssystem des Rio Tocantins im Nordosten Brasiliens. Die Art ist bereits in der Jugend gänzlich dunkel gefärbt ohne jegliches weißes Fleckmuster. Aus diesem Grund wird die Art, die analoge Ansprüche hat, nur selten gepflegt.
Megalancistrus barrae:
Auch *Megalancistrus* erreichen eine Maximallänge von 60 bis 80 cm und haben ähnliche Ansprüche wie die *Acanthicus*-Arten. *Megalancistrus barrae* ist derzeit die am häufigsten zu uns importierte Art.
Pseudacanthicus cf. *histrix* (L64):
Die größte Kaktuswelsart ist *Pseudacanthicus histrix*, der Stachelschwein-Kaktuswels, der im männlichen Geschlecht mehrere Zentimeter lange Odontoden auf dem Brustflossenstachel ausbildet. Diese als L64 zu uns eingeführte Art erreicht ebenfalls eine Länge von bis zu 100 cm.

Bemerkungen:
Gewöhnlich wird diese Art in der Aquaristik als *Acanthicus adonis* angesprochen, der jedoch lediglich im Nordosten Brasiliens lebt und in der Jugend länglichere weiße Flecke besitzt. Offensichtlich handelt es sich um eine noch unbeschriebene Art. Auch die seltenen Albinos, die beim Erbrüten der vielen tausend Eier in den Heimatgebieten von Zeit zu Zeit unter den Jungfischen entdeckt werden, wurden bereits mehrfach zu uns importiert.

***Acanthicus* cf. *hystrix* aus dem Rio Tocantins**

Megalancistrus* gehören zu den Riesen, hier *Megalancistrus barrae

Auch *Pseudacanthicus* cf. *histrix* (L64) wird wirklich riesig groß

Ancistomus snethlageae (STEINDACHNER, 1911)

Deutscher Name: Weißsaum-Trugschilderwels, L141, L215

Unterfamilie: Hypostominae (Schilderwelse)

Gattungsgruppe: *Peckoltia*-Klade

Größe: 17-18 cm

Ancistomus snethlageae **oder L141 aus dem Rio Tapajós**

Erwachsenes Männchen dieser Art

Vorkommen:
Diese Art ist im Unterlauf des Rio Tapajós heimisch, einem südlichen Zufluss des Amazonas in Brasilien. Der Tapajós ist ein warmer Klarwasserfluss, dessen Wasser gewöhnlich einen pH-Wert zwischen 5,5 und 6,5 aufweist. Die Tiere leben dort zwischen Steinen.

Wasser-Parameter:
Temp.: 26-30°C; pH-Wert: 5,5-7,5; Härte: weich bis mittelhart

Typischer Lebensraum von *Ancistomus* in Brasilien

Pflege:
Trotz ihrer Größe sind diese Harnischwelse friedliche und einfache Aquarienpfleglinge. Für ein Pärchen sollte man mindestens 200 Liter Volumen anbieten. Ich pflegte eine Gruppe von sechs ausgewachsenen Tieren in einem 450-Liter-Aquarium gemeinsam mit einigen anderen Harnischwelsen. Gefüttert wurden die Tiere vor allem mit Futtertabletten, Frost- und Grünfutter.

Fortpflanzungstyp:
Höhlenbrüter im männlichen Geschlecht

Geschlechtsunterschiede:
Die Männchen sind meist etwas dunkler als die Weibchen und besitzen auf den Knochenplatten der gesamten Oberseite feine Odontoden, durch die sich der Körper ausgesprochen rau anfühlt. Auch die Region hinter dem Kiemendeckel und der Brustflossenstachel der Männchen sind stärker beborstet.

Vermehrung im Aquarium:
Die Nachzucht dieses Loricariiden gelang in meinen Aquarien zum ersten Mal vor etwa 15 Jahren und seitdem in unregelmäßigen Abständen immer wieder einmal. Die Fische laichten erstmalig in einer Tonhöhle ab, als sie eine Größe von 15 cm erreicht hatten. Ich zählte etwa 40 gelbliche Eier, die einen

Einige Eier kurz vor dem Schlupf

***Ancistomus snethlageae*, 1 Tag alt**

Jungfisch, 8 Tage alt

Zwei Zentimeter großer Jungfisch

In der Jugend ist diese Art besonders hübsch gefärbt

Durchmesser von 3 bis 4 mm hatten und locker auf dem Höhlenboden auflagen. Das Männchen betreute das Gelege sechs bis sieben Tage lang. Die Jungfische besitzen anfänglich noch einen großen Dottersack und verbleiben noch etwa elf bis zwölf Tage in der Obhut des Männchens.

Aufzucht der Jungfische:
Die Jungfische sind bei dieser Art einfach aufzuziehen. Sie sind anfänglich grau gefärbt und bilden erst ab einer bestimmten Größe die hübschen weißen Säume aus, die in der Jugend besonders breit sind. Sie wurden in Einhängebecken überführt und mit Futtertabletten,

Ancistomus feldbergae aus dem Rio Xingu, auch als L12 oder L13 bekannt

Artemia-Nauplien, gefrosteten *Cyclops* und Grünfutter ernährt.

Ähnliche Arten:
Weitere Harnischwelse aus der Verwandtschaft von *Ancistomus snethlageae* aus Brasilien, die ganz ähnliche Ansprüchen wie diese Art besitzen, sind:
Ancistomus feldbergae – besser bekannt ist diese Art unter den Codenummern L12 und L13. Sie stammt aus dem Rio Xingu und erreicht eine Länge von etwa 20 cm. Die Jungfische haben sehr hübsche orangefarbene Flossen.
Ancistomus spilomma – eine vergleichsweise unscheinbare Art, die auch unter der Bezeichnung L36 bekannt ist. Sie wird zuweilen aus dem Rio Araguaia im Nordosten Brasiliens zu uns eingeführt.
Ancistomus sp. (L208) – sehr hübsche und seltene *Ancistomus*-Art (Maximallänge etwa 20 cm) aus dem brasilianischen Bundesstaat Rondônia, die vermutlich nicht mehr so schnell importiert wird. Die Art wird jedoch bereits nachgezüchtet.
Ancistomus sp. (L358) – sieht *Ancistomus snethlageae* ausgesprochen ähnlich, besitzt aber anstelle der weißen gelbliche Flossensäume. Die Art ist im Rio Jamanxim heimisch, einem Zufluss zum Tapajós.

Bemerkungen:
Die Gattung *Ancistomus* war lange Zeit bei den Ichthyologen umstritten und wurde zunächst als Synonym zu *Hemiancistrus* und später als Synonym zu *Peckoltia* betrachtet. Neue genetische Untersuchungen haben jedoch ergeben, dass die Gattung ihre Berechtigung hat, und so wurde sie wieder revalidiert.

Ancistomus spilomma **oder L36 aus dem Rio Araguaia**

Aus Rondônia, Brasilien, stammt der seltene L208

Sehr ähnlich, aber mit gelben Säumen: L358

Ancistomus sp. (L387)

Deutscher Name: Pracht-Zwergschilderwels

Unterfamilie: Hypostominae (Schilderwelse)

Gattungsgruppe: *Peckoltia*-Klade

Wunderschönes Weibchen von *Ancistomus* sp. (L387) aus Kolumbien

Größe: 12-13 cm

Vorkommen:
Die Art ist in verschiedenen Zuflüssen des oberen Orinoco in Kolumbien beheimatet. Ich vermute, dass sie gemeinsam mit dem sogenannten Mega-Clown (LDA19 oder L340) im Río Tomo lebt, denn mittlerweile konnte ich mehrfach Jungfische dieser Harnischwelse unerkannt als Beifänge aus Fischsendungen dieser Art heraussuchen.

Der obere Río Orinoco beherbergt in seinen Nebenflüssen eine Vielzahl wunderschöner Harnischwelse

Wasser-Parameter:
Temp.: 25-29°C; pH-Wert: 6,0-7,5;
Härte: weich bis mittelhart

Die Männchen von *Ancistomus* sp. (L387) sind recht langgestreckt

Pflege:
Leider führt dieser ausgesprochen hübsche Fisch ein verstecktes Leben. Sowohl das Männchen als auch das Weibchen hält sich in meinen Aquarien tagsüber meistens in Höhlen auf. Lediglich bei Futtergaben (Futtertabletten, Frostfutter) kommen die Tiere hervor und zeigen dann ihre volle Pracht. L387 sind sehr friedlich. Ich konnte bislang weder gegenüber dem Geschlechtspartner noch anderen Harnischwelsen Aggressionsverhalten feststellen. Die Tiere sind bezüglich der Wasserparameter nicht sehr anspruchsvoll und können in Leitungswasser gepflegt werden.

Brutpflegendes Männchen von L 387

Fortpflanzungstyp:
Höhlenbrüter im männlichen Geschlecht

Geschlechtsunterschiede:
Diese Fische zeigen einen deutlichen Geschlechtsunterschied in der Körperlänge. Die Männchen besitzen einen wesentlich längeren Körper als die Weibchen. Die Kopfpartie ist bei den Männchen länger und breiter. Der Schwanzstiel der Männchen ist im Gegensatz zu den verwandten *Peckoltia*-Arten nicht oder nur gering beborstet.

Vermehrung im Aquarium:
Ich habe sehr lange gebraucht, bis ich meine L387 schließlich zum Ablaichen bewegen konnte.

Frisch geschlüpfter Jungfisch von L387

Jungfisch *Ancistomus* sp. (L387), 9 Tage alt

Jungfisch im Alter von 36 Tagen

Fünf Monate alter L387

Ausschlaggebend für die Paarung waren vermutlich unzählige tägliche große Wasserwechsel, die ich, ehrlich gesagt, durchführte, um die im gleichen Becken gepflegten Zebrawelse zum Ablaichen zu bewegen. L387 ist erstaunlich produktiv. Aus mehreren Gelegen konnte ich 75-90 Jungfische erzielen. Dennoch sind die Eier groß und gelblich gefärbt. Die Vermehrung erfolgte in einem 200-Liter-Aquarium bei 28-29°C, einer zwischen 350 und 450 µS/cm schwankenden Leitfähigkeit sowie einem pH-Wert, der zwischen 7,5 und 8 lag.

Aufzucht der Jungfische:
Die Aufzucht der Jungfische stellt den erfahrenen Aquarianer vor keine großen Probleme. Ich habe sie kurz vor dem Aufzehren des Dottersacks, was nach etwa 2 Wochen der Fall ist, aus der Höhle herausgespült und in ein Einhängebecken überführt. Ich fütterte sie anfänglich lediglich mit Futtertabletten und *Artemia*-Nauplien, wobei sie sich gut entwickelten. Nach einem Monat hatten die größten von ihnen schon mehr als 2 cm Länge erreicht. Nach 5 Monaten hatten sie mit etwa 4 cm Länge schon fast Abgabegröße. Die Jungfische der *Ancistomus* sind im Gegensatz zu den *Peckoltia* anfänglich

***Ancistomus caenosa* aus dem Río Orituco in Venezuela**

grau gefärbt. Erst nach einigen Wochen bilden sie so langsam die attraktive Färbung aus.

Der hübsche *Ancistomus* cf. *sabaji* (hier die Variante aus dem Rio Tapajós) wird regelmäßig eingeführt

Ähnliche Arten:
Weitere empfehlenswerte Arten aus der Verwandtschaft von *Ancistomus* sp. (L387) mit ähnlichem Fortpflanzungsverhalten und Pflegeansprüchen sind:
Ancistomus caenosa – eine in der Aquaristik wenig bekannte Art, die in Venezuela beheimatet und auch unter den Codenummern LDA20 und LDA21 bekannt ist. Sie lebt in den venezolanischen Llanos in Flüssen wie dem Río Portuguesa und wird etwa 20 bis 25 cm lang.
Ancistomus sabaji – ungewöhnlich weit im oberen Orinoco, im Essequibo und im Unterlauf des Amazonas verbreiteter Harnischwels mit vielen Fundortvarianten (L75, L124, L301, LDA2). Die sehr hübsche und bereits vermehrte Art wird etwa 20 bis 25 cm groß und ist deshalb nur für geräumige Aquarien geeignet.
Ancistomus sp. (L147) – ebenfalls aus Kolumbien stammend, besiedelt diese Art das Flusssystem des Río Meta und wird etwas größer als L387. Die Färbung ist ganz ähnlich, die Tiere sind aber meist unauffälliger. Die Vermehrung ist bereits mehrfach gelungen.
Ancistomus sp. (L243) – diese Art lebt gemeinsam mit *Peckoltia lineola* (L202) im Río Orinoco im Grenzgebiet zwischen Kolumbien und Venezuela, wird aber deutlich seltener importiert. Sie erreicht eine Länge von etwa 15 cm.

Bemerkungen:
Zunächst hielt ich diese Art für einen Vertreter der Gattung *Peckoltia*, da mir nur ein erwachsenes Weibchen von L387 bekannt war. Normalerweise sind die Weibchen bei den *Ancistomus* ebenso langgestreckt wie die Männchen. Es handelt sich offensichtlich um eine große Ausnahme. *Ancistomus* sp. (L387) ist ein ausgesprochen hübscher und klein bleibender Harnischwels, der nicht schwierig zu vermehren und noch dazu recht produktiv ist. Die Art hat also das Zeug dazu, trotz seltener Importe ein wirklich populärer Aquarienfisch zu werden.

Ancistomus sp. (L147) aus dem Río Meta, Kolumbien

Im Río Orinoco ist *Ancistomus* sp. (L243) beheimatet

Ancistrus sp. (L88)

Deutscher Name: Schwarzer Antennenwels

Unterfamilie: Hypostominae (Schilderwelse)

Gattungsgruppe: Ancistrini (*Ancistrus*-Verwandte)

Der Schwarze Antennenwels (L 88) gehört zur Gruppe der Weißsaum-Antennenwelse, denn die Jungfische haben weiße Flossensäume und Pünktchen

Der Rio Negro und seine Zuflüsse sind die Heimat von L88 und des noch attraktiveren *Ancistrus dolichopterus* (L183)

Größe: 15-20 cm

Vorkommen:
Der Schwarze Antennenwels ist im mittleren Rio Negro heimisch und wird gelegentlich von dort über Barcelos zu uns eingeführt. Die Art kommt in Zuflüssen des Rio Negro wie dem Rio Demini vor, einem Klarwasserfluss mit niedrigem pH-Wert. Die ebenfalls in diesem Gebiet vorkommenden *Ancistrus*-Arten L110 und *Ancistrus dolichopterus* (L183) sind hingegen offensichtlich Schwarzwasserfische, die in noch saurerem Wasser leben.

Wasser-Parameter:
Temp.: 25-29°C; pH-Wert: 4,5-7,0; Härte: weich bis mittelhart

Pflege:
Obwohl L88 saure Gewässer besiedelt, kommt diese Art ausgesprochen gut auch mit nicht zu hartem Leitungswasser zurecht und vermehrt sich darin sogar. Der in der Nähe vorkommende Weißsaum-Antennenwels, *A. dolichopterus*, ist da offensichtlich wesentlich anspruchsvoller. Die Fische nehmen pflanzliche Kost in Form von Gemüse und Futtertabletten zu sich. Auch Frostfutter wie Salinenkrebse, *Cyclops* und Wasserflöhe wird gefressen. Diese Tiere halten sich häufig in Verstecken auf.

Manche Exemplare zeigen weißliche oder sogar bläuliche Augen

Fortpflanzungstyp:
Höhlenbrüter im männlichen Geschlecht

Geschlechtsunterschiede:
Wie für die Vertreter dieser Gattung typisch, tragen die geschlechtsreifen Männchen sehr auffällige fleischige Tentakel auf dem Kopf. Die Weibchen haben lediglich am Schnauzenrand kurze Fortsätze.

Vermehrung im Aquarium:
Wie ich bereits zuvor erwähnte, vermehren sich meine Schwarzen Antennenwelse problemlos in mittelhartem Leitungswasser bei etwa 400 µS/cm und einem in etwa neutralen pH-Wert. Im

Gelege von *Ancistrus* sp. (L88)

Zwei Tage alter Jungfisch von L88

Bis 2-3 cm ähneln junge L88 den Weißsaum-Antennenwelsen

Gegensatz zu den ähnlichen Weißsaum-Antennenwelsen ist also für die Nachzucht eine Absenkung des pH-Wertes nicht unbedingt erforderlich. Meine 11-12 cm großen Zuchttiere produzieren pro Gelege etwa 40-60 Eier.

Größere Jungfische verlieren zunächst die weißen Tüpfel, später auch die Flossensäume

Aufzucht der Jungfische:
Die Jungfische sind unproblematisch aufzuziehen, wenn man großes Augenmerk auf die Wasserpflege legt. Bei zu lange andauernden Wechsel-Abständen konnte ich bereits bemerken, dass die Jungfische anfingen, die Flossen zu klemmen. Ich habe sogar sehr gute Erfahrungen gemacht, die Jungtiere bei den Eltern im Aquarium zu belassen. Ich zerbrösele bei jeder Fütterung zwei bis drei Futtertabletten auf der Wasseroberfläche, damit die vielen Jungfische nahezu flächendeckend etwas zu Fressen finden. Bis zu einer Größe von etwa 3 cm sind die jungen L88 sehr hübsch gefärbt mit attraktiven weißen Tüpfeln und Flossensäumen. Die Tüpfel sind jedoch etwas spärlicher als bei *A. dolichtopterus.*

Ähnliche Arten:
Weitere sehr empfehlenswerte Arten aus dem Rio-Negro-Gebiet aus der Verwandtschaft von *Ancistrus* sp. (L88) mit ähnlichem Fortpflanzungsverhalten und Pflegeansprüchen sind:
Ancistrus dolichopterus – der „echte" Blaue Antennenwels, in der Aquaristik besser unter der Bezeichnung Weißsaum-Antennenwels oder L183 bekannt, ist ein ausgesprochener Schwarzwasserfisch. In weichem und saurem Wasser ist die Art gut nachzüchtbar. Im Aquarium wird sie selten größer als 12-13 cm, in der Natur aber bis zu 30 cm.
Ancistrus sp. (L71/L181/L247) – der Tüpfelantennenwels wird in der Natur ebenfalls etwa 30 cm groß und bleibt im Aquarium deutlich kleiner. Diese im Amazonasgebiet weit verbreitete Art lebt in Klarwasserflüssen und ist deshalb nicht ganz so anspruchsvoll wie *A. dolichopterus.* Als Jungfisch bis etwa 5 cm Länge sieht sie dieser Art zum Verwechseln ähnlich.
Ancistrus sp. (L120/L182) – eine sehr hübsche, aber auch im Aquarium sehr groß werdende Art aus

Junge Tüpfelantennenwelse (L71/L181/L247) tragen ebenfalls weiße Säume, die im Alter verschwinden

Der attraktive L120/L182 aus dem Rio Branco hat in der Jugend rotbraune Flossensäume

dem Rio Branco. Sie hat ähnliche Ansprüche wie L88. Die Jungfische besitzen attraktive rotbraune Säume.
Ancistrus sp. (L107/L184) – der Brillant-Antennenwels kommt in stehenden Gewässern im Gebiet des mittleren Rio Negro vor. Die sehr attraktive Art ist in weichem und saurem Wasser gut zu vermehren.

Der Weißsaum-Antennewels, *Ancistrus dolichopterus*, oder L183 ist ein ausgesprochener Schwarzwasserfisch

Bemerkungen:
Der Harnischwels L88 ist sicher der unscheinbarste Vertreter aus der Gruppe der sogenannten Weißsaum-Antennenwelse, denn nur die Jungfische sind weiß gesäumt und gepunktet und die Erwachsene Tiere erscheinen einfarbig schwarz. Dennoch ist diese Art aufgrund der hübschen Jungfischfärbung sehr reizvoll, und da sie sich leicht pflegen und züchten lässt, ist sie auch für den Nichtprofi unter den Aquarianern geeignet. Manche Exemplare zeigen weißliche oder blaue Augen, aber leider nicht alle Tiere.

Einer der hübschesten *Ancistrus* ist der Brillant-Antennenwels (L107/L184), der relativ große weiße Tüpfel zeigen kann

Ancistrus sp. (L352)

Deutscher Name: Iriri-Zwergantennenwels

Unterfamilie: Hypostominae (Schilderwelse)

Gattungsgruppe: Ancistrini (*Ancistrus*-Verwandte)

Männchen des kleinsten bekannten Antennenwelses: *Ancistrus* sp. (L 352) aus dem Rio Iriri

***Ancistrus*-Arten haben in den Stromschnellen der amazonischen Flüsse ihre größte Artenvielfalt, hier am Rio Curuá**

Größe: 6-7 cm

Vorkommen:
Diese kleine Antennenwels-Art ist heimisch im Flusssystem des Rio Xingu, einem der großen Klarwasserzuflüsse des Amazonas. Die Importtiere dieser Art werden im Mündungsbereich des Rio Iriri gefangen. Sie bewohnen schnell fließende Gewässerbereiche, in denen sie sich zwischen Steinen aufhalten. Das Wasser ist in diesem Bereich etwa 30°C warm, sehr weich und hat gewöhnlich einen pH-Wert zwischen 5,5 und 6,0.

Wasser-Parameter:
Temp.: 26-30°C; pH-Wert: 5,5-7,0; Härte: weich bis mittelhart

Pflege:
Diese kleinen Harnischwelse benötigen zur Pflege auch nur relativ kleine Aquarien. Ein 60-Liter-Aquarium reicht selbst zur Zucht vollkommen aus. Die Art lebt sehr versteckt. Wie bei anderen *Ancistrus*-Arten ist auch bei diesen Tieren eine abwechslungsreiche Fütterung mit Grünfutter (Gurke, Paprika, Spinat, Rosenkohl etc.), Futtertabletten und Frost- oder Lebendfutter anzuraten.

Weibchen des Iriri-Zwergantennenwelses

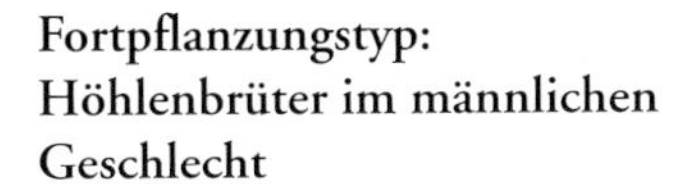

Fortpflanzungstyp:
Höhlenbrüter im männlichen Geschlecht

Geschlechtsunterschiede:
Die Männchen dieser Antennenwelse bilden zur Geschlechtsreife fleischige Tentakel auf dem Kopf aus, die allerdings nicht weiter verzweigt sind. Die Weibchen zeigen nur ganz wenige, sehr kurze Fortsätze am Schnauzenrand.

Vermehrung im Aquarium:
Es ist gar nicht mal so einfach, geeignete Bruthöhlen für diese Tiere zu finden, denn die gängigen Laichhöhlen, die man für Harnischwelse im Zoofachhandel kaufen kann, sind für diese Fische normalerweise zu groß. Bei mir laichten die Fische wiederholt an der Höhlendecke ab. Das Männchen bewachte das aus nur etwa 25-30 Eiern bestehende Gelege etwa 4 Tage lang bis zum Schlupf.

Männchen von L352 bei der Brutpflege in einer Höhle

Gelege von L352

Aufzucht der Jungfische:
Die Aufzucht der Jungfische erfolgt am besten in einem kleinen Einhängebecken. Wenn ich mal ein Gelege übersehen hatte, wurden zwar auch immer einige Tiere im Aquarium groß. Die Ausbeute war aber stets deutlich geringer als im Einhängebecken, wo die Jungfische gezielter gefüttert werden können. Die Jungfische wurden von mir

Zwei Tage alter L352

Einen Monat alter L352

wie die Alttiere mit Futtertabletten und Grünfutter ernährt. Sie sind zunächst einfarbig braun gefärbt und wachsen sehr langsam.

Ähnliche Arten:
Weitere zumindest im Aquarium meist sehr klein bleibende Arten aus der Verwandtschaft von *Ancistrus* sp. (L352) mit ähnlichem Fortpflanzungsverhalten und Pflegeansprüchen sind:
Ancistrus claro – diese auch unter der Bezeichnung LDA8 bekannte Art stammt aus der Umgebung von Cuiabá in Brasilien. Der sogenannte Wurmlinien-Antennenwels wird etwa 10 cm groß, bleibt aber meist sogar noch etwas kleiner. Die Art kann bei etwas niedrigeren Wassertemperaturen gepflegt werden.

Ancistrus sp. (L159) stammt aus der Umgebung von Altamira in Brasilien

Der ungewöhnlich aussehende L309 ist tatsächlich eine *Ancistrus*-Art und durchaus zu vermehren

Ancistrus sp. (L159) – mit seinem hübschen Wurmlinienmuster und der leichten Züchtbarkeit ist L159 eine echte Bereicherung für die Aquaristik. Trotz fehlender erneuter Importe wird diese Art durch Nachzucht ständig weiter verbreitet. Im Aquarium wird sie meist nicht größer als 10 cm.
Ancistrus sp. (L309) – der Großmaul-Antennenwels ist eine der ungewöhnlichsten *Ancistrus*-Arten, denn seine Körperform ist sehr ungewöhnlich für diese Gattung. Diese wärmeliebende

Der hübsche *Ancistrus* sp. „Río Paraguay" wird im Aquarium meist nicht größer als 7-8 cm

Art, deren Flecke grünlich gefärbt sein können, ist jedoch relativ unproduktiv.
Ancistrus sp. „Puerto Ayacucho" – dieser hübsche kleine, weiß getüpfelte *Ancistrus* bildet einen orangebraunen und weißen Saum aus. Der meist nicht mehr als 7-9 cm große Antennenwels stammt aus dem Süden Venezuelas und wird nicht importiert, ist aber unter Züchtern verbreitet.
Ancistrus sp. „Río Paraguay" – obwohl diese Art in großen Aquarien und unter besten Bedingungen 12-13 cm Länge erreichen kann, wird sie meist nicht größer als 7-8 cm. Die Tiere können schön rotbraun gefleckt sein und vertragen auch kühlere Temperaturen. Sis sind einfach zu vermehren.

Bemerkungen:
Die Gattung *Ancistrus* ist mit fast 70 beschriebenen Arten eine der artenreichsten der ganzen Familie Loricariidae. Neben den groß werdenden, weiß getüpfelten Arten aus der Verwandtschaft von *Ancistrus dolichopterus*, die bis zu 30 cm Länge erreichen können, gibt es auch einige, die im Aquarium kleiner als 10 cm bleiben. *Ancistrus* sp. (L352) ist die kleinste bekannte *Ancistrus*-Art. Die Männchen bekommen ihre charakteristischen Tentakel schon mit etwa 3 cm Länge.

Der hübsche Wurmlinien-Antennenwels, *Ancistrus claro*, oder LDA8

Eine weiß getüpfelte kleine Art, fast nur unter Aquarianern verbreitet, ist *Ancistrus* sp. „Puerto Ayacucho"

Aphanotorulus ammophilus ARMBRUSTER & PAGE, 1996

Deutscher Name: Orinoco-Leopardschilderwels

Unterfamilie: Hypostominae (Schilderwelse)

Gattungsgruppe: *Peckoltia*-Klade

Aphanotorulus ammophilus **ist in den Weißwasserflüssen des Orinoco-Gebietes weit verbreitet**

Der Río Apure in Venezuela ist ein typicher Lebensraum dieser *Aphanotorulus*-Art

Größe: 15-20 cm

Vorkommen:
Dieser Harnischwels ist im System des mittleren Río Orinoco in Venezuela weit verbreitet. Die Art bewohnt dort die unzähligen Weißwasserflüsse, die zur Regenzeit schnell fließend sein können. Man trifft *Aphanotorulus*-Arten häufig auf den freien Sandflächen an, meist gemeinsam mit den ähnlich aussehenden *Squaliforma villarsi.* Im Süden ihres Verbreitungsgebietes können sie auch syntop mit *Squaliforma* cf. *emarginata* (L153) vorkommen.

Charakteristische Odontoden auf dem Hinterkörper der Männchen zu Laichzeit

Wasser-Parameter:
Temp.: 25-29°C; pH-Wert: 6,5-8,0;
Härte: weich bis mittelhart

Pflege:
Leopardschilderwelse sind ideale Aquarienfische für große Aquarien ab 200 Liter. Man sollte den Tieren jedoch freie Sandbereiche anbieten, auf denen sie sich auch tagsüber ständig aufhalten. Nur ausgesprochen selten suchen die Tiere Verstecke auf. Man muss diesen Welsen warmes, und nicht zu hartes Wasser anbieten, das häufig gewechselt werden sollte. Bei optimaler Fütterung und guter Wasserqualität bilden die Männchen die charakteristischen Odontoden auf dem Hinterkörper immer wieder aus und zeigen damit Brutbereitschaft an. Die genügsamen Allesfresser füttert man am besten mit Futtertabletten und Frostfutter.

Fortpflanzungstyp:
Höhlenbrüter im männlichen Geschlecht

***Aphanotorulus-ammophilus*-Männchen in der Höhle (Foto: Uwe Wolf)**

Frisch geschlüpfte Larven (Foto: Uwe Wolf)

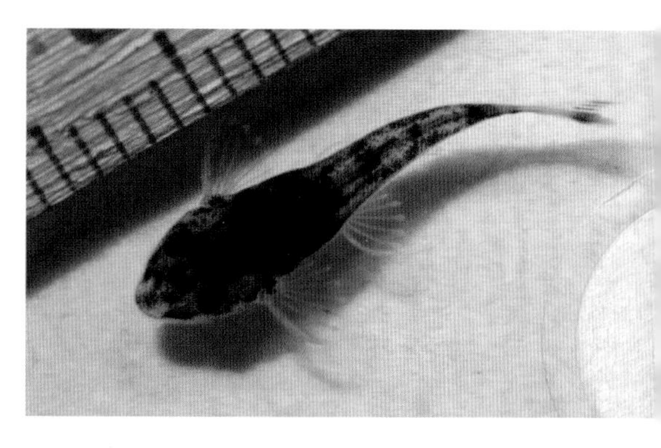

12 Tage alter Jungfisch (Foto: Uwe Wolf)

Geschlechtsunterschiede:
Die Männchen entwickeln zur Laichzeit auf dem Hinterkörper ab der Höhe der Bauchflossen einen dichten Teppich aus bis zu 2-3 mm langen Odontoden. Diese Borsten werden außerhalb der Brutsaison innerhalb kürzester Zeit vollständig abgeworfen. Männchen und Weibchen sind dann nur noch schwierig zu unterscheiden. Die geschlechtsreifen Männchen haben weiterhin im Gegensatz zu Weibchen und Jungfischen, deren Zähne zweispitzig sind, einspitzige lange Zähne.

Etwa 2 Monate alter Jungfisch von *A. ammophilus*

Vermehrung im Aquarium:
Die Nachzucht dieser Schilderwelse ist meines Wissens bislang lediglich WOLF gelungen. Dieser pflegte seine 16-17 cm großen Zuchttiere in einem Aquarium der Größe 70 x 70 x 24 cm. Die Tiere laichten bei etwa 27°C in weichem und schwach saurem Wasser in einer 24 cm langen Steinhöhle mit einem Durchmesser von 4,5 cm ab. Das Männchen betreute die 30-35 Eier bis zum Schlupf der Jungfische, die nach vier Tagen den Dottersack aufgezehrt hatten und dann ausschwärmten.

Aufzucht der Jungfische:
Die Aufzucht der kleinen Schilderwelse ist unproblematisch und kann entweder in Einhängebecken oder gesonderten kleinen Aquarien erfolgen. Bei Fütterung mit *Artemia*-Nauplien sowie später auch Grindal und gefrosteten *Cyclops* sowie Futtertabletten wachsen die Jungfische schnell heran. Sie haben nach 7 Wochen mitunter bereits eine Länge von 4 cm

Der sehr ähnliche *Aphanotorulus madeirae* wird nur selten gepflegt

erreicht. Die Färbung ist zunächst noch unscheinbar mit undeutlichen dunklen Flecken.

Aphanotorulus frankei wird von Zeit zu Zeit aus Peru importiert

Ähnliche Arten:
Weitere empfehlenswerte Schilderwelse aus der Verwandtschaft von *Aphanotorulus ammophilus* mit ähnlichem Fortpflanzungsverhalten und Pflegeansprüchen sind:
Aphanotorulus frankei – dieser *A. ammophilus* extrem ähnelnde Schilderwels stammt aus dem Flusssystem des Río Ucayali in Peru. Die Art muss nicht bei ganz so hohen Wassertemperaturen gepflegt werden, hat aber ansonsten ähnliche Ansprüche.
Aphanotorulus madeirae – eine weitere sehr ähnliche *Aphanotorulus*-Art aus dem Flusssystem des Rio Madeira in Brasilien. Die Art wird nur ausgesprochen selten importiert und erreicht ebenfalls etwa 20 cm.
Squaliforma villarsi – diese mit *Aphanotorulus ammophilus* sogar in den Lebensräumen gemeinsam auf Sandbänken vorkommende Art ist auch unter den Codenummern L93 und L195 bekannt. Immerhin wachsen diese sehr attraktiven Welse auf 35-40 cm heran.
Squaliforma cf. *emarginata* – *Squaliforma* vom *S.-emarginata*-Typ sind in Südamerika weit verbreitet und stellen ähnliche Ansprüche wie die *Aphanotorulus*. Die geschlechtsreifen Männchen sind ebenfalls stark beborstet. Diese Fische werden mit etwa 40-50 cm Länge relativ groß.

Bemerkungen:
Die Leopardschilderwelse der Gattung *Aphanotorulus* sind aufgrund ihrer geringen Ansprüche und Größe sehr gut für eine Pflege im Aquarium geeignet. Lange Zeit hielt man diese Fische für nicht im Aquarium vermehrbar, bis uns der genannte Zuchterfolg eines besseren belehrte. Die Gattung *Squaliforma*, deren Vertreter deutlich größer und langgestreckter sind, wird neuerdings als Synonym zu *Aphanotorulus* betrachtet.

Squaliforma villarsi, auch als L93 oder L195 bekannt, kommt gemeinsam mit *Aphanotorulus ammophilus* vor

Weit verbreitet ist *Squaliforma* cf. *emarginata*, man findet ihn immer wieder mal im Handel

Chaetostoma formosae BALLEN, 2011

Deutscher Name: Kopfpunkt-Gebirgsharnischwels

Unterfamilie: Hypostominae (Schilderwelse)

Gattungsgruppe: *Chaetostoma*-Klade

Männchen von *Chaetostoma formosae* aus Kolumbien, des am häufigsten gepflegten Gebirgsharnischwelses

Größe: 8-10 cm

Weibchen des Kopfpunkt-Gebirgsharnischwelses sind unscheinbar gefärbt

Vorkommen:
Dieser aquaristisch schon sehr lange bekannte Gebirgsharnischwels stammt aus dem Oberlauf des Río Meta in Kolumbien (Orinoco-Becken). Die Art wird nahe der Ortschaft Villavicencio in kleinen klaren Flüssen gefangen, wo sie in kräftiger Strömung zwischen Steinen lebt. Ein typischer Gebirgsfisch ist diese Art allerdings nicht, denn die Heimatgewässer sind etwa 26-28°C warm. Deshalb ist dieser

Wels auch gut für die Aquaristik geeignet. Viele seiner Verwandten kommen aus deutlich kühleren Gewässern und sind wesentlich anspruchsvoller.

Wasser-Parameter:
Temp.: 24-28°C; pH-Wert: 6,5-8,0; Härte: weich bis mittelhart

Pflege:
Immer wieder höre ich das Vorurteil, *Chaetostoma*-Arten seien sehr territorial und nur in großen Aquarien zu pflegen. Ich habe schon mehrere klein bleibende Gebirgsharnischwelse in relativ kleinen Aquarien (60-80 Liter) in Gruppen von 5-6 Tieren gepflegt und konnte zwei Arten unter diesen Bedingungen sogar vermehren. Natürlich sollten Aquarien für diese Fische mit vielen Versteckmöglichkeiten eingerichtet sein. Übereinander gestapelte Steine auf Sandbodengrund sind dafür ideal. Es kommt zwar immer wieder an den Reviergrenzen zu Streitigkeiten. Ernsthafte Verletzungen stellte ich jedoch niemals fest. Da die Gewässer in Andennähe meist neutral oder sogar schwach alkalisch sind, reicht mittelhartes Leitungswasser vollkommen aus. Auf eine gute Filterung und regelmäßige Fütterung auch mit pflanzlicher Kost sollte geachtet werden.

***Chaetostoma*-Arten bewohnen gewöhnlich klare Gewässer in oder am Fuße der Anden, wie diesen Gebirgsfluss in Peru**

Fortpflanzungstyp:
Höhlenbrüter im männlichen Geschlecht

Geschlechtsunterschiede:
Die Männchen sind meistens vergleichsweise ansprechend gefärbt und nicht ganz so grau wie die Weibchen. Die Afterflossen der Männchen sind stark vergrößert, vielleicht, um in der starken Strömung eine sichere Besamung der Eier zu gewährleisten.

Vermehrung im Aquarium:
Die Männchen heben unter Steinen eine Grube aus, wie man es auch von einigen Buntbarschen gewohnt ist. An der Höhlendecke legt das Weibchen ein aus etwa 60 ca. 3 mm großen Eiern bestehendes Gelege ab, das vom Männchen bis zum Schlupf der Jungfische betreut wird. Die Jungfische schlüpfen bereits sehr weit entwickelt und haben nur noch einen kleinen Dottersack. Sie verbleiben dann etwa 2-3 Tage in der Obhut des Vaters. In Ermangelung einer geeigneten Laichhöhle

Männchen von *Chaetostoma formosae* bewacht ein an der Aquarienscheibe abgelegtes Gelege

konnte ich *Chaetostoma* auch schon dabei beobachten, wie sie hinter einem Stein an der Aquarienscheibe ablaichten. Die Tiere sind also diesbezüglich sehr anpassungsfähig.

Aufzucht der Jungfische:
Die besten Erfolge bei der Aufzucht hatte ich, wenn ich die Jungfische bei den Eltern im Aquarium beließ. Die Jungfische aus einem Aquarium nach dem Ausschwimmen aus der Bruthöhle herauszubekommen, ist auch nahezu unmöglich. Man müsste die frisch geschlüpften Larven entnehmen, denn die fertigen Jungfische sind bereits extrem flink und haben ein riesiges Saugmaul. Da sie sehr aktiv auf Nahrungssuche gehen, reagieren die Jungfische sofort auf Futtergaben und sammeln sich sofort im Pulk rund um eine Futtertablette. Die Aufzucht ist somit kein Problem. Das Wachstum ist allerdings eines der langsamsten in der Familie der Harnischwelse.

Ähnliche Arten:
Weitere empfehlenswerte Gebirgsharnischwelse, die ein ähnliches Fortpflanzungsverhalten und vergleichbare Pflegeansprüche besitzen, sind:

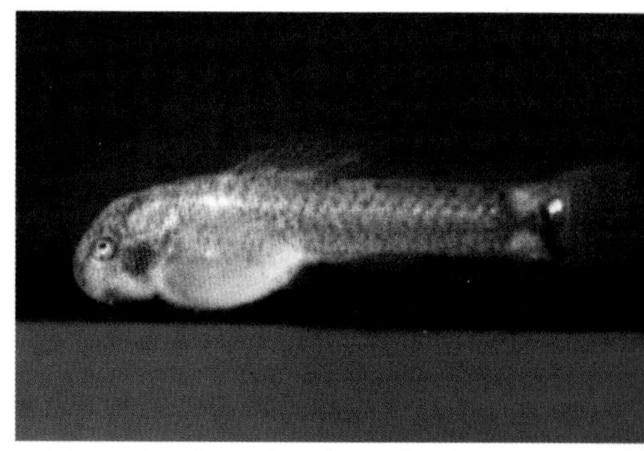

Frisch geschlüpfter Gebirgsharnischwels

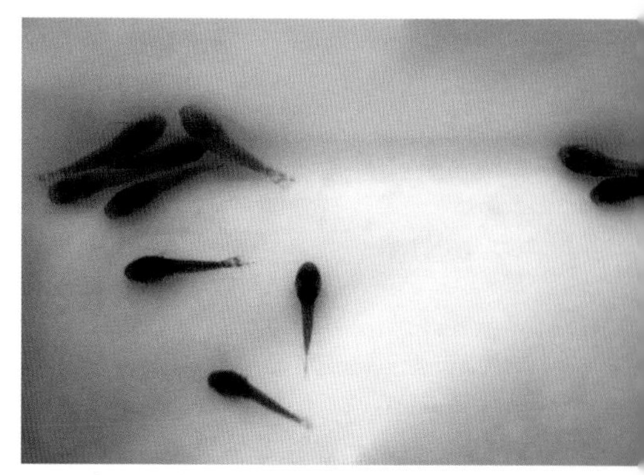

Etwa drei Wochen alte Jungfische

Dolichancistrus cf. *setosus* (L225) ist nicht schwierig im Aquarium zu vermehren

Chaetostoma lineopunctatum aus Peru kann rot gefärbte Flossen haben

Chaetostoma lineopunctatum – diese peruanische Art kann ansprechend sein und rotbraune Flossen zeigen. Allerdings sind nicht alle Tiere so gefärbt. Auch dieser Gebirgsharnischwels muss nicht sehr kühl gepflegt werden.
Chaetostoma dorsale – diese Art wird immer wieder als Beifang von *Chaetostoma formosae* aus Kolumbien importiert. Sie scheint etwas empfindlicher als diese Art zu sein.
Chaetostoma sp. (L445) – dieser Gebirgsharnischwels wird häufig aus der Umgebung von Villavicencio zu uns eingeführt und hat deshalb ähnliche Ansprüche. Die Art wird allerdings mit etwa 15-20 cm Maximallänge deutlich größer.
Dolichancistrus cf. *setosus* – auch die *Dolichancistrus*-Arten, die sich durch einen Kranz von Odontoden am Schnauzenrand von den *Chaetostoma* unterscheiden lassen, gehören zu den Gebirgsharnischwelsen. Diese auch als L225 bekannte Art konnte ich bereits vermehren. Die Fortpflanzung ist ähnlich wie bei *C. formosae.*

Bemerkungen:
Chaetostoma formosae gehört zu den preiswertesten hypostominen Harnischwelsen, die man im Handel findet. Die auch als L444 bekannte Art ist einfach zu pflegen und deshalb sogar ein idealer Anfängerfisch. Der Kopfpunkt-Gebirgsharnischwels dürfte auch für unerfahrene Aquarianer selbst in kleinen Aquarien nicht schwierig zu vermehren sein. Für das stark bepflanzte Aquarium eignet er sich jedoch nicht so gut, da weiche Pflanzen angefressen werden können.

Chaetostoma dorsale gelangt regelmäßig als Beifang aus Kolumbien zu uns

Der Punktierte Gebirgsharnischwels, *Chaetostoma* sp. (L445), wird häufig importiert

„*Hemiancistrus*" *subviridis* WERNEKE, SABAJ PÉREZ, LUJAN & ARMBRUSTER, 2005

Deutscher Name: Gelber Phantomwels

Unterfamilie: Hypostominae (Schilderwelse)

Gattungsgruppe: *Hemiancistrus*-Klade

Halbwüchsiger „*Hemiancistrus*" *subviridis* (L200) aus dem Oberlauf des Río Orinoco

Der Río Orinoco bei Minicia ist Lebensraum von „*Hemiancistrus*" *subviridis*

Größe: 25 cm

Vorkommen:
Der Gelbe Phantomwels kommt im Oberlauf des Río Orinoco vor. Die Art wurde oberhalb des Zuflusses des Río Atabapo bei Minicia und Tama Tama nachgewiesen und lebt auch im Río Ventuarí, einem Klarwasserzufluss des Orinoco. Die Art kommt in etwa 1,5-3 Metern Tiefe in schnell fließenden Bereichen auf dem steinigen Untergrund vor. Interessanterweise siedelt sie in weiten Bereichen gemeinsam mit dem sogenannten „L200 Hifin", der bei Minicia ausgesprochen selten zu sein scheint, während er im Río Ventuarí die häufigere der beiden Arten ist.

Wasser-Parameter:
Temp.: 25-29°C; pH-Wert: 6,0-7,5; Härte: weich bis mittelhart

Pflege:
Die Phantomwelse sind anspruchsvolle und sehr sauerstoffbedürftige Fische, nur stellt die Pflege dieser Tiere den fortgeschrittenen Aquarianer sicher nicht vor große Probleme. Schließlich sind diese Fische keine spezialisierten Aufwuchsfresser wie etwa die Orangesaumwelse der Gattung *Baryancistrus* und auch nicht so wärmebedürftig wie diese. Die Pflege ist jedoch ungefähr vergleichbar. Auch „*H.*" *subviridis* sollte vegetarische Kost angeboten bekommen, daneben werden auch Futtertabletten, Mückenlarven, Salinenkrebse, *Mysis* und Daphnien gefressen. Ein wenig problematisch ist die große Territorialität dieser Art im Alter. Will man mehrere Exemplare gemeinsam pflegen, so werden deshalb geräumige und sehr versteckreich eingerichtete Aquarien ab 300 Liter benötigt.

Fortpflanzungstyp:
Höhlenbrüter im männlichen Geschlecht

Geschlechtsunterschiede:
Die adulten Männchen sind an ihrer langen und breiten Kopfpartie sowie einem sehr kräftigen Odontodenwuchs zu erkennen. Solche Odontoden werden von ihnen mit der Geschlechtsreife hinter

Adulte Männchen bilden kräftige Odontoden hinter dem Kiemendeckel und auf dem Brustflossenstachel aus

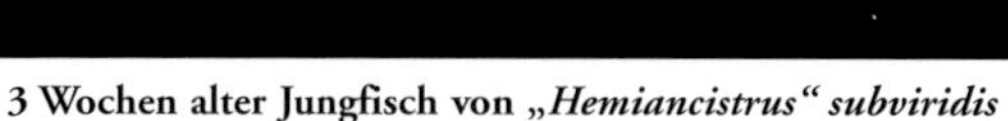

3 Wochen alter Jungfisch von „*Hemiancistrus*“ *subviridis*

Etwa 2 Monate alter Gelber Phantomwels

dem Kiemendeckel und auf dem Hartstrahl der Brustflosse ausgebildet. Haarfeine Odontoden bilden sie häufig zudem am Schnauzenrand aus.

Vermehrung im Aquarium:
Die Vermehrung dieser Tiere ist schon mehreren Aquarianern gelungen, wenngleich sie nur unter optimalen Bedingungen funktioniert. Grundvoraussetzung für einen Zuchterfolg scheint warmes (27-29°C) und nicht zu hartes, kräftig gefiltertes Wasser zu sein. Mit großen Wasserwechseln und einer Erhöhung der Strömung lassen sich die Tiere am ehesten zum Ablaichen stimulieren. Die Gelege bestehen aus etwa 40-50 orangegelb gefärbten Eiern. Der Schlupf der Jungfische kann nach 5 Tagen erfolgen.

Aufzucht der Jungfische:
Kurz vor dem Ausschwimmen der fertig entwickelten Jungfische sollte man sie in ein Einhängebecken

Der ebenso attraktive „*Baryancistrus*“ *demantoides* ist auch als „L200 Hifin“ bekannt

überführen. Hier können sie sehr viel kontrollierter aufgezogen werden. Als Futter für diese Fische bieten sich pflanzliche Futtertabletten, Grünfutter (z.B. Rosenkohl, Spinat etc.) und *Artemia*-Nauplien an. Die Jungfische sind zunächst ziemlich unscheinbar grau gefärbt und bilden erst allmählich einen grünlichen Glanz aus.

Ähnliche Arten:
Weitere anspruchsvolle Arten aus der Verwandtschaft von *„Hemiancistrus“ subviridis* mit ähnlichem Fortpflanzungsverhalten und Pflegeansprüchen sind:
„Baryancistrus“ demantoides – der sogenannte „L200 Hifin“ wird häufig vermischt mit dem Gelben Phantomwels importiert. Die Art besitzt eine deutlich höhere Rückenflosse. Komischerweise konnte dieser L-Wels offensichtlich noch nicht vermehrt werden.
Baryancistrus xanthellus oder L18 – der Orangesaumwels ist noch deutlich anspruchsvoller als *„H.“ subviridis* und sollte nur von erfahrenen Aquarianern gepflegt werden. Die Art ist sauerstoffbedürftig, wärmeliebend und ein spezialisierter Aufwuchsfresser. Das gilt auch für L177 aus dem Mündungsbereich des Rio Iriri in den Rio Xingu. Diese sehr attraktive Lokalform der gleichen Art, die mehr als 25 cm Länge erreichen kann, ist bereits im Aquarium vermehrt worden.

Bemerkungen:
An diese Gruppe von Harnischwelsen sollte man sich besser nur als erfahrener Aquarianer herantrauen, denn es handelt sich um sehr anspruchsvolle Fische, die zum einen groß werden, im Alter ein extremes Territorialverhalten zeigen, eine kräftige Filterung sowie warmes Wasser benötigen und zum Teil Nahrungsspezialisten sind.

Orangesaumwelse wie *Baryancistrus xanthellus* (L18) sind anspruchsvoll

***Baryancistrus xanthellus* (L177) wurde bereits im Aquarium vermehrt**

„Hemiancistrus“* sp. (L128) – Schwesternart von *„Hemiancistrus“ subviridis

Hypancistrus sp. (L66)

Deutscher Name: Königstiger-Harnischwels

Unterfamilie: Hypostominae (Schilderwelse)

Gattungsgruppe: *Peckoltia*-Klade

Halbwüchsiger *Hypancistrus* sp. (L66) aus dem Rio Xingu bei Vitoria

Größe: 14-15 cm

Vorkommen:
Dieser hübsche Harnischwels ist im unteren Rio Xingu, einem südlichen Klarwasserzufluss des Amazonas, im brasilianischen Bundesstaat Pará beheimatet. Er kommt dort in schnell fließendem Wasser in der Nähe der Ortschaften Belo Monte und Vitoria in 3-5 m Tiefe zwischen Steinen vor. Das Wasser ist im Lebensraum dieser Art ganzjährig mindestens etwa 30°C warm, schwach sauer und ausgesprochen weich.

Wasser-Parameter:
Temp.: 26-30°C; pH-Wert: 5,0-7,5; Härte: weich bis mittelhart

Stromschnellen im unteren Rio Xingu sind die Heimat von L66

Pflege:
Wenn man berücksichtigt, dass die Tiere recht warmes, sauerstoffreiches und nicht zu hartes Wasser lieben, sind Königstiger-Harnischwelse relativ einfach zu pflegen. Da die Art jedoch zu den groß werdenden *Hypancistrus*-Arten gehört, sollte ein Meter-Aquarium für die Pflege dieser Art schon das Minimum sein. Bietet man den Fischen ausreichend Versteckmöglichkeiten an, so ist auch eine Pflege in der Gruppe unproblematisch. *Hypancistrus* sind Allesfresser, die vor allem tierische Kost in Form von Lebend- und Frostfutter, aber auch Flocken- und Tablettenfutter fressen.

Fortpflanzungstyp:
Höhlenbrüter im männlichen Geschlecht

Geschlechtsunterschiede:
Die Männchen sind bei dieser Art an einer breiteren Kopfpartie sowie einer meist etwas unscheinbareren Färbung zu erkennen. Auf dem ersten Brustflossenstrahl sowie hinter dem Kiemendeckel tragen die geschlechtsreifen Männchen sehr viel stärker verlängerte Borsten als die Weibchen, und auch die Knochenplatten des Hinterkörpers sind mit deutlich sichtbaren Odontoden besetzt.

Vermehrung im Aquarium:
Die Vermehrung ist unter guten Bedingungen nicht schwierig. Wenn die Tiere geschlechtsreif und gut konditioniert sind, sollte man sie in nicht zu hartem Wasser (am besten < 400 µS) bei hohen Wassertemperaturen (28-30°C) zur Zucht ansetzen. Häufige Wasserwechsel und eine Erhöhung der Strömung durch eine zusätzliche Strömungspumpe haben bei meinen Tieren häufig das Laichen ausgelöst. Das Männchen betreut ein im hinteren Bereich der Höhle liegendes Gelege etwa 6 Tage lang. Die 40-45 Eier sind mit etwa 4,5 mm Durchmesser riesig.

Aufzucht der Jungfische:
Nachdem die Jungfische nach dem Schlupf noch 12-14 Tage in der Bruthöhle beim Vater verbracht und mittlerweile ihren Dottervorrat aufgezehrt haben, gehen sie selbständig auf Nahrungssuche. Ich überführe sie jedoch meist schon vor dem

Hypancistrus sp. (L66) bei der Paarung

Gelege kurz vor dem Schlupf der Jungfische

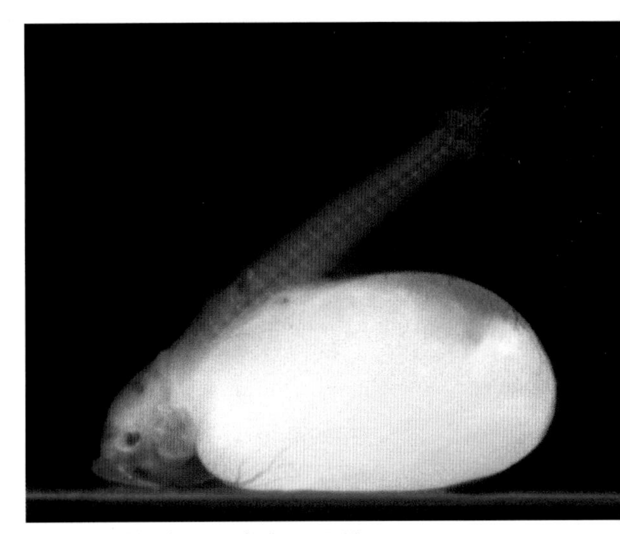

Frisch geschlüpfter Jungfisch von L66

Ausschwärmen in kleine Einhängebecken, in denen ich sie in den nächsten Monaten viel besser beobachten und gezielter füttern kann. Neben Futtertabletten erhalten die Jungfische bei mir auch *Artemia*-Nauplien, gefrostete *Cyclops* und Grünfutter (Rosenkohl, Erbsen etc.), denn junge *Hypancistrus* fressen Grünfutter offensichtlich gut. Junge *Hypancistrus* wachsen eigentlich relativ langsam. Erst ab etwa 2 cm Länge nehmen sie langsam die charakteristische Färbung an.

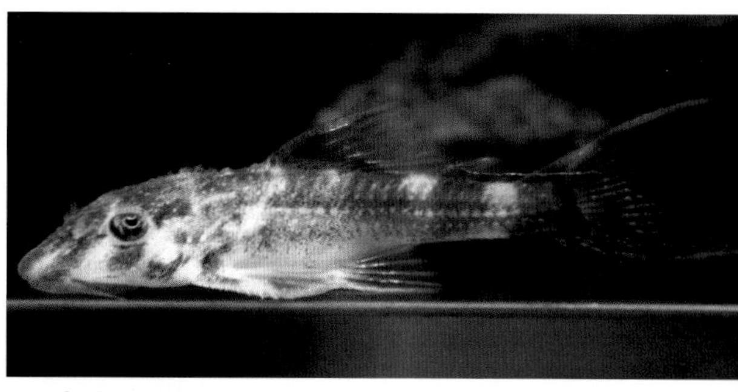

Jungfisch im Alter von 2 Wochen

Ähnliche Arten:
Weitere empfehlenswerte *Hypancistrus*-Arten aus der Verwandtschaft des Königstiger-Harnischwelses mit ähnlichem Fortpflanzungsverhalten und Pflegeansprüchen sind: *Hypancistrus* sp. (L236) – der Harnischwels L236 kommt wie L66 bei Belo Monte vor. Er zeichnet sich durch einen sehr hohen Weißanteil aus und ist unter Aquarianern

Drei Monate alter *Hypancistrus* sp. (L66)

Der Zebrawels ist nach wie vor unumstritten die Nummer 1 auf der Beliebtheitsskala der *Hypancistrus*-Arten

begehrt. Sie stellt genau die gleichen Ansprüche, bleibt aber etwas kleiner.
Hypancistrus sp. (L260) – auch die wunderschöne „Queen Arabesque" aus dem Rio Tapajós in Brasilien ist eine sehr empfehlenswerte Art. Dieser nur etwa 11-12 cm groß werdende Wels wird derzeit häufig vermehrt.
Hypancistrus sp. (L333) – der attraktive L333 ist eine der am häufigsten nachgezüchteten *Hypancistrus*-Arten aus Brasilien. Die bis zu 15 cm große Art stammt aus dem Rio Xingu und ist extrem variabel in der Färbung.
Hypancistrus zebra – der Zebrawels ist in Brasilien unter Schutz gestellt und darf schon seit vielen Jahren nicht mehr exportiert werden. Durch einen Staudamm am Rio Xingu ist diese Art sehr stark bedroht. Zum Glück wird dieser kleine Harnischwels (Maximalgröße 8-9 cm) von vielen Züchtern vermehrt.

L66 ähnelt dem bei Porto do Moz im Rio Xingu heimischen L333

Die sogenannte „Queen Arabesque" oder L260 lebt im Rio Tapajós

Der sehr begehrte *Hypancistrus* sp. (L236) bleibt etwas kleiner als L66

Bemerkungen:
Der Export von Zierfischen aus Brasilien wird durch eine Positivliste geregelt, auf der alle Zierfische aufgeführt sind, die legal ausgeführt werden dürfen. Leider sind nicht alle *Hypancistrus* darin enthalten. Der Import einiger Schönheiten ist leider nicht mehr erlaubt.

Hypancistrus sp. aff. *debilittera* (L454)

Deutscher Name: Atabapo-Zebrawels

Unterfamilie: Hypostominae (Schilderwelse)

Gattungsgruppe: Ancistrini (*Ancistrus*-Verwandte)

Weibchen von *Hypancistrus* sp. aff. *debilittera* (L454) aus dem Río Atabapo in Kolumbien

Die Art lebt in schnell fließenden, steinigen Gewässerbereichen des Río Atabapo (Foto: Michael Böttner)

Größe: 12-13 cm

Vorkommen:
Von einer Reise an den Río Atabapo brachte Michael BÖTTNER diese interessanten Harnischwelse mit und stellte sie mir dankenswerter Weise zur Verfügung. Sie sollen in schnell fließenden Gewässerbereichen des Atabapo, der an der Grenze Kolumbiens zu Venezuela liegt, leben. Der Atabapo ist ein Schwarzwasserfluss mit sehr weichem und saurem Wasser.

Wasser-Parameter:
Temp.: 25-29°C; pH-Wert: 4,5-7,5;
Härte: weich bis mittelhart

Hypancistrus sp. aff. *debilittera* (L454) „Río Atabapo", Männchen

Pflege:
Obwohl diese Fische aus dem Schwarzwasser stammen, für *Hypancistrus* als typische Klarwasserfische sehr ungewöhnlich, ist eine Pflege und sogar Nachzucht dieser Art in mittelhartem Leitungswasser bei in etwa neutralem pH-Wert gut möglich. Wenn man für zahlreiche Verstecke sorgt, hält sich die Aggression auch bei der Pflege in der Gruppe in Grenzen. Wenn ich Verstecke kurzzeitig entfernte, kam es durchaus zu Raufereien, vor allem unter den Männchen, die zu ernsthaften Verletzungen führten. Eine Fütterung mit Futtertabletten, Mückenlarven, Daphnien, Salinenkrebsen und einem sogenannten Loricariiden-Mix (Frostfutter) hat sich bei meinen Tieren bewährt.

Hypancistrus-Männchen in der Bruthöhle

Fortpflanzungstyp:
Höhlenbrüter im männlichen Geschlecht

Geschlechtsunterschiede:
Wie bei den meisten *Hypancistrus* besitzen die geschlechtsreifen Männchen eine breitere und längere Kopfpartie. Die Männchen sind im Alter stark beborstet und neigen deshalb dazu, unscheinbarer gefärbt zu sein. Im Gegensatz zu L129, bei dem die Männchen ganz dunkel gefärbt sein können, sind die Männchen von *H.* sp. aff. *debilittera* (L454) auch im Alter noch attraktiv.

Vermehrung im Aquarium:
Meine Atabapo-Zebrawelse vermehren sich regelmäßig in einem 200-Liter-Aquarium, in dem sie gemeinsam mit einigen *Ancistrus* sp. (L159) und vier *Sturisoma* leben. Trotz eines pH-Wertes um 7 und einer elektrischen Leitfähigkeit zwischen 300-400 µS/cm vermehren sich diese Fische in den zahlreichen Laichhöhlen. Etwa 40-50 Eier pro Gelege sind bei erwachsenen Tieren keine Seltenheit. Aus den etwa 4 mm

Frisch abgesetztes Gelege des Atabapo-Zebrawelses

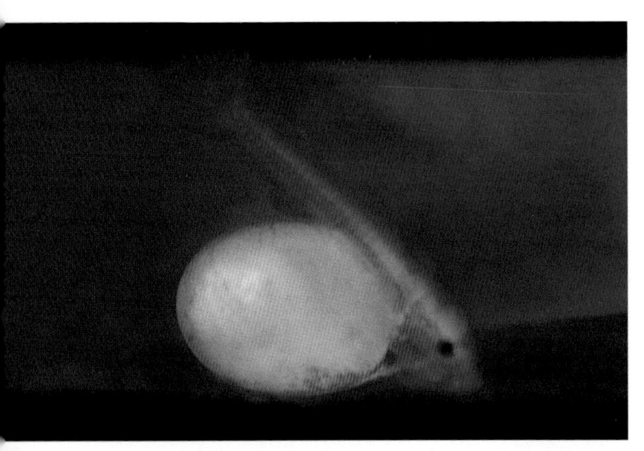

Frisch geschlüpfter Jungfisch

***Hypancistrus* sp. aff. *debilittera* (L454), 11 Tage alt**

15 Tage alter Jungfisch

Jungfisch im Alter von etwa 2 Monaten

großen Eiern schlüpfen die Jungfische nach 6-7 Tagen. Weitere 14 Tage verbringen sie dann beim Vater in der Laichhöhle.

Aufzucht der Jungfische:
Die *Hypancistrus*-Arten aus der Verwandtschaft von *H. debilittera* gehören zu den am einfachsten aufzuziehenden Vertretern der Gattung. Die Aufzucht gelingt mir sogar regelmäßig nahezu verlustfrei im Zuchtaquarium. Dann empfiehlt es sich jedoch immer, ein paar Futtertabletten auf der Wasseroberfläche zu zerbröseln, woraufhin die Jungfische eifrig das gesamte Aquarium absuchen. Viel besser ist die Aufzucht in Einhängebecken durchzuführen. Die Jungfische wachsen langsam aber stetig. Sie haben nach etwa 2 Monaten eine Länge von ca. 2 cm erreicht und sehen dann schon sehr attraktiv aus. Die jungen *Hypancistrus* fressen neben Tablettenfutter auch *Artemia*-Nauplien, gefrostete *Cyclops* und Grünfutter.

Ähnliche Arten:
Weitere empfehlenswerte *Hypancistrus*-Arten aus dem oberen Orinoco-Becken mit ähnlichem Fortpflanzungsverhalten und Pflegeansprüchen sind:
Hypancistrus contradens – der so genannte „L201 Big Spot“ hat eigentlich gar keine L-Nummer bekommen. Diese sehr hübsche Art gelangt häufig in den Handel und wird etwa 12 cm groß. Leider ist sie nicht sehr produktiv in der Nachzucht.
Hypancistrus debilittera – der Kolumbianische Zebrawels oder L129 wird häufig importiert und bleibt

etwas kleiner als *H.* sp. aff. *debilittera* (L454). Die Art ist ebenfalls sehr einfach zu vermehren, aber nicht ganz so produktiv.
Hypancistrus furunculus – die Art ist auch unter dem Namen L199 bekannt und wird 12-13 cm groß. Dieser hübsche Wels wird nicht sehr häufig eingeführt, ist aber auch schon mehrfach vermehrt worden.
Hypancistrus sp. (LDA19/L340) – der sogenannte „Mega-Clown" kann ausgesprochen hübsch gefärbt sein, aber auch unscheinbar. Der mit etwa 8-10 cm Maximallänge kleinste *Hypancistrus* aus dem Orinoco-Gebiet wird in letzter Zeit häufiger eingeführt und ist auch sehr einfach zu vermehren.

Der Kolumbianische Zebrawels, *Hypancistrus debilittera*, ist ausgesprochen ähnlich, bleibt aber etwas kleiner

Der hübsche H*ypancistrus contradens* aus dem Río Ventuarí wird häufig importiert

Bemerkungen:
Die *Hypancistrus*-Arten aus dem oberen Orinoco-Gebiet an der Grenze zwischen Kolumbien und Venezuela dürfen glücklicher Weise uneingeschränkt zu uns importiert werden. Wir haben es mit einer Reihe sehr hübscher und klein bleibender Arten zu tun, die preiswert zu bekommen und einfach nachzuzüchten sind. *H.* sp. aff. *debilittera* (L454) ist die einzige hier vorgestellte Art aus Kolumbien, die derzeit nur durch Nachzucht verbreitet wird.

Relativ klein bleibt der „Mega-Clown" (LDA19/L340), der leider nicht immer so hübsch gefärbt ist wie hier

Die Art *Hypancistrus furunculus* oder L199 wird bis zu 13 cm groß

Hypostomus nigromaculatus (SCHUBART, 1964)

Deutscher Name: Schwarzgefleckter Schilderwels

Unterfamilie: Hypostominae (Schilderwelse)

Gattungsgruppe: Hypostomini (Echte Schilderwelse)

Hypostomus nigromaculatus **(LDA12) ist ein verhältnimäßig klein bleibender Schilderwels aus dem Südosten Brasiliens**

Größe: 12-15 cm

Vorkommen:
Dieser selten eingeführte und relativ klein bleibende Harnischwels stammt aus dem Flusssystem des Rio Paraná im südostbrasilianischen Bundesstaat São Paulo. So kommt die Art beispielsweise im Rio Mogi Guaçu und im Rio Pardo vor, wo sie bevorzugt auf Sandbänken lebt. Diese teilweise schnell fließenden Weißwasserflüsse werden während der Trockenperiode relativ kühl und die Temperatur fällt dann meist unter 20°C ab.

Wasser-Parameter:
Temp.: 18-25°C; pH-Wert: 6,0-7,5; Härte: weich bis mittelhart

Pflege:
Während einige groß werdende Vertreter der Gattung *Hypostomus* auf Dauer nur in sehr großen Aquarien gepflegt werden können, gibt es innerhalb der größten Harnischwelsgattung überhaupt durchaus auch einige „Zwerge", die auch für eine Pflege in kleineren Aquarien ab 100 Liter geeignet

Portrait eines Männchens von *Hypostomus nigromaculatus*

sind. Ein solcher Zwerg von nur maximal 15 cm Länge ist *H. nigromaculatus*, der zudem attraktiv wirkt. Solche kleinen Schilderwelse sind gewöhnlich unproblematische Pfleglinge. Bei *H. nigromaculatus* kommt sogar noch hinzu, dass man diese Fische im unbeheizten Aquarium pflegen kann und sogar sollte, denn Durchschnittstemperaturen von etwa 20°C sind sie aus der Natur gewöhnt. Die relativ friedlichen Aquarienbewohner sollten sowohl pflanzliche als auch tierische Nahrung erhalten.

Fortpflanzungstyp:
Höhlenbrüter im männlichen Geschlecht

Der Rio Paraná und seine Nebenflüsse sind die Heimat von *Hypostomus nigromaculatus* (Foto: Raimond und Birgit Normann)

Geschlechtsunterschiede:
Die Geschlechter sind schwierig zu unterscheiden. Die Männchen haben einen etwas längeren und stärker verdickten Brustflossenstachel. Die Weibchen sind etwas fülliger und besitzen einen dickeren Schwanzstiel. Ihre Geschlechtsöffnung ist etwas größer.

Vermehrung im Aquarium:
Wie die übrigen hypostominen Harnischwelse sind auch *Hypostomus*-Arten Höhlenbrüter, weshalb einige Bruthöhlen zur Auswahl angeboten werden sollten. Die kleinen Arten nehmen problemlos die im Handel erhältlichen Ablaichhöhlen an. Für größere wird man sicherlich keine Produk-

Drei Tage altes Gelege (Foto: Mike Meuschke)

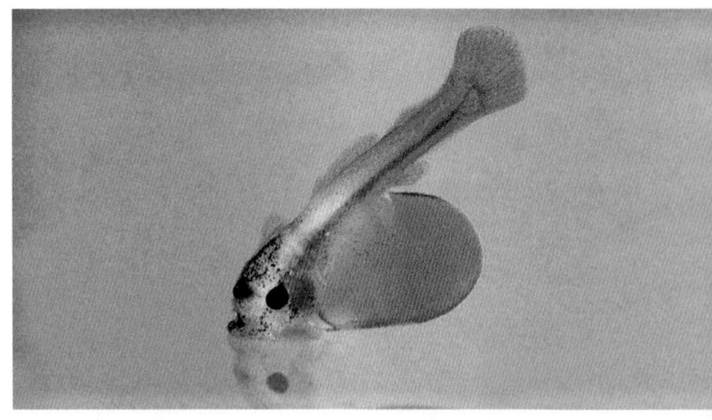

Frisch geschlüpfter Jungfisch (Foto: Mike Meuschke)

te „von der Stange“ finden und muss sich unter umständen Spezialanfertigungen herstellen lassen. Die Gelege von *H. nigromaculatus* bestehen laut HEMMANN aus etwa 30-50 gelblichen Eiern, die einen Durchmesser von etwa 3 mm haben. Der Schlupf der Jungfische erfolgt nach etwa 5-7 Tagen. Spätestens 9-10 Tage später verlassen die jungen *Hypostomus* ihre Höhle und sind selbständig.

Vier Wochen alter Jungfisch

Aufzucht der Jungfische:
Junge *Hypostomus* sind einfach aufzuziehen. Sie haben ähnliche Ansprüche wie *Ancistrus.* Nach den bisherigen Erfahrungen gelingt die Aufzucht in kleinen Einhängegefäßen am besten. Bei abwechslungsreicher Fütterung mit Futtertabletten, Grünfutter, feinem Frost- und Lebendfutter (*Artemia*-Nauplien, *Cyclops* etc.) wachsen sie zügig. Die kleinen *Hypostomus* sind zunächst allerdings unscheinbar gefärbt und bilden erst ab einer gewissen Größe eine hübsche Färbung aus.

Ähnliche Arten:
Weitere klein bleibende Schilderwelse aus der Verwandtschaft von *Hypostomus nigromaculatus* mit ähnlichem Fortpflanzungsverhalten und analogen Pflegeansprüchen sind:
Hypostomus faveolus – der Netzmuster-Schilderwels ist aufgrund seiner attraktiven Zeichnung einer der wenigen regelmäßig eingeführten *Hypostomus.* Die Art wird nur etwa 20 cm groß und ist auch im Alter noch hübsch gezeichnet. Die Nachzucht auch dieses Hypostomus ist bereits gelungen.
Hypostomus sp. (L87) – diese gemeinsam mit den Zebrawelsen und Orangesaumwelsen im Rio Xingu nahe Altamira siedelnde Art kommt von Zeit zu Zeit als Beifang anderer Xingu-Welse herein. Sie wird 25-30 cm groß.
Hypostomus sp. (L101) – aus dem brasilianischen Bundesstaat Goiás

Obwohl *Hypostomus* sp. (L87) im Rio Xingu sehr häufig ist, wird diese Art bestenfalls als Beifang mal eingeführt

Der hübsche Netzmuster-Schilderwels, *Hypostomus faveolus* oder L37, wird regelmäßig aus Brasilien importiert

stammt L101, der vermutlich nur knapp über 20 cm groß wird. Die attraktive Art dürfte durchaus im Aquarium vermehrbar sein.
Hypostomus sp. (L346) – dieser Schilderwels stammt aus dem Rio do Pará und seinen Nebenflüssen im Nordosten Brasiliens. Die zuweilen als Beifang (z.B. von L76) importierte, wärmeliebende Art wird nur etwa 20 cm groß und konnte auch bereits vermehrt werden.

Bemerkungen:
Hypostomus nigromaculatus, der auch die Bezeichnung LDA12 trägt, ist ein sehr robuster und hübscher Schilderwels, der sich gut für das unbeheizte Aquarium eignet, aber vermutlich nicht so bald wieder zu uns eingeführt wird. Verschiedene *Hypostomus*-Arten werden aber immer wieder im Handel angeboten. Auch diese sind sicher auf ähnliche Art und Weise zu vermehren. Allerdings stammen die meisten importierten Arten aus dem Amazonas- oder dem Orinoco-Gebiet, wo die größte Artenvielfalt dieser Welse vorherrscht. Solche Fische benötigen dann natürlich höhere Wassertemperaturen von zumeist etwa 25-29°C zur Fortpflanzung.

Der attraktive *Hypostomus* sp. (L101) stammt aus dem brasilianischen Bundesstaat Goiás

Der ebenfalls relativ klein bleibende *Hypostomus* sp. (L346) wurde bereits im Aquarium vermehrt

Leporacanthicus joselimai ISBRÜCKER & NIJSSEN, 1989

Deutscher Name: Weißspitzen-Rüsselzahnwels

Unterfamilie: Hypostominae (Schilderwelse)

Gattungsgruppe: *Acanthicus*-Klade

Weibchen von *Leporacanthicus joselimai* (L264) aus dem Rio Tapajós in Brasilien

***Leporacanthicus-joselimai*-Männchen sind bräunlicher gefärbt und haben eine längere Kopfpartie**

Größe: 15-20 cm

Vorkommen:
Dieser beliebte Rüsselzahnwels ist im Rio Tapajós, einem südlichen Klarwasserzufluss des Amazonas in Brasilien heimisch. Die Art soll dort bei Itailuba, São Luis und Barreirinha vorkommen. Rüsselzahlwelse sind rheophil und Bewohner der Stromschnellen, in denen sie zwischen Steinen leben. *L. joselimai* kommt am Rio Tapajós vielerorts gemeinsam mit dem ähnlichen, aber braun gefärbten L263 vor, der auf Holzansammlungen lebt.

Wasser-Parameter:
Temp.: 26-30°C; pH-Wert: 5,0-7,5; Härte: weich bis mittelhart

Pflege:
Bei der Pflege dieser Fische ist vor allem zu beachten, dass sie sehr sauerstoffbedürftig sind. Das Aquarium sollte deshalb kräftig gefiltert und belüftet sein. Bei Sauerstoffmangel zählen die Rüsselzahnwelse nämlich meist zu den ersten Fischen, die verenden. *Leporacanthicus* können sehr ruppig sein, weshalb Aquarien für diese Fische mit vielen Verstecken ausgestattet sein sollten. Die Tiere sind Fleischfresser und somit sehr gut mit Mückenlarven, Salinenkrebsen, Daphnien, *Mysis* oder Krill sowie Fisch- und Muschelfleisch zu ernähren. Natürlich werden aber auch Futtertabletten gefressen. Vorsicht mit den Silikonnähten des Aquariums! Diese werden von den Tieren bei der Nahrungssuche zerpflückt. Pflanzen fressen diese Welse zwar nicht, können sie aber an der Knolle kappen.

Fortpflanzungstyp:
Höhlenbrüter im männlichen Geschlecht

Stromschnellen wie diese Cachoeira am Rio Xingu sind bevorzugte Lebensräume der *Leporacanthicus*-Arten

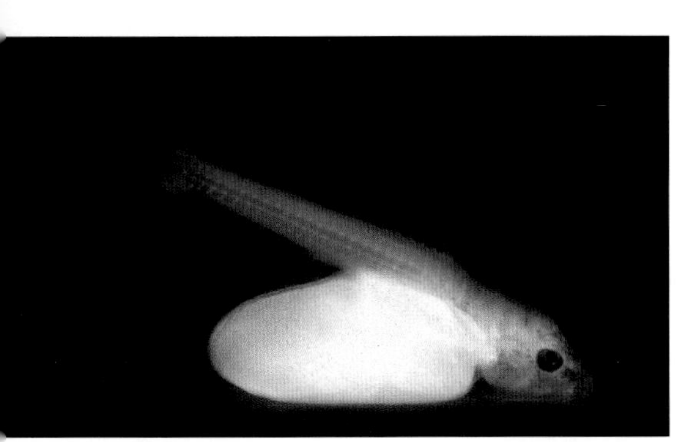

Ein Tag alter Jungfisch von *Leporacanthicus joselimai*

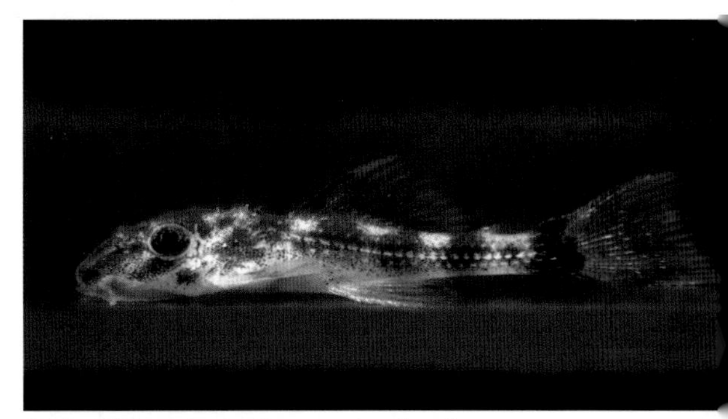

Nach 14 Tagen ist der Dottersack aufgezehrt

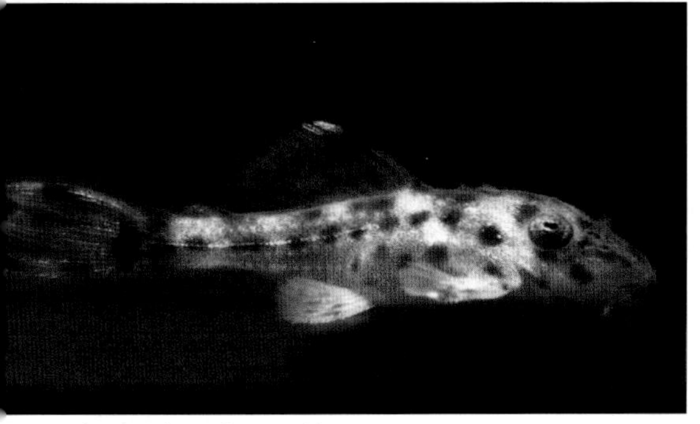

Zehn Wochen alter L264

Juveniles Exemplar mit den weißen Flossenspitzen

Geschlechtsunterschiede:
Der Geschlechtsunterschied ist bei erwachsenen Tieren sehr deutlich. Die Männchen zeigen eine mehr bräunliche Grundfärbung, wohingegen die Weibchen die typische Graufärbung der Jungtiere beibehalten. Die Kopfpartie der Männchen ist sehr viel länger und breiter. Weibchen haben einen deutlich kürzeren Kopf.

Durch Selektionszucht lassen sich die weißen Farbanteile schon nach wenigen Generationen stark vergrößern

Vermehrung im Aquarium:
Die Vermehrung dieser Art ist schon mehrfach gelungen. Der Paarung geht ein eigenartiges Balzspiel voraus, bei dem das Männchen auf dem Rücken des Weibchens reitet und sich darin verbeißt. Die Gelege bestehen aus bis zu 150 Eiern, die etwa 3 mm groß sind. Die Jungfische schlüpfen nach 5-6 Tagen mit einem riesigen Dottersack und sehen anfänglich kleinen *Peckoltia* oder *Hypancistrus* zum Verwechseln ähnlich. Nach etwa 13-14 Tagen ist der Dottersack aufgezehrt und die Jungfische beginnen, nach Nahrung zu suchen.

Aufzucht der Jungfische:
Ich überführe die Jungfische meist zwischen dem 9. und 12. Tag in ein Einhängebecken, um sie kontrollierter aufziehen zu können. Da es sich um carnivore Jungfische handelt, die den Glasboden nicht abgrasen und vom Aufwuchs säubern, kann sich in einem solchen Becken schnell eine Schleimschicht bilden, die am besten täglich entfernt werden sollte. Vorsorglich kann man aber auch eine dünne Schicht feinen Bodengrundes einbringen. Die Aufzucht ist allein mit Futtertabletten und *Artemia*-Nauplien möglich. Die Jungfische zeigen hübsche weiße Flossenränder, die leider im Alter verschwinden.

Leporacanthicus heterodon **aus dem Rio Xingu bleibt relativ klein**

Leporacanthicus galaxias **kann 30 cm groß werden**

Ähnliche Arten:
Weitere empfehlenswerte Rüsselzahnwelse aus der Verwandtschaft von *Leporacanthicus joselimai* mit ähnlichem Fortpflanzungsverhalten und Pflegeansprüchen sind:

ZUCHTANLEITUNGEN FÜR AUSGEWÄHLTE ARTEN

Aus dem oberen Río Orinoco stammt L240

Leporacanthicus galaxias – eine sehr variable Art oder vielleicht sogar ein ganzer Komplex von Arten aus dem nordöstlichen Brasilien (L7 und L29). Es gibt Formen mit weißen und gelblichen, feinen und groben Flecken und Punkten. Diese Rüsselzahnwelse können bis 30 cm groß werden, sind aber in großen Aquarien ebenfalls gut zu vermehren.
Leporacanthicus heterodon – die Schwesterart von *L. joselimai* aus dem Rio Xingu ist deutlich heller und bräunlicher gefärbt. Auch sie wurde bereits vermehrt, ist aber deutlich unproduktiver als *L. joselimai.*
Leporacanthicus sp. (L240) – der Harnischwels L240 wird häufig gemeinsam mit dem etwas gröber gefleckten L241 importiert, der deutlich spitzköpfiger ist. Beide Arten sind unter geeigneten Bedingungen im Aquarium zu vermehren.
Leporacanthicus triactis – ein ausgesprochen hübscher Harnischwels aus dem Orinoco-Gebiet an der Grenze zwischen Kolumbien und Venezuela, der auch als L91 bekannt ist. Dieses Exemplar hat einen ungewöhnlich hohen Rotanteil, der sicher bei der Zucht durch Selektion noch verstärkt werden kann.

Bemerkungen:
Leporacanthicus joselimai ist einer der kleinsten bekannten Rüsselzahnwelse und offensichtlich ein sehr dankbares Objekt, um durch Selektionszucht noch hübschere Zuchtstämme herauszuzüchten. Das abgebildete Exemplar entstammt einer F2-Generation von L264, bei der das Merkmal der weißen Flossenzeichnung durch Selektion verstärkt wurde.

Exemplar von *Leporacanthicus triactis* mit ungewöhnlich hohem Rotanteil

Oligancistrus tocantinensis (CHAMON & RAPP PY-DANIEL, 2014)

Deutscher Name: Marabá-Segelflossenharnischwels, L86

Unterfamilie: Hypostominae (Schilderwelse)

Gattungsgruppe: *Hemiancistrus*-Klade

Halbwüchsiger *Oligancistrus tocantinensis* oder L86 aus dem Rio Tocantins in Brasilien

***Oligancistrus*-Männchen sind an einer breiteren Kopfpartie und einem etwas stärkeren Bewuchs mit Odontoden zu erkennen**

Größe: 13-15 (20?) cm

Vorkommen:
Dieser Loricariide lebt im Rio Tocantins im Nordosten von Brasilien. Man findet diese Art dort in den Stromschnellen nahe der Ortschaft Marabá. Ich konnte *Oligancistrus* in den Klarwasserzuflüssen des unteren Amazonas in Brasilien bislang vor allem in sehr schnell fließenden und etwa 1-2 Meter tiefen Abschnitten beobachten, wo die Tiere zwischen Steinen leben.

Wasser-Parameter:
Temp.: 26-29°C; pH-Wert: 5,5-7,5;
Härte: weich bis mittelhart

Pflege:
Als Bewohner der Stromschnellen des Amazonas-Gebietes ist warmes und nicht zu hartes, sauerstoffreiches und kräftig bewegtes Wasser für eine Pflege anzuraten. Da *Oligancistrus* relativ friedliche Harnischwelse sind, bei denen ich bislang selbst bei der Pflege einer Gruppe noch keine Streitereien beobachten konnte, werden keine besonders großen Aquarien (ab 160 Liter) benötigt. Dennoch sollte ein Aquarium für diese Fische reich an Verstecken sein. *Oligancistrus* ernähren sich vorwiegend tierisch und fressen im Aquarium problemlos Futtertabletten und Frostfutter. Immer wieder kann man bei der Pflege dieser Fische beobachten, dass sie sich ganz oder teilweise entfärben. Dieser Zustand ist jedoch nur selten von langer Dauer, der Grund dafür ist noch nicht geklärt.

Oligancistrus **bewohnen die Stromschnellen amazonischer Flüsse, am artenreichsten findet man sie im unteren Rio Xingu**

Fortpflanzungstyp:
Höhlenbrüter im männlichen Geschlecht

Geschlechtsunterschiede:
Die Unterscheidung der Geschlechter ist nicht so einfach wie bei anderen Harnischwels-Gattungen. Auch bei den *Oligancistrus* bilden die Männchen jedoch eine breitere Kopfpartie aus. Außerdem tragen die geschlechtsreifen Männchen hinter dem Kiemendeckel und auf dem Brustflossenstachel lange Odontoden.

Adulter ***Oligancistrus tocantinensis***

Eine teilweise Entfärbung ist bei *Oligancistrus tocantinensis* im Aquarium nicht ungewöhnlich, jedoch selten von langer Dauer

Vermehrung im Aquarium:
Noch vor ein bis zwei Jahren war die Nachzucht von *Oligancistrus*-Arten gänzlich unbekannt. Mittlerweile haben sich jedoch die ersten Nachzuchterfolge z.B. bei Arten wie L30 und L354 eingestellt. Bei der Zucht von L86 kann ich bislang nur über Teilerfolge berichten, denn mein brutpflegendes Männchen beförderte das ihm vom Weibchen anvertraute Gelege bislang immer wieder nach kurzer Zeit aus der Bruthöhle und die Eier entwickelten sich leider nicht richtig, so dass bestenfalls Jungfische schlüpften und nach kurzer Zeit starben. Die Eier hatten eine für mich ungewöhnliche Färbung: Bislang sah ich noch niemals bei Ancistrinen derartig orangefarbene Eier. Die Gelege bestanden nur aus 15-20 relativ großen Eiern.

Gelege von L86 kurz vor dem Schlupf

Frisch geschlüpfter Jungfisch, der kurz darauf abstarb

Aufzucht der Jungfische:
Oligancistrus-Jungfische können ganz ähnlich wie junge *Hypancistrus* oder *Peckoltia* aufgezogen werden. Die Aufzucht der Jungfische erfolgt am besten in Einhängebecken. Die jungen *Oligancistrus* können mit Futtertabletten, *Artemia*-Nauplien und gefrosteten *Cyclops* gefüttert werden. Das Aufzuchtbecken sollte regelmäßig gereinigt werden, um Schleimschichtbildung vorzubeugen.

***Oligancistrus* cf. *punctatissimus* (L30) findet man relativ häufig im Handel**

Ähnliche Arten:
Weitere empfehlenswerte Arten aus der Verwandtschaft von *Oligancistrus tocantinensis* mit ähnlichem Fortpflanzungsverhalten und Pflegeansprüchen sind:
Oligancistrus cf. punctatissimus (L30) – die am häufigsten eingeführte *Oligancistrus*-Art, die aus dem Rio Xingu in Brasilien stammt, wurde bereits im Aquarium vermehrt. Eine produktive Nachzucht dieser Fische ist jedoch bislang noch nicht erfolgt.

Parancistrus nudiventris **oder L31 aus dem Rio Xingu wird über 20 cm groß**

Oligancistrus zuanoni – der wohl derzeit begehrteste und attraktivste *Oligancistrus* ist auch unter L20 und L354 bekannt. Dieser Harnischwels wird etwa 20 cm groß und stammt aus dem mittleren Xingu. Diese Art konnte bereits erfolgreich vermehrt werden.
Parancistrus nudiventris – dieser attraktive *Parancistrus* aus dem Rio Xingu, der auch als L31 bezeichnet und häufig gemeinsam mit L30 importiert wird, hat ähnliche Ansprüche wie L86. Die Nachzucht dieser Art ist zumindest einmal gelungen.
Spectracanthicus sp. (L315) – auch die *Spectracanthicus* sind ähnlich wie die *Oligancistrus* zu pflegen und sicher auch zu vermehren. Erste Teilerfolge sind erzielt worden. L315 aus dem Rio Xingu wird etwa 12-14 cm groß.

Bemerkungen:
Trotz gänzlich unterschiedlicher Körper- und Maulform sowie Bezahnung wird die Gattung *Oligancistrus* derzeit als Synonym zu *Spectracanthicus* betrachtet.

Erste Teilerfolge bei der Zucht von *Spectracanthicus*-Arten (hier L315) sind erzielt worden

Der attraktive *Oligancistrus zuanoni* (L354) konnte bereits vermehrt werden

Panaqolus sp. (LDA1/L169)

Deutscher Name: Rio-Negro-Tigerharnischwels

Unterfamilie: Hypostominae (Schilderwelse)

Gattungsgruppe: *Peckoltia*-Klade

***Panaqolus* sp. (LDA1/L169) stammt aus dem mittleren Rio Negro-Becken**

Größe: 11-12 cm

Vorkommen:
Dieser hübsche Tigerharnischwels lebt in Zuflüssen des mittleren Rio Negro wie dem Rio Demini. Letzterer ist ein Klarwasserfluss mit sehr weichem und saurem Wasser. Die kleinen *Panaqolus* bewohnen in den amazonischen Flüssen meist relativ schnell fließende Gewässerbereiche mit Totholzansammlungen, auf denen sie sich bevorzugt aufhalten.

Typischer *Panaqolus*-Lebensraum im Flusssystem des Rio Negro

Charakteristisch für *Panaqolus* sp. (LDA1/L169) ist eine relativ grobe Bänderung auf dem Kopf

Wasser-Parameter:
Temp.: 25-29°C; pH-Wert: 5,0-7,5; Härte: weich bis mittelhart

Pflege:
Diese Tigerharnischwelse eignen sich auch durchaus für eine Pflege in kleinen Aquarien ab 80 Liter. Im Gegensatz zu ihren großen Verwandten, den *Panaque*, hält sich die Territorialität bei ihnen in Grenzen. Dennoch sollte man versuchen, den Tieren mit zahlreichen Holzstücken und Steinen Verteckmöglichkeiten anzubieten. Da sie das Holz eifrig beraspeln, produzieren die *Panaqolus* sehr viel Mulm, weshalb für eine erfolgreiche Pflege eine leistungsstarke Filterung notwendig ist. Wir sollten diesen spezialisierten Holzfressern neben weichem Holz auch viel pflanzliche Kost anbieten. Auch Futterchips (z.B. JBL Novo Pleco Chips mit hohem Holzanteil) eignen sich besonders gut zur Verfütterung.

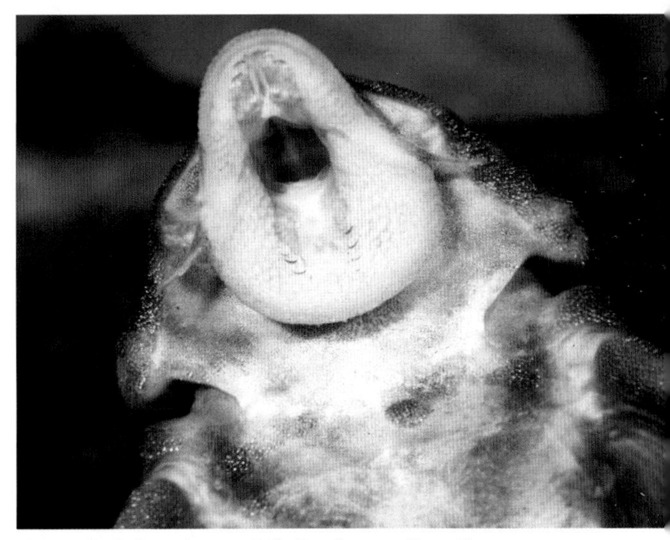

Panaqolus haben eine spezielle Bezahnung, die es ihnen erlaubt, Holz gut abzuraspeln

Fortpflanzungstyp:
Höhlenbrüter im männlichen Geschlecht

Geschlechtsunterschiede:
Neben den für ancistrine Harnischwelse generell typischen Unterschieden in der Kopfpartie (Männchen mit breiterem Kopf als die Weibchen) zeichnen sich die geschlechtsreifen *Panaqolus*-Männchen vor allem durch eine kräftige Beborstung des Schwanzstiels aus. Auch anhand der Genitalpapille lassen sich Männchen und Weibchen unterscheiden, wenn diese ausgefahren ist.

Vermehrung im Aquarium:
Unter guten Bedingungen (Wassertemperatur 26-29°C, nicht zu hartes Wasser <450 µS/cm, kräftige Filterung, gute Fütterung) sind diese Loricariiden nicht schwierig zu vermehren. Auch bei ihnen können häufige Wasserwechsel das Ablaichen auslösen. Diese Tigerharnischwelse, die sich in der Natur ja vorwiegend in Höhlen im Holz vermehren, nehmen im Aquarium auch problemlos die gängigen Tonhöhlen als Laichplatz an. Die Gelege bestehen bei LDA1/L169 meist nur aus 20-25 etwa 4 mm großen Eiern, die natürlich vom Männchen in der Höhle bewacht werden.

Jungfisch von LDA1 im Alter von 1 Tag

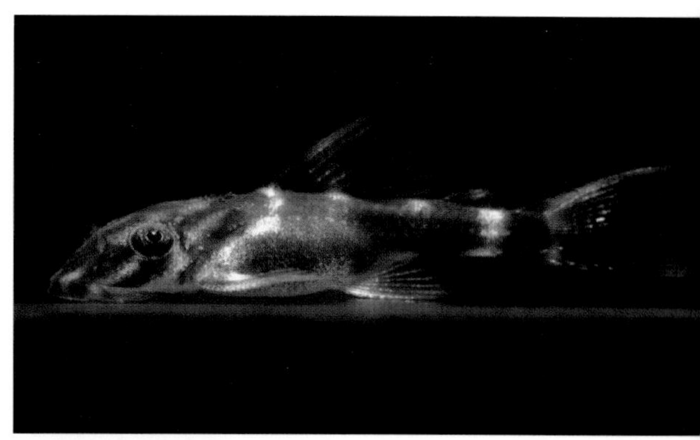

Neun Tage alter Jungfisch

Aufzucht der Jungfische:
Die Aufzucht der Jungfische erfolgt am besten in Einhängebecken, die allerdings zahlreiche kleine, vorzugsweise weiche Holzstücke enthalten sollten. Neben dem Holz müssen die Jungfische vorwiegend vegetarische Kost angeboten bekommen, z.B. überbrühten Salat oder Spinat, Brennesselsticks sowie pflanzliche Futtertabletten. Die Jungfische sind sehr hübsch gefärbt und ihre Aufzucht bereitet wenig Probleme, wenn man dabei auf Sauberkeit und regelmäßige Wasserwechsel achtet.

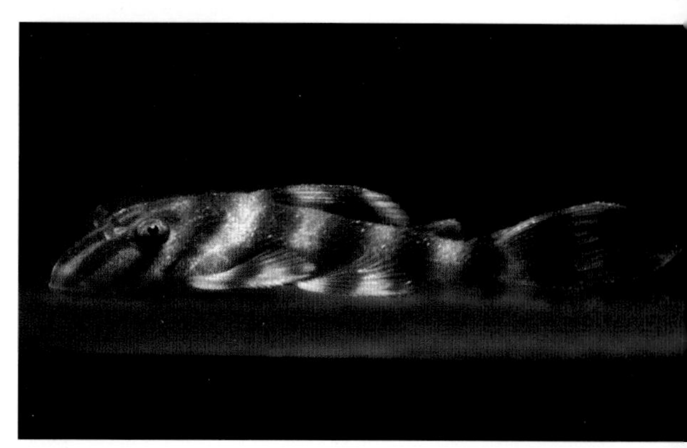

Mit 6 Wochen sind junge LDA1 bereits sehr hübsch gefärbt

***Panaqolus* sp. (L374) aus dem Rio Anapu wurde bereits mehrfach nachgezüchtet**

Ähnliche Arten:
Weitere empfehlenswerte *Panaqolus*-Arten aus der Verwandtschaft von LDA1/L169 mit ähnlichem Fortpflanzungsverhalten und Pflegeansprüchen sind:
Panaqolus sp. (L2) – früher war diese Art der am häufigsten gehandelte Tigerharnischwels aus Brasilien. Heute gibt es kaum noch Importe des nicht schwierig zu vermehrenden *Panaqolus* aus dem Rio Tocantins.
Panaqolus albivermis oder L204:
Dieser hübsche *Panaqolus* stammt aus Peru und darf deshalb ohne Probleme von dort zu uns exportiert werden. Die Art ist deshalb im gut sortierten Zoofachhandel erhältlich. Allerdings ist die Nachzucht dieser Welse noch nicht häufig geglückt.
Panaqolus sp. (L306) – frsich gefangene Exemplare dieser Art sind kräftig rotbraun gefärbt, eine Färbung, die sich leider im Aquarium meist verliert. Dieser hübsche *Panaqolus* aus dem Flusssystem des Rio Branco ist mittlerweile bereits vermehrt worden.
Panaqolus sp. (L374) – einer der attraktivsten Tigerharnischwelse ist L374 aus dem Rio Anapu. Neuere Importe dieser Art sind nicht zu erwarten, aber glücklicherweise wird dieser etwa 13-14 cm große, hübsche Wels von einigen Züchtern vermehrt.

Tigerharnischwels oder L2 aus dem Rio Tocantins

Der hübsche *Panaqolus* sp. (L306) aus dem Flusssystem des Rio Branco

Panaqolus albivermis oder L204 aus Peru ist nicht einfach zu vermehren

Bemerkungen:
Nachdem der Export einiger *Panaqolus* aus Brasilien aufgrund der Positivliste einige Jahre lang nicht mehr erlaubt war, gibt es heute glücklicher Weise kaum noch Beschränkungen für die Aufuhr von Arten aus dieser Gattung.

Peckoltia compta DE OLIVEIRA, ZUANON, RAPP PY-DANIEL & SALLES ROCHA, 2010

Deutscher Name: Schmucklinien-Zwergschilderwels

Unterfamilie: Hypostominae (Schilderwelse)

Gattungsgruppe: *Peckoltia*-Klade

Ein wunderschöner Harnischwels ist *Peckoltia compta* (L134) aus dem Rio Tapajós

Der Rio Tapajós ist die Heimat von *Peckoltia compta* (Foto: Uwe Werner)

Größe: 10-12 cm

Vorkommen:
Dieser hübsche kleine *Ancistrus*-Verwandte stammt aus dem mittleren Rio Tapajós, wo die Art in der Umgebung des Ortes Pimental vorkommt. *Peckoltia compta,* den Aquarianern als L134 bekannt, soll für die Aquaristik vor allem in ruhigen Gewässerbereichen in der Nähe der Cachoeira Pimental, einer Stromschnelle im Tapajós, gefangen werden. Eine stark punktierte Variante dieses L-Welses wird im Rio Jamanxim und Rio Aruri gefangen, zwei Zuflüssen des Rio Tapajós. Der Tapajós ist ein Klarwasserfluss und führt warmes, weiches und saures Wasser.

Junge *P. compta* sind noch etwas regelmäßiger gebändert, aber ebenso hübsch

Wasser-Parameter:
Temp.: 26-30°C; pH-Wert: 5,0-6,5; Härte: weich bis mittelhart

Pflege:
Diese friedlichen, kleinen Allesfresser sind im Aquarium denkbar einfach zu pflegen. Wir müssen lediglich beachten, dass die Tiere warmes Wasser benötigen. Will man sie nicht unbedingt vermehren, so reicht gewöhnlich sogar Leitungswasser völlig aus. Ich füttere meine L134 vor allem mit Frostfutter in Form von Salinenkrebsen, Mückenlarven, Daphnien und *Cyclops.* Weiterhin erhalten sie auch Futtertabletten. Tablettenfutter kann jedoch bei übermäßiger Fütterung bei dieser Art zu starker Verfettung führen, was unbedingt zu vermeiden ist. Deshalb sollte es nur ab und zu gefüttert werden.

Fortpflanzungstyp:
Höhlenbrüter im männlichen Geschlecht

Stärker gefleckte Variante von L134 aus Nebenflüssen des Rio Tapajós

Geschlechtsunterschiede:
Neben den üblichen Unterschieden in der Kopfform bilden die Männchen zur Laichzeit kurze und haarfeine Odontoden auf dem Schwanzstiel aus, die den Weibchen fehlen. Diese feinen Borsten können jedoch schnell wieder zurückgebildet werden.

Vermehrung im Aquarium:
Bei mir gelang die Nachzucht dieser Art lediglich in weichem Wasser mit schwach saurem pH-

Jungfisch von L134, 3 Tage alt

P. compta im Alter von 7 Tagen

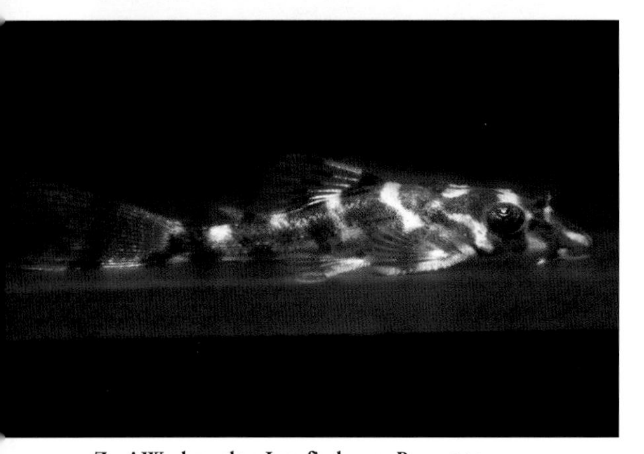

Zwei Wochen alter Jungfisch von *P. compta*

6 Wochen alter L134

Wert. Es empfiehlt sich zur Zucht, die elektrische Leitfähigkeit unter 200 µS/cm abzusenken und den pH-Wert zwischen 5 und 6,5 einzustellen. Die Wassertemperatur sollte am besten nicht unter 28°C liegen. Die Gelege bestehen in der Regel aus 20-35 Eiern, die etwa 4 mm groß sind. Der Schlupf der Jungfische erfolgt, je nach Temperatur, nach 5-7 Tagen.

Aufzucht der Jungfische:
Nach dem Aufzehren des Dottersacks nach etwa 9-10 Tagen sollte die weitere Aufzucht am besten in Einhängebecken erfolgen. Ich fütterte meine Jungfische vorwiegend mit Futtertabletten, *Artemia*-Nauplien und gefrosteten *Cyclops*. Andere Züchter empfehlen zudem gefrostete Rädertierchen. Die zunächst dunkel gebänderten Jungfische sind schnellwüchsig und können bei bester Pflege nach einem Monat bereits 3 cm Länge erreicht haben.

Peckoltia lineola (L202) ist eine häufig aus Kolumbien importierte Art

Ähnliche Arten:
Nachfolgend möchte ich einige weitere *Peckoltia*-Arten aus der Verwandtschaft von L134 empfehlen, die ein ähnliches Fortpflanzungsverhalten und vergleichbare Pflegeansprüche haben:
Peckoltia cf. *braueri* (L135) – dieser sehr hübsche Wels wird von Zeit zu Zeit aus dem mittleren Rio Negro in Brasilien zu uns eingeführt. Die früher unter dem Namen *Peckoltia platyrhyncha* gehandelte Art wird 14-15 cm groß und ist nicht einfach zu vermehren.
Peckoltia lineola – eine häufig aus Kolumbien importierte Art, die in der Zeichnung extrem variabel sein kann. Die Art wird etwa 13 cm groß und kann in nicht zu hartem Leitungswasser vermehrt werden.
Peckoltia oligospila – diese sehr grob gefleckte *Peckoltia*-Art aus dem Flusssystem des Rio Guamá in Brasilien ist vor allem im Jugendkleid sehr hübsch gefärbt. Sie wurde meines Wissens noch nicht vermehrt.
Peckoltia cf. *vittata*:
Diese auch als L15 bekannte Art stammt aus dem Rio Xingu in Brasilien. Sie ist derzeit wohl der am häufigsten importierte Gattungsvertreter aus Brasilien und kann in nicht zu hartem Leitungswasser durchaus vermehrt werden.

Bemerkungen:
Vor ein paar Jahren wurde der sehr populäre, bislang unter der Bezeichnung L134 bekannte Schmucklinien-Zwergschilderwels als *Peckoltia compta* beschrieben. Er ist die einzige mir bekannte *Peckoltia*-Art, die für eine erfolgreiche Zucht weiches, schwach saures Wasser benötigt. Alle anderen Arten scheinen nicht so anspruchsvoll zu sein. Die feiner gefleckte Variante aus den Nebenflüssen des Rio Tapajós ist aquaristisch nicht weit verbreitet, kommt aber gelegentlich in den Handel und hat die gleichen Ansprüche.

Am häufigsten aus Brasilien importiert: *Peckoltia* cf. *vittata* (L15)

***Peckoltia* cf. *braueri* (L135) mit schönem Wurmlinienmuster auf dem Kopf**

***Peckoltia oligospila* (L6) ist besonders im Jugendkleid sehr attraktiv**

Peckoltia sp. „Zwerg“

Deutscher Name: Kleiner Tiger-Zwergschilderwels

Unterfamilie: Hypostominae (Schilderwelse)

Gattungsgruppe: *Peckoltia*-Klade

Paar des Kleinen Tiger-Zwergschilderwelses, *Peckoltia* sp. „Zwerg“, im Handel oft als L38 bezeichnet

***Peckoltia* sp. „Zwerg" bewohnt sicherlich schnell fließende Gewässer des Amazonas-Gebietes mit zahlreichen Steinen**

Größe: 8-10 cm

Vorkommen:
Die genaue Herkunft dieses häufiger als L38 zu uns eingeführten Harnischwelses ist noch nicht geklärt. Sehr wahrscheinlich stammt diese Art aus der weiteren Umgebung von Belém, von wo aus diese Fische immer angeboten werden. Vermutlich kommt *Peckoltia* sp. „Zwerg“ gemeinsam mit L38 und L80 im großen Flusssystem des Rio Tocantins vor. Die Art bewohnt sicher die Stromschnellen in einem bestimmten Teilstück dieses Flusses.

Männchen von *Peckoltia* sp. „Zwerg“ sind sehr stark bestachelt

Wasser-Parameter:
25-29°C; pH-Wert: 5,5-7,5; Härte: weich bis mittelhart

Pflege:
Eine einfach zu pflegende Art, die sich sogar für eine Zucht in Aquarien ab etwa 60 Litern eignet. Die Tiere sind zwar nicht unbedingt aggressiv, jedoch sollte man bei der Pflege in einer Gruppe für ausreichend Verstecke sorgen, denn die Männchen sind sehr stachelig und können ruppig sein. Nicht zu hartes Leitungswasser mit einer elektrischen Leitfähigkeit von weniger als 450 µS/cm reicht gewöhnlich sogar für die Vermehrung aus. Das Wasser sollte für diese genügsamen Allesfresser warm und kräftig gefiltert sein. Ich füttere diese Fische vor allem mit Futtertabletten und Frostfutter (z.B. Loricariiden-Mix).

Fortpflanzungstyp:
Höhlenbrüter im männlichen Geschlecht

Geschlechtsunterschiede:
Die Geschlechtsunterschiede sind bei erwachsenen und geschlechtsreifen Tieren offensichtlich. Bei dieser Gruppe von kleinbleibenden Arten bilden die Männchen einen dichten Teppich aus Odontoden auf dem gesamten Hinterkörper aus.

Vermehrung im Aquarium:
Wer gern einmal andere Loricariiden als Antennenwelse vermehren möchte und noch keine großen aquaristischen Erfahrungen hat, der ist mit dieser Art sehr gut bedient. Diese

Gelege von *Peckoltia* sp. „Zwerg“

Zwei Tage alter Jungfisch

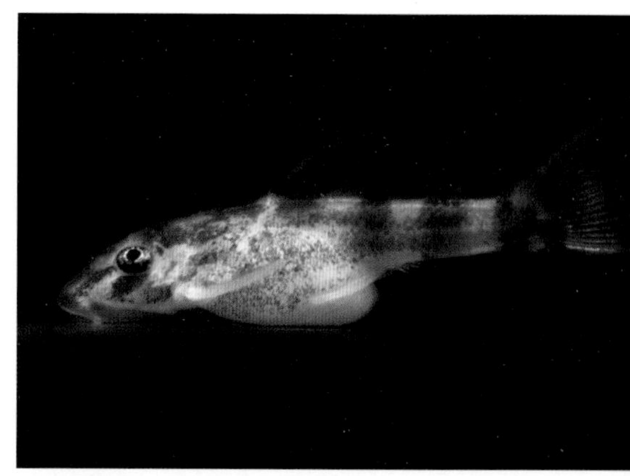

Peckoltia sp. „Zwerg", 7 Tage alt

Jungfisch im Alter von 3 Wochen

Drei Monate alter Jungfisch von *Peckoltia* sp. „Zwerg"

Zwergschilderwelse sind in nicht zu hartem Leitungswasser bei Temperaturen von 26-28°C einfach zu vermehren, vorausgesetzt natürlich, man bietet geeignete Laichhöhlen an. Die sauerstoffbedürftigen Fische lieben jedoch eine zumindest leichte Strömung und gute Belüftung des Wassers. Die Gelege bestehen aus etwa 20-30 Eiern mit einem Durchmesser von mehr als 4 mm.

Der sehr ähnliche L38 ist auch im Alter regelmäßig gebändert

Aufzucht der Jungfische:
Die Jungfisch-Aufzucht gelingt am einfachsten in einem kleinen Einhänge-Becken. Nach dem Verlassen der Bruthöhle sind die Jungfische bereits 20 mm groß. Sie fressen beispielsweise *Artemia*-Nauplien und Futtertabletten problemlos. Weiterhin kann man ihnen Grünfutter, Grindal, Mikrowürmchen sowie gefrostete *Cyclops* und Rädertierchen anbieten. Die jungen *Peckoltia* sind anfänglich ganz prächtig gebändert. Erst halbwüchsig löst sich die Bänderung langsam auf und wandelt sich in das arttypische Zeichnungsmuster um.

Ähnliche Arten:
Weitere sehr ähnliche kleine *Peckoltia*-Arten aus der Verwandtschaft von *Peckoltia* sp. „Zwerg" mit ähnlichem Fortpflanzungsverhalten und Pflegeansprüchen sind:
Peckoltia sp. (L38) – diese ebenfalls kleine und unproblematische Art ähnelt *Peckoltia* sp. „Zwerg" und wird ebenfalls über Belém zu uns eingeführt. Der „echte" L38 aus dem Rio Tocantins ist allerdings auch im Alter sehr regelmäßig gebändert.
Peckoltia sp. (L80) – der Tiger-Zwergschilderwels wird mit 10-12 cm Maximallänge etwas größer, ist aber ebenso stark beborstet und auch einfach zu vermehren. Auch diese Art stammt aus dem Tocantins-Einzug im brasilianischen Bundesstaat Pará.
Peckoltia sp. (LDA18/L377) – der so genannte „Prince Tiger Pleco" aus dem Rio Caeté, einem kleinen Fluss, der östlich von Belém in den Atlantik mündet, wird immer mal wieder aus Belém zu uns importiert. Die Jungfische sind zunächst ganz ähnlich gefärbt, zeigen aber orangefarbene Bänder in den Flossen
Peckoltia sp. „Rio Paru" – eine erst seit kurzer Zeit zu uns eingeführte, ebenfalls klein bleibende Art, die aus dem Rio Paru, einem nördlichen Zufluss des Amazonas, stammen soll. Dieser ebenfalls bereits nachgezüchtete Harnischwels hat noch keine L-Nummer.

Bemerkungen:
Wären diese interessanten Loricariiden nur ein wenig farbiger, so wären sie sicher besonders populär. Die Vermehrung der kleinen *Peckoltia* ist sogar im Gesellschaftsaquarium möglich, und aufgrund der Größe der Jungfische haben sie auch gute Überlebenschancen.

Der Tiger-Zwergschilderwels (L80) wird etwa 10-12 cm groß

„Prince Tiger Pleco" (LDA18 und L377) aus dem Rio Caeté

Neue kleine *Peckoltia*-Art, die aus dem Rio Paru stammen soll

Pseudacanthicus sp. (L65)

Deutscher Name: Variegatus-Kaktuswels

Unterfamilie: Hypostominae (Schilderwelse)

Gattungsgruppe: *Acanthicus*-Klade

Größe: 20-25 (selten 30) cm

Erwachsenes Männchen von L65

Junge *Pseudacanthicus* sp. (L65) sind sehr attraktiv gezeichnet

Vorkommen:
Ursprünglich wurde für diese Art der Rio Negro oder der Rio Tocantins als Herkunftgebiet vermutet. Sie scheint jedoch aus dem Rio Manacapuru zu stammen, einem nördlichen Zufluss des Amazonas in Brasilien. Der Manacapuru ist ein Schwarzwasserfluss und Nebenfluss des Rio Negro.

Wasser-Parameter:
Temp.: 25-29°C; pH-Wert: 5,0-7,5; Härte: weich bis mittelhart

Pflege:
Aufgrund der für einen Kaktuswels geringen Größe ist dieser Fisch am ehesten für eine Pflege in Aquarien mit einer Länge ab 120 cm geeignet. Das funktioniert aber nur in mit vielen Steinen, Hölzern und Höhlen eingerichteten Aquarien und bei gut harmonierenden Paaren, denn Kaktuswelse haben raue Umgangsformen. Eine kräftige Filterung und regelmäßige Wasserwechsel sind für die erfolgreiche Pflege unumgänglich. Ich füttere die Tiere vor allem mit Futtertabletten, Mückenlarven und Muschelfleisch.

Typisches *Pseudacanthicus*-Biotop in Brasilien

Fortpflanzungstyp:
Höhlenbrüter im männlichen Geschlecht

Geschlechtsunterschiede:
Farbliche Unterschiede gibt es bei diesen Fischen nicht. Die Männchen sind meist etwas größer, haben häufig eine etwas größere Rückenflosse und besitzen eine stärker beborstete Wangenregion. Die Kopfpartie ist im Vergleich zum Weibchen breiter; bei guter Pflege entwickeln die Weibchen bald eine ausgebuchtete Bauchregion.

Kaktuswels-Männchen bei der Brutpflege

Vermehrung im Aquarium:
Ein Pärchen dieser Art pflegte ich gemeinsam mit ein paar kleinerer Harnischwelse in einem 200-Liter-Aquarium und konnte sie darin mehrfach vermehren. Bevorzugt laichten diese Welse bei mir in Keramik-Baumstammimitat-Höhlen und Tonhöhlen. Diese Höhlen besaßen wie die meisten L-Wels-Höhlen nur vorn eine Öffnung. Die Gelege waren umfangreich und bestanden aus etwa 150 relativ großen Eiern (4 mm). Das Männchen betreut die Eier etwa fünf bis sechs Tage lang, die Jungfische besitzen noch einen großen Dottersack und verbleiben noch weitere neun bis zehn Tage beim Männchen in der Höhle.

Aufzucht der Jungfische:
Obwohl ich diese Art im Aquarium schon mehrfach zur Fortpflanzung bringen konnte, gestaltete sich

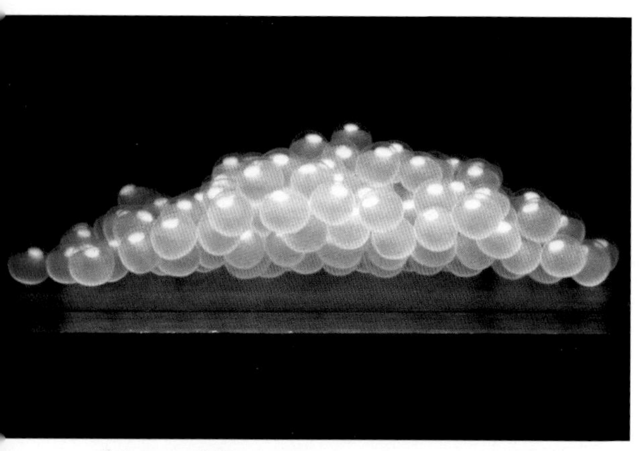

Gelege von L65

Frisch geschlüpfter Jungfisch

Jungfisch von L65, 9 Tage alt

Vier Zentimeter langer L65

die Aufzucht der Jungfische als sehr schwierig und war oft mit großen Verlusten verbunden. Im Vergleich zu anderen *Pseudacanthicus* kamen jedoch deutlich mehr Jungfische durch, da sie offensichtlich nicht ganz so aggressiv wie die Leopardkaktuswelse sind. Ein einziges Mal gelang mir sogar die Aufzucht von etwa 100 Jungfischen. Am besten funktioniert die Aufzucht in geräumigen Einhängegefäßen mit einer feinen Sandschicht und vielen Versteckmöglichkeiten. Die Jungfische lassen sich beispielsweise mit Futtertabletten und gefrosteten *Cyclops* ernähren.

Pseudacanthicus sp. (L97) aus dem Rio Tapajós

Ähnliche Arten:
Weitere Kaktuswelse aus der Verwandtschaft von L65 mit ähnlicher Größe sowie ähnlichen Ansprüchen sind:

Pseudacanthicus sp. (L97):
Vielleicht der attraktivste hell gefleckte Kaktuswels ist L97, eine noch unbeschriebene Art, die aus dem Rio Tapajós stammt. Diese fast 30 cm groß werdenden Fische behalten ihre leicht gelblichen Flecke bis ins hohe Alter. Die Vermehrung ist bereits gelungen.
Pseudacanthicus sp. (L282):
Ursprünglich wurde dieser hübsche Kaktuswels mit Fundortangabe Venezuela importiert. Spätere angeblich importierte L282 stellten sich jedoch als L97 aus Brasilien heraus.
Pseudacanthicus sp. (L320):
Aus dem Rio Jari in Brasilien stammt ein im Alter gänzlich schwarzer Kaktuswels, der eine Größe von mehr als 40 cm erreichen kann. Auch bei dieser Art sind die Jungtiere weiß gefleckt, verlieren dieses Zeichnungsmuster jedoch schnell.
Pseudacanthicus sp. (L452):
Diese seltene Kaktuswelsart wurde vor einigen Jahren überraschend aus Peru importiert. Sie stammt aus dem Río Tapiche, einem Zufluss zum Río Ucayali. Ich konnte den etwa 20 cm groß werdenden L452 zweimal zur Fortpflanzung bringen. Die Aufzucht der Jungfische gestaltete sich jedoch leider extrem problematisch.

Bemerkungen:
Leider wird diese in ihrer Jugendfärbung ausgesprochen attraktive Art im Alter unscheinbar. Erwachsene Tiere zeigen meist kaum noch Reste vom hübschen weißen Fleckenmuster. Da diese Art nicht in der aktuellen Version der Positivliste in Brasilien aufgeführt ist, die die Ausfuhr von Zierfischen aus diesem Land reglementiert, ist derzeit ein legaler Export nicht möglich. Wir sollten uns deshalb sehr darum bemühen, dass sie durch Nachzucht für die Aquaristik erhalten bleibt.

Die Herkunft des attraktiven L282 ist zweifelhaft

Im Alter ist L320 völlig schwarz gefärbt

Aus Peru stammt der ähnliche *Pseudacanthicus* sp. (L452)

Pseudacanthicus sp. (L114)

Deutscher Name: Demini-Leopardkaktuswels

Unterfamilie: Hypostominae (Schilderwelse)

Gattungsgruppe: *Acanthicus*-Klade

Männchen von *Pseudacanthicus* sp. (L114) aus dem Rio Demini in Brasilien

Kaktuswelse bewohnen schnell fließende Abschnitte der Flüsse, hier ein Biotop des Leopardkaktuswelses im Rio-Branco-Einzug

Größe: 30-40 cm

Vorkommen:
Der Kaktuswels L114 stammt aus dem Rio Demini, einem Klarwasserzufluss des mittleren Rio Negro im Norden Brasiliens. Zur Laichsaison werden die jungen Kaktuswelse dort in großer Stückzahl vor allem dadurch gefangen, dass man löchriges Gestein vulkanischen Ursprungs vom Grund des Flusses holt, in dem sich die Jungtiere aufhalten. Größere Tiere werden außerhalb der Saison nur selten gefangen. Der Rio Demini führt offenbar weiches und saures Wasser mit einer Wassertemperatur von etwa 27-28°C.

Wasser-Parameter:
Temp.: 26-29°C; pH-Wert: 5,0-7,0; Härte: weich bis mittelhart

Kaktuswels-Weibchen sind oft weniger auffällig gefärbt

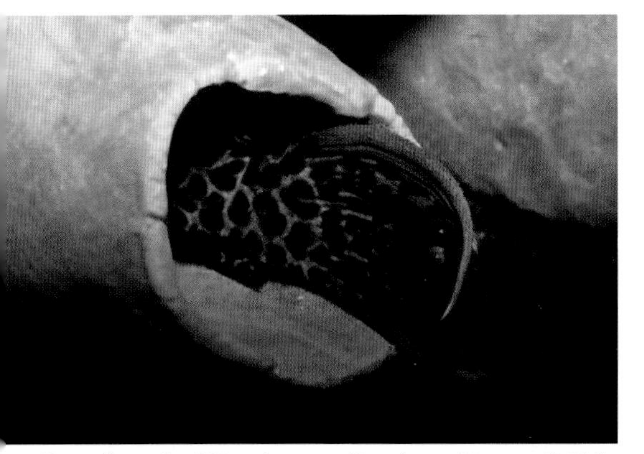
Brutpflegendes Männchen von *Pseudacanthicus* sp. (L114)

Pflege:
Kaktuswelse sind nicht allein wegen ihrer kräftigen Panzerung und ihren spitzen Odontoden sehr robuste Aquarienpfleglinge. Sie sind anpassungsfähig und, erst einmal eingewöhnt, langlebig; sie sterben eher durch Herausspringen und Vertrocknen oder durch Sauerstoffunterversorgung bei einem Filterausfall als einen natürlichen Tod. Aquarien für *Pseudacanthicus*-Arten sollten geräumig und versteckreich eingerichtet sein, da die Tiere im Alter territorial sind. Kräftige Filterung und gute Belüftung, häufige Wasserwechsel und warmes, nicht zu hartes Wasser sind nicht nur für die Vermehrung wichtig. Die Fleischfresser akzeptieren auch Futtertabletten problemlos, sollten daneben aber auch Frostfutter wie Mückenlarven, Salinenkrebse, *Mysis* sowie Fisch- und Muschelfleisch erhalten.

Fortpflanzungstyp:
Höhlenbrüter im männlichen Geschlecht

Geschlechtsunterschiede:
Es ist mitunter nicht ganz einfach, die Geschlechter von Kaktuswelsen zu unterscheiden, denn so einfach wie auf dem Papier sieht es bei der Geschlechter-Unterscheidung in der Realität häufig nicht aus. Bei *Pseudacanthicus* tragen sowohl Männchen als auch Weibchen die charakteristischen Odontoden auf den Knochenplatten des gesamten Körpers. Die Männchen bilden allerdings zusätzlich Borsten an ihrer verbreiterten Wangenpartie aus. Weiterhin sind die Männchen meist deutlich attraktiver gefärbt und haben eine etwas größere Rückenflosse.

Vermehrung im Aquarium:
Es sind meist die plötzlichen Veränderungen, die bei Kaktuswelsen das Ablaichen auslösen. Ich hatte bei meinen *Pseudacanthicus* dann Zuchterfolge, wenn ich größere Pflegemaßnahmen durchführte. Eine Reinigung des Filters führte zur kräftigeren Strömung am Filterauslauf. Ein gleichzeitiger Wasserwechsel mit etwas kühlerem Wasser sorgte für eine gute Sauerstoffsättigung und einer kurzzeitigen Absenkung der Temperatur um 2-3°C. So ergab sich ein starkes Treiben des Weibchens durch das Männchen. Ständig versuchte es, sich auf dem Rücken des Weibchens zu verbeißen. Das Paar wandt sich umeinander und schlug regelrecht Räder. Beide schwammen danach in die Höhle und laichten ab. Das Gelege kann, je nach Größe der Alttiere, die schon mit etwa 15 cm Länge geschlechtsreif werden, aus mehr als 200 Eiern bestehen. Sie sind ca. 3,5 mm groß und benötigen ungefähr 6 Tage zur Entwicklung.

Kaktuswels-Eier kurz vor dem Schlupf

Junger L 114 nach dem Aufzehren des Dottersacks

Jungfisch von L114 im Alter von 3 Wochen

Erst mit etwa 3 cm Größe beginnen die Flossen der jungen L114, sich rot zu färben

Aufzucht der Jungfische:
Die sehr zahlreiche Brut ist nicht einfach aufzuziehen. Anfänglich scheint alles problemlos zu verlaufen, jedoch treten dann häufig irgendwann große Verluste auf, die wohl vor allem auf die enorme Aggressivität der Jungtiere untereinander zurückzuführen sind. Am besten verteilt man die Jungfische auf diverse Aufzuchtbehälter, die mit vielen Verstecken ausgestattet sein sollten. Die Aufzucht gelingt mit Futtertabletten und Granulat sowie feinem Frostfutter (z.B. *Cyclops*). Bei der Aufzucht sollte vor allem auf eine gute Belüftung und Wasserqualität geachtet werden.

Ähnliche Arten:
Weitere empfehlenswerte Kaktuswelse aus der Verwandtschaft von *Pseudacanthicus* sp. (L114) mit ähnlichem Fortpflanzungsverhalten und Pflegeansprüchen sind:
Pseudacanthicus leopardus – der „echte" Leopardkaktuswels aus dem Flusssystem des Essequibo River in Guyana und dem Rio Branco in Brasilien wird deutlich seltener gehandelt als L114. Die Art ist im Alter an den nahezu fehlenden Flecken auf dem Kopf sowie der flacheren Körperpartie zu erkennen. Sie wurde ebenfalls bereits vermehrt.

Der „echte" *Pseudacanthicus leopardus* aus dem Rio Branco in Brasilien

Pseudacanthicus sp. (L25) – der attraktive Rotflossen-Kaktuswels L25 erreicht ein Länge von etwa 40 cm. Die Nachzucht auch dieser Art ist im Aquarium bereits mehrfach geglückt.
Pseudacanthicus sp. (L273) – diese Kaktuswels-Schönheit aus dem Rio Tapajós in Brasilien wird in verschiedenen Farbvarianten importiert. Die Nachzucht ist bislang nur sehr selten geglückt. Hier sind noch so manche Lorbeeren zu verdienen.
Pseudacanthicus sp. (L427) – diese aquaristisch noch relativ junge und selten gepflegte Art stammt aus dem Rio Jatapu, einem Zufluss zum Rio Uatuma im Amazonas-Becken in Brasilien. Während Jungfische dem L114 ausgesprochen ähneln, werden die älteren Exemplare häufig sehr dunkel. Die Art ist offensichtlich noch nicht vermehrt worden.

Bemerkungen:
Die Kaktuswelse der Gattung *Pseudacanthicus* haben ihr Hauptverbreitungsgebiet in Brasilien. Nachdem für eine Weile außer Leopard-Kaktuswelsen keine weiteren *Pseudacanthicus* aus diesem Land ausgeführt werden durften, gibt es heute glücklicher Weise kaum noch Beschränkungen für deren Export.

Auch der Rotflossen-Kaktuswels (L25) aus dem Rio Xingu wurde nachgezogen

***Pseudacanthicus* sp. (L427) aus dem Rio Jatapu ähnelt L114 stark**

***Pseudacanthicus* sp. (L273) stammt aus dem Rio Tapajós in Brasilien**

Pterygoplichthys pardalis (CASTELNAU, 1855)

Deutscher Name: Leopard-Segelschilderwels

Unterfamilie: Hypostominae (Schilderwelse)

Gattungsgruppe: Hypostomini (Echte Schilderwelse)

Halbwüchsiger *Pterygoplichthys pardalis* aus der Cashibo Cocha in Peru

Größe: 50-60 cm

Vorkommen:
Dieser Harnischwels besitzt von allen bekannten Loricariiden das größte Vorkommensgebiet. Die eigentliche Heimat ist das Amazonasgebiet, in dem die Art nahezu von der Mündung bis zum Oberlauf vorkommt. Dabei bewohnt sie auch die Unterläufe der meisten Zuflüsse bis zu den ersten Stromschnellen. Sie bewohnt dabei Weiß-, Klar und Schwarzwasserflüsse und kommt selbst in stehenden und zur Trockenzeit sauerstoff-

In den Uferböschungen des Rio Tefé in Brasilien sind zur Trockenzeit Hunderte von Laichhöhlen von *Pterygoplichthys pardalis* oberhalb des Wasserspiegels zu sehen

armen Gewässern zurecht, da sie atmosphärische Luft über den Verdauungstrakt atmen kann. Da sie schon seit Jahrzehnten in Florida und Südostasien in großen Mengen in Teichen vermehrt wird, gibt es mittlerweile auch im Süden der USA, in Mittelamerika, in Südafrika und in vielen südostasiatischen Staaten durch Aussetzen entstandene Populationen, die auch dort gute Bedingungen vorfinden und sich immer weiter ausbreiten.

Gelege von *Pterygoplichtys pardalis* bestehen aus vielen hundert Eiern

Wasser-Parameter:
Temp.: 25-30°C; pH-Wert: 5,0-8,0; Härte: weich bis mittelhart

Pflege:
Der Schilderwels schlechthin ist einer der am einfachsten zu pflegenden Harnischwelse. Wenn man diesen Fischen geräumige Aquarien ab 450 Liter anbietet, so kann man sich sehr lange an ihnen erfreuen. Sie stellen kaum Ansprüche an die Wasserbeschaffenheit und kommen auch mit nicht ganz optimalen Bedingungen wie Sauerstoffmangel zurecht. Als amazonische Fische sollten sie jedoch zumindest bei 24-25°C gepflegt werden. Die genügsamen Allesfresser ernähren sich neben Algen und Grünfutter auch von Futtertabletten und nahezu jeglichem Frost- und Lebendfutter. So große Fische produzieren allerdings auch viele Stoffwechselprodukte, so dass ein leistungsstarker Filter zu empfehlen ist. Adulte Segelschilderwelse können territorial gegenüber Artgenossen werden, weshalb mehrere Tiere noch mehr Raum benötigen.

Nachzuchttier des Leopard-Segelschilderwels aus Südostasien

Frisch geschlüpfter Jungfisch

Fortpflanzungstyp:
Höhlenbrüter im männlichen Geschlecht

Geschlechtsunterschiede:
Die Geschlechter sind bei dieser Art nicht einfach zu unterscheiden. Erwachsene *Pterygoplichthys*-Männchen sind an einer längeren und breiteren Kopfpartie sowie an etwas stärker vergrößerten Brust- und Rückenflossen zu erkennen.

Drei Tage alter Jungfisch

Nach etwa einer Woche ist der Dottersack aufgezehrt

Vermehrung im Aquarium:
Im Aquarium sind diese Harnischwelse aufgrund ihrer Größe bislang nur sehr selten vermehrt worden, denn nur wenige Liebhaber sind in der Lage, sie biologisch zu pflegen. Zuweilen kommt es jedoch tatsächlich zu zufälligen Zuchterfolgen. Wenn man den Tieren große, hinten geschlossene Höhlen anbietet, so nehmen sie diese anstelle der Gänge, die sie in das Flussufer graben, an und laichen darin ab. Durch eine kräftige Fütterung sowie große und kühle Wasserwechsel kann man die Tiere zur Paarung bringen. Die Gelege füllen eine ganze Hand aus und sollen aus bis zu 2000 Eiern bestehen können. Die Jungfische schlüpfen nach etwa 4-5 Tagen aus den Eiern.

Etwa 3-4 cm großer *Pterygoplichthys pardalis*

Aufzucht der Jungfische:
Pterygoplichthys-Jungfische sind ganz ähnlich wie junge Antennenwelse aufzuziehen und nicht sehr anspruchsvoll. Ich habe einige junge *P. pardalis* in einem Einhängebecken aufgezogen; bei einer Fütterung mit Futtertabletten und Grünfutter wuchsen sie ausgesprochen schnell heran. Wegen der großen Anzahl an Jungfischen sind allerdings große Aufzuchtgefäße sowie häufige Pflegemaßnahmen wie Wasserwechsel und Filtersäuberungen zu empfehlen.

Der Schneekönig, *Pterygoplichthys ambrosettii*, verträgt kühle Temperaturen

Ähnliche Arten:
Weitere sehr groß werdende Segelschilderwelse aus der Verwandtschaft von *Pterygoplichthys pardalis* mit ähnlichem Fortpflanzungsverhalten und analogen Pflegeansprüchen, die sich jedoch alle wirklich nur für Großaquarien eignen, sind:
Pterygoplichthys multiradiatus – dieser aus dem Orinoco-Gebiet in Venezuela und Kolumbien stammende Segelschilderwels ist *P.*

pardalis sehr ähnlich. Die auch als L154 bekannte Art besitzt jedoch ein Muster aus kreisrunden Flecken.
Pterygoplichthys gibbiceps – der Wabenschilderwels ist trotz seiner Größe wegen seiner hübschen Färbung immer noch ein sehr beliebter Aquarienfisch. Auch diese Fische werden etwa 60 cm groß und in großer Stückzahl in Südostasien vermehrt.
Pterygoplichthys joselimaianus – ein sehr attraktiver Segelschilderwels aus dem Rio Tocantins-Einzug im unteren Amazonas-Gebiet. Auch diese Art gelangt schon aus asiatischer Teichnachzucht zu uns und ist deshalb preiswert erhältlich. Aber Vorsicht, auch diese wärmebedürftigen Fische werden sehr groß.
Pterygoplichthys ambrosettii – der sogenannte Schneekönig war früher unter dem Namen *Liposarcus anisitsi* bekannt. Die Art kann sehr hübsch gezeichnet sein mit attraktiven weißen Flecken auf schwarzem Untergrund. Die aus dem südlichen Südamerika stammenden Welse vertragen auch niedrigere Temperaturen und eignen sich für unbeheizte Aquarien.

Der Wabenschilderwels, *Pterygoplichthys gibbiceps*, ist trotz seiner Größe ein beliebter Aquarienfisch

***Pterygoplichthys joselimaianus* wird auch in Südostasien vermehrt**

***Pterygoplichthys multiradiatus* (L154) stammt aus dem Flusssystem des Río Orinoco**

Bemerkungen:
Bis vor einigen Jahren wurde dieser Harnischwels in Handel und Literatur fälschlich *Hypostomus plecostomus* genannt und als preiswerter Scheibenputzer und Algenfresser angeboten. Dabei findet man neben den wildfarbigen Tieren auch goldene albinotische im Handel. Die Tiere werden trotz einer Maximalgröße von etwa 60 cm auch heute noch in riesigen Stückzahlen importiert und verkauft. Wildfänge aus Brasilien, unter den Bezeichnungen L21 und L23 bekannt, sind vergleichsweise selten im Handel zu bekommen. Glücklicherweise sind diese Fische heute nicht mehr so beliebt wie vor einigen Jahren als die Auswahl an Arten noch deutlich kleiner war. Man sollte von einem Kauf von *Pterygoplichthys pardalis*, auch als *Liposarcus pardalis* bekannt, unbedingt absehen, wenn man nicht in der Lage ist, ihnen auf Dauer eine geeignete Behausung zu bieten. Der Handel bietet besser geeignete Algenfresser an, die sich für kleine Aquarien eignen.

Zonancistrus sp. (L52)

Deutscher Name: Atabapo-Schmetterlingsharnischwels

Unterfamilie: Hypostominae (Schilderwelse)

Gattungsgruppe: Ancistrini (*Ancistrus*-Verwandte)

Erwachsenes Exemplar von *Zonancistrus* sp. (L52) aus dem Río Atabapo

Lebensraum von L52 am Río Atabapo in Kolumbien

Größe: 13-15 cm

Vorkommen:
Schmetterlingsharnischwelse sind ausgesprochene Schwarzwasserfische, die meist sehr weiche und extrem saure Gewässer bewohnen. Der Harnischwels L52 wird für den Export im Río Atabapo in Kolumbien gefangen. Bei einer Reise an den oberen Orinoco fand ich diese Tiere vor einigen Jahren im Atabapo in etwa 2 m Tiefe in verhältnismäßig langsam fließenden Gewässerbereichen gemeinsam mit *Dekeyseria scaphirhyncha* auf steinigem Untergrund.

Zonancistrus sp. (L52) können, wenn sie sich wohl fühlen, ausgesprochen attraktiv gefärbt sein

Wasser-Parameter:
Temp.: 25-29°C; pH-Wert: 4,5-6,0; Härte: weich

Pflege:
Für die reine Pflege dieser Tiere eignet sich für eine Weile auch normales Leitungswasser, in dem sich Schmetterlingsharnischwelse offensichtlich sogar wohl fühlen. Vermehren wird man sie in relativ hartem Wasser bei hohen pH-Werten allerdings kaum. *Zonancistrus*-Arten sind omnivor, d.h. sie sind nicht auf Algenaufwuchs spezialisiert, sondern sollten neben pflanzlicher Kost auch maulgerechte tierische Nahrung erhalten. Ich habe diese Welse vor allem mit Futtertabletten ernährt. Daneben erhielten sie auch regelmäßig gefrostete Mückenlarven, Salinenkrebse und *Cyclops*. Die Männchen halten sich auch, wenn sie nicht brüten, oft in den Höhlen auf.

Fortpflanzungstyp:
Höhlenbrüter im männlichen Geschlecht

Geschlechtsunterschiede:
Die Männchen der *Zonancistrus*-Arten besitzen eine deutlich breitere Kopfpartie, die bei den Weibchen stärker gerundet ist. Die Brustflossen, die in beiden Geschlechtern mit langen Odontoden besetzt sind, erscheinen bei den Männchen etwas länger und stärker beborstet.

Gelege von *Zonancistrus* sp. (L52)

Drei Tage alter Jungfisch von L52

L52 im Alter von vier Wochen

Die Afterflossen sind bei den geschlechtsreifen Männchen vergrößert.

Vermehrung im Aquarium:
Unter geeigneten Bedingungen sind *Zonancistrus*-Arten einfach zu vermehren. Man muss ihnen lediglich weiches und saures Wasser mit einem pH-Wert zwischen etwa 4,5 und 6 anbieten, dann kommen sie gewöhnlich leicht zur Fortpflanzung. Bei unpassenden Wasserwerten konnte ich auch vereinzelte Eiablagen feststellen, jedoch kam es dabei niemals zu einer Entwicklung des Geleges. Das aus bis zu 100 etwa 3 mm großen Eiern bestehende Gelege wird an der Höhlendecke abgelegt und 8-11 Tage lang vom Männchen betreut.

Dieser Jungfisch ist bereits etwa 3 cm groß

Aufzucht der Jungfische:
Die Jungfische schlüpfen aufgrund des sehr langen Verweilens in der Eihülle außergewöhnlich weit entwickelt. Sie haben bereits beim Schlupf eine langgestreckte Gestalt; nach etwa 3 Tagen ist der Dottersack nahezu verschwunden. Die Aufzucht der Jungfische kann mit Futtertabletten erfolgen. Man sollte versuchen, durch häufige Wasserwechsel, den Einsatz eines UV-Wasserklärers oder durch den Zusatz von Huminsäuren eine möglichst keimarme Umgebung zu schaffen. Die Jungfische sind überaus attraktiv gefärbt und wachsen zügig heran.

Ähnliche Arten:
Weitere empfehlenswerte Weichwasser-Arten aus der Verwandtschaft von *Zonancistrus*

***Zonancistrus brachyurus* (L168) aus dem Rio Negro**

Dekeyseria scaphirhyncha ist ebenfalls ein Bewohner von Schwarzwasser-Flüssen

sp. (L52) mit ähnlichem Fortpflanzungsverhalten und Pflegeansprüchen sind:
Zonancistrus brachyurus – ein ganz ähnlicher Schmetterlingswels aus dem Flusssystem des Rio Negro in Brasilien, der häufig mit L52 verwechselt wird. *Z. brachyurus* ist noch attraktiver gefärbt, wird aber bei weitem nicht so häufig importiert wie L52. Zuweilen tauchen Nachzuchten im Handel auf.
Zonancistrus sp. „Rio Guaporé" – im Flusssystem des Rio Guaporé, das an der brasilianischen Grenze zu Bolivien liegt, wurde vor einigen Jahren dieser noch unbeschriebene Schmetterlingsharnischwels entdeckt. Da der Guaporé kein Schwarzwasserfluss ist, vermehrt sich diese Art offensichtlich auch bei weniger saurem pH-Wert.
Dekeyseria scaphirhyncha – dieser 20-25 cm große Harnischwels taucht von Zeit zu Zeit im Handel auf und hat ähnliche Pflegeansprüche wie L52, denn er kommt vielerorts sogar gemeinsam mit dieser Art vor. Auch diese Welse sind bereits im Aquarium vermehrt worden.
Dekeyseria amazona – diese *Dekeyseria*-Art wird deutlich seltener eingeführt und ist aufgrund der recht unscheinbaren Färbung auch nicht sonderlich beliebt. Sie dürfte jedoch auch bei einem weniger sauren pH-Wert nachzuzüchten sein, denn sie kommt auch im Klarwasser vor.

Bemerkungen:
Da diese sehr attraktiven Fische nur unter für sie optimalen Bedingungen eine schöne Färbung zeigen, sind sie im Händler-Becken häufig unscheinbar. Aus diesem Grunde sind diese Welse nicht so populär, wie sie es eigentlich sein könnten. Sie färben sich nämlich in Schreckfärbung fast einfarbig dunkel. Für den fortgeschrittenen Aquarianer, der in der Lage ist, diesen Welsen eine geeignete Umgebung zu schaffen, sind sie ausgezeichnete Aquarienfische.

Dieser noch unbeschriebene *Zonancistrus* stammt aus dem Rio Guaporé

Die deutlich weniger attraktive Art *Dekeyseria amazona* wird nur selten zu uns eingeführt

Crossoloricaria bahuaja CHANG & CASTRO, 1999

Deutscher Name: Tambopata-Flunderharnischwels

Unterfamilie: Loricariinae (Hexenwelse)

Gattungsgruppe: Loricariini (Untergattungsgruppe: Loricariina)

Crossoloricaria bahuaja stammt aus dem Río Tambopata in Peru

Der Río Chio ist ein typischer _Crossoloricaria_-Lebensraum in Peru

Größe: 18 cm

Vorkommen:
Diese sehr stark abgeflachten Harnischwelse sind im östlichen Peru und im nordwestlichen Bolivien heimisch. Sie kommen dort in den Flusssystemen des Río Tambopata und des Río Madre de Dios vor und leben in diesen Weißwasserflüssen auf sandigem Untergrund, in den sie sich häufig eingraben.

Wasser-Parameter:
Temp.: 24-29°C; pH-Wert: 6,0-7,5; Härte: weich bis mittelhart

Pflege:
Crossoloricaria-Arten benötigen als Bewohner der großflächigen freien Sandflächen in Südamerika nicht viel mehr als feinen Sandboden in einem Aquarium ab 200 Liter. Auf weitere Einrichtung kann durchaus verzichtet werden. Der Bodengrund sollte nicht zu scharfkantig und grob sein, denn *Crossoloricaria* vergraben sich häufig so tief im Sand, dass man sie überhaupt nicht mehr findet. Im Gegensatz zu anderen maulbrütenden Harnischwelsen kommen diese Fische meist nicht einmal bei der Fütterung hervor, sondern fressen während der Nacht, wenn sie sich ungestört fühlen. Es ist deshalb mitunter schwierig, die Tiere zu beobachten. Wenn sie jedoch vergraben sind, kann man davon ausgehen, dass sie sich wohl fühlen, denn bei Unwohlsein sind sie gewöhnlich nicht kräftig genug, um zu wühlen.

Fortpflanzungstyp:
Maul- bzw. Lippenbrüter im männlichen Geschlecht

Geschlechtsunterschiede:
Crossoloricaria bahuaja besitzt einen ungewöhnlichen Geschlechtsunterschied: Die verlängerten Rektalbarteln der Männchen sind bei den geschlechtsreifen Männchen dicker und länger als bei den Weibchen und dunkel gefärbt. Die Weibchen sind in der Draufsicht deutlich fülliger.

Mit ihren feinen Lippenbarteln ertasten sich *Crossoloricaria* ihre Nahrung

Brutpflegendes Männchen von *Crossoloricaria bahuaja*

Relativ weit entwickeltes Gelege von *Crossoloricaria bahuaja*

Vermehrung im Aquarium: *Crossoloricaria bahuaja* ist vermutlich die einzige bislang vermehrte *Crossoloricaria*-Art, denn der ebenfalls bereits eingeführte *Crossoloricaria rhami* hat sich im Aquarium als sehr hinfällig erwiesen. Die Gelege haben ähnlich wie bei den *Pseudohemiodon* etwa die Größe eines 2-Euro-Stücks. Ungefähr 14 Tage lang betreuen die Männchen die Gelege und sind selbst bei der Brutpflege nur selten zu sehen, da sie sich meistens mitsamt des Geleges vergraben.

Aufzucht der Jungfische: *Crossoloricaria* haben nur wenige sehr große Eier, so dass 10-15 Jungfische schon eine gute Ausbeute sind. Die beim Schlupf etwa 1 cm großen Jungfische haben noch einen Tag lang einen kleinen Dottersack und halten sich im Aquarium oft in der Nähe des Filterausstroms auf. Die Aufzucht bereitet mit *Artemia*-Nauplien und Futtertabletten kaum Probleme, jedoch sollten die Jungfische

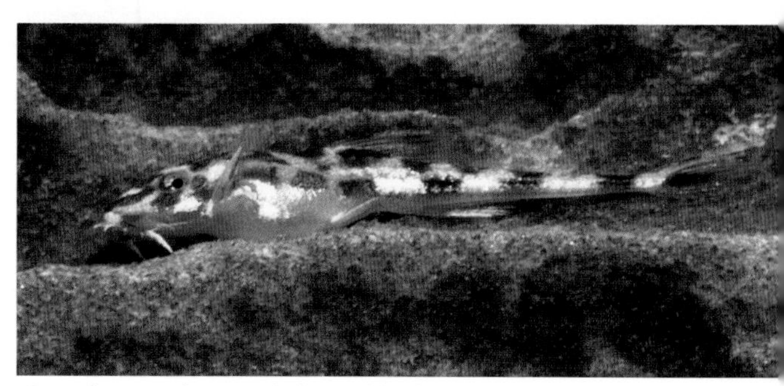

***Crossoloricaria* kurz nach dem Schlupf**

nicht in Glasbecken sondern auf Sandboden aufgezogen werden, da sie empfindlich auf Schleimschichtbildung reagieren.

Ähnliche Arten:
Weitere Arten aus der Verwandtschaft von *Crossoloricaria bahuaja* mit ähnlichen Pflegeansprüchen und einem vergleichbaren Fortpflanzungsverhalten sind:
Crossoloricaria cephalaspis – aus Kolumbien wird diese Art gelegentlich eingeführt. Zuchterfahrungen liegen jedoch meines Wissens noch nicht vor.
Crossoloricaria rhami – ein attraktiver, aber etwas heikler Flunderharnischwels aus Peru, der selten eingeführt wird und eine extrem versteckte Lebensweise führt. Die Fische sind ständig tief im Boden vergraben.
Crossoloricaria sp. „Río Sipapo" – die attraktivste bisher bekannte *Crossoloricaria* ist noch unbeschrieben und kommt im Río Sipapo im südlichen Venezuela auf Sandbänken in der Nähe von Stromschnellen vor. Sie wurde bisher leider noch nicht vermehrt.

Bemerkungen:
Crossoloricaria bahuaja ist derzeit vermutlich der einzige regelmäßig eingeführte Vertreter dieser Gattung. Die Art ist gleichzeitig auch der am besten für die Aquaristik geeignete *Crossoloricaria*, denn im Gegensatz zu anderen Verwandten gelangen nur bei diesem Wels langjährig Pflege und Zucht.

Ganz ähnlich gefärbt ist auch *Crossoloricaria cephalaspis* aus Kolumbien

***Crossoloricaria rhami* aus Peru lebt fast immer im Sand versteckt**

Vermutlich erst ein Mal eingeführt wurde *Crossoloricaria* sp. „Río Sipapo"

Farlowella vittata MYERS, 1942

Deutscher Name: Gestreifter Nadelwels

Unterfamilie: Loricariinae (Hexenwelse)

Gattungsgruppe: Loricariini (Untergattungsgruppe Sturisomina)

***Farlowella vittata* ist der am häufigsten im Handel erhältliche Nadelwels. Die Art stammt aus dem Orinoco-System in Kolumbien und Venezuala**

Größe: 14-15 cm

Vorkommen:
Diese Art ist im mittleren Orinoco-System in Kolumbien und Venezuela weit verbreitet. Sie bewohnt dort vor allem Weißwasserflüsse, die zur Regenzeit über die Ufer treten. Die Welse halten sich dann in der überschwemmten Vegetation auf und laichen dort vermutlich auch ab. Zur Trockenzeit geht der Wasserstand in solchen Gewässern allerdings sehr stark zurück.

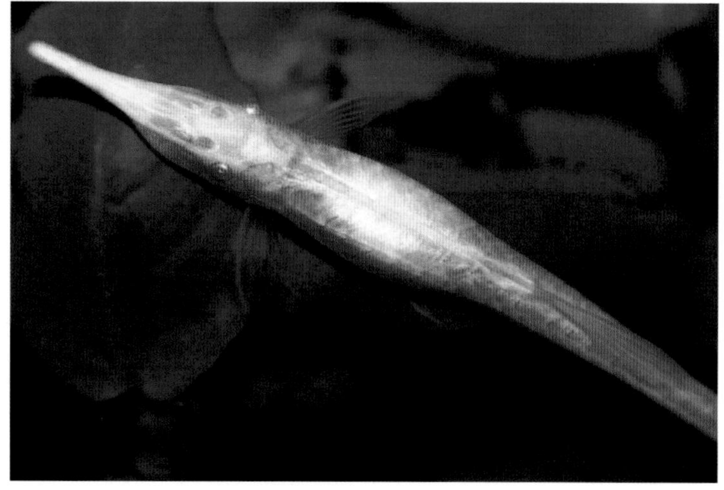

Seltene albinotische Farbvariante von *Farlowella vittata*

Der Río Guarico ist ein *Farlowella*-Lebensraum in den venezolanischen Llanos. Zur Trockenzeit gehen hier die Wasserstände sehr stark zurück

Wasser-Parameter:
Temp.: 25-29°C; pH-Wert: 6-7,5; Härte: weich bis mittelhart

Pflege:
Die meisten *Farlowella*-Arten sind nicht sonderlich schwierig im Aquarium (80-100 Liter) zu pflegen. Das gilt insbesondere für *Farlowella vittata*, da die Art zu bestimmten Jahreszeiten in ihren Lebensräumen auch sauerstoffarme Bedingungen überstehen muss. Für die erfolgreiche Pflege und Nachzucht sind also keine starke Strömung und kräftige Belüftung nötig. Auch reicht mittelhartes Wasser ohne jegliche Veränderung des pH-Wertes für Zuchtzwecke völlig aus. Sehr viel wichtiger ist eine gute Ernährung der Tiere. Diese Aufwuchsfresser nehmen neben Algen auch vegetarische Kost, Futtertabletten und feines Lebend- und Frostfutter zu sich. Sie sollten nur mit Fischen vergesellschaftet werden, die nicht zu aggressiv oder zu aufdringlich sind und ihnen beim Fressen nicht alles Futter stehlen.

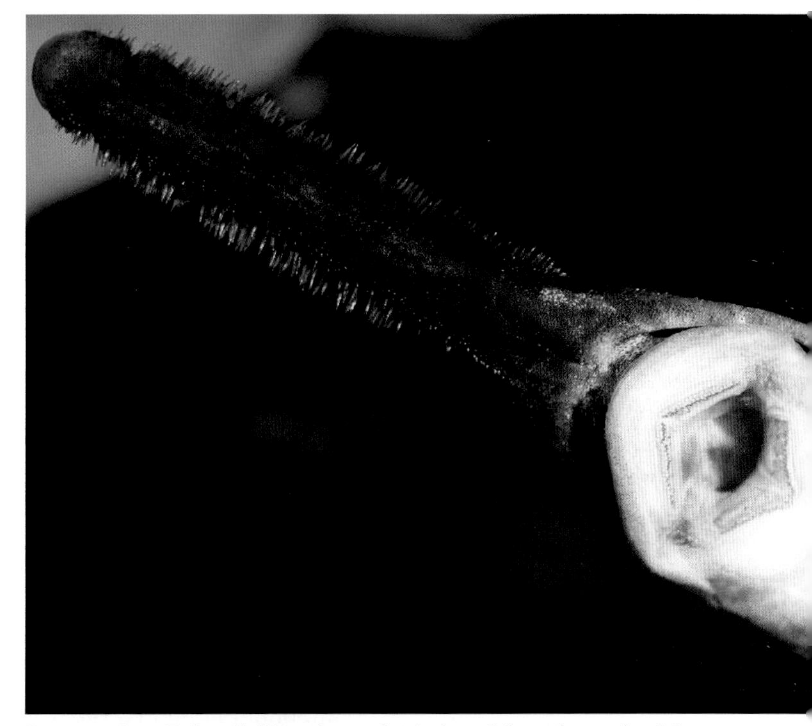

Rostrum eines *Farlowella*-Männchens mit winzigen Odontoden an den Seiten, einige Arten bilden aber deutlich längere Borsten aus

Fortpflanzungstyp:
Substratbrüter im männlichen Geschlecht

Geschlechtsunterschiede:
Die Männchen besitzen meist ein relativ stabiles Rostrum, das zur Laichzeit an beiden Seiten kurze Odontoden ausbildet. Außerhalb der Paarungszeit werden diese jedoch gewöhnlich wieder zurückgebildet.

Vermehrung im Aquarium:
Wenn Nadelwelse im Aquarium gut gepflegt werden, dann pflanzen sie sich ohne besonderes Zutun seitens des Pflegers fort. Ähnlich wie bei *Sturisoma* findet das Ablaichen jedoch auch bei ihnen häufig im Anschluss an einen größeren Wasserwechsel statt. Das Weibchen legt, je nach Größe und Alter, etwa 50-80

Farlowella-Gelege (Foto: Mike Meuschke)

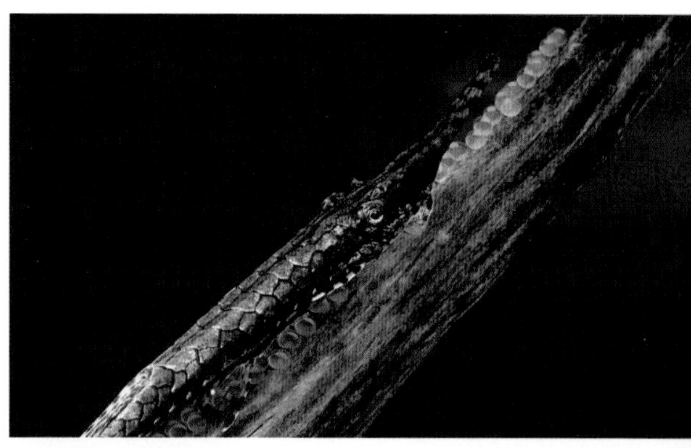

Brutpflegendes Nadelwels-Männchen (Foto: Mike Meuschke)

ovale Eier ab, die etwa 2,5-3 mm lang sind. Abgelaicht wird wie bei den Störwelsen bevorzugt an einer strömungsexponierten Stelle, z.B. an der Glasscheibe in der Nähe des Filterausstroms. Das Männchen betreut die Eier, die zunächst bernsteinfarben sind und dann täglich eindunkeln, etwa 6-7 Tage lang.

Nadelwels-Jungfische haben zunächst nur ein kurzes Rostrum

Aufzucht der Jungfische:
Die jungen *Farlowella* haben ganz ähnliche Ansprüche wie die Jungfische von Störwelsen. Sie besitzen zunächst noch einen Dottersack, der nach etwa 36 Stunden aufgezehrt ist. Danach sollten sie ständig „im Futter stehen". Die Aufzucht kann ebenfalls gut mit staubfeinem Flockenfutter auf vorwiegend pflanzlicher Basis erfolgen. Ich würde die Aufzucht in geschlossenen Gefäßen empfehlen, wie ich sie im Kapitel über die Jungfischaufzucht beschreibe. Die Jungfische sind schnellwüchsig und haben zunächst nur ein sehr kurzes Rostrum. Sie ähneln anfänglich kleinen *Sturisoma* sehr stark. Auch für diese Fische gilt, dass ein zu frühes Umsetzen in große Aquarien nicht anzuraten ist, da sie darin nur schwer ausreichend Futter finden, wenn man nicht übermäßig viel anbietet.

Farlowella smithi stammt aus dem Rio Madeira in Brasilien

Ähnliche Arten:
Es gibt noch weitere Nadelwelse mit ähnlichen Ansprüchen, die auch ähnlich nachgezüchtet werden können. Einige davon gelangen auch von Zeit zu Zeit in den Handel:
Farlowella amazona – in den Unterläufen der Zuflüsse des mittleren und oberen Amazonas-Beckens in Brasilien ist *F. amazona* weit verbreitet. Die Art besitzt ein sehr langes, dünnes Rostrum und liebt höhere Wassertemperaturen.
Farlowella paraguayensis – dieser Nadelwels gelangt ebenfalls von Zeit

Farlowella paraguayensis wird aus Paraguay zu uns importiert

Immer wieder mal im Handel: *Farlowella platorynchus* aus Peru

Farlowella amazona aus dem Rio Tefé in Brasilien

zu Zeit in den Handel und stammt aus Paraguay. Die Art besitzt nur ein vergleichsweise kurzes Rostrum und verträgt auch relativ niedrige Temperaturen.
Farlowella platorynchus – der Fadenkreuz-Nadelwels wird regelmäßig aus Peru zu uns eingeführt. Die Art wird relativ groß und ist an ihrem langen und breiten Rostrum zu erkennen.
Farlowella smithi – aus Brasilien werden nur relativ selten *Farlowella* importiert. Diese Art mit sehr auffälliger Schwanzflossenzeichnung stammt aus dem mittleren Amazonas-Gebiet und ist im Flusssystem des Rio Madeira heimisch.

Bemerkungen:
Der hier abgebildete Nadelwels ist die am häufigsten im Handel erhältliche *Farlowella*-Art und gelangt regelmäßig aus Kolumbien zu uns. Ob es sich dabei wirklich um *Farlowella vittata* handelt, ist zumindest fraglich, denn die Unterscheidung der häufig sehr ähnlichen Arten ist ausgesprochen schwierig. Von Zeit zu Zeit taucht eine albinotische Form dieser Art auf, die jedoch vor allem bei der Aufzucht eine deutlich höhere Mortalität zu zeigen scheint.

Harttia duriventris RAPP PY-DANIEL & OLIVEIRA 2001

Deutscher Name: Flacher Störwels

Unterfamilie: Loricariinae (Hexenwelse)

Gattungsgruppe: Harttiini

Harttia duriventris **aus dem Rio Tocantins in Brasilien**

Harttia**-Arten sind typische Bewohner der Stromschnellen in südamerikanischen Flüssen, wie hier am Tapanahony River in Surinam**

Größe: 14-15 cm

Vorkommen:
Harttia-Arten sind typische Bewohner von Stromschnellen. *H. duriventris* lebt im nordostbrasilianischen Bundesstaat Pará im Einzugsgebiet des Rio Tocantins oberhalb des Tucurui-Staudamms. Sie lebt dort in klaren bis leicht getrübten, sehr warmen und ausgesprochen schnell fließenden Gewässerbereichen.

Wasser-Parameter:
Temp.: 26-30°C; pH-Wert: 5-7,5; Härte: weich bis mittelhart

Weibchen von *Harttia duriventris* auf der Futtersuche

Pflege:
Die Welse der Gattung *Harttia* zählen zu den anspruchsvollsten Harnischwelsen, die wir kennen. Die Tiere sind ausgesprochen sauerstoffbedürftig und gleichzeitig sehr stark spezialisierte Aufwuchsfresser, die vorwiegend mit pflanzlicher Nahrung ernährt werden sollten. Bislang konnten noch nicht viele Arten erfolgreich über einen langen Zeitraum im Aquarium gepflegt werden. *Harttia duriventris* hat sich dabei am ehesten für eine Pflege im Aquarium ab 160 Liter als geeignet herausgestellt. Die Tiere benötigen jedoch stark bewegtes, gut belüftetes und warmes Wasser, um sich wohl zu fühlen. Unter diesen Bedingungen sind sie sogar dauerhaft gut zu pflegen. Haltungsfehler quittieren sie jedoch häufig mit dem Ableben.

Fortpflanzungstyp:
Substratbrüter im männlichen Geschlecht

Geschlechtsunterschiede:
Die Männchen besitzen eine breitere Kopfpartie sowie einen stärker verdickten und beborsteten ersten Brustflossenstrahl.

Vermehrung im Aquarium:
Da es bislang erst bei wenigen *Harttia*-Arten gelungen ist, sie über einen längeren Zeitraum erfolgreich im Aquarium zu pflegen, haben sich noch nicht viele Aquarianer um die Nachzucht

Frisch auf einem Stein abgesetztes Gelege von *Harttia duriventris*

Harttia-Männchen bei der Brutpflege

Weit entwickelte Eier kurz vor dem Schlupf

Frisch geschlüpfter Jungfisch von *Harttia duriventris*

Dieser Jungfisch ist etwa einen Monat alt

dieser Tiere bemüht. Wenn man es aber erst einmal geschafft hat, diese Fische für längere Zeit am Leben zu erhalten, so ist sogar die Nachzucht im Aquarium möglich. Abgelaicht wird dabei bevorzugt auf strömungsexponierten Steinen. Die Eier sind etwa 4 mm groß und anfänglich leicht bernsteinfarben. Die Männchen verdecken das Gelege die meiste Zeit lang mit ihrem Körper und säubern es immer wieder. Mit zunehmendem Alter werden die Eier immer dunkler und die Embryonen sind bald gut zu erkennen. Der Schlupf erfolgt etwa am siebten Tag.

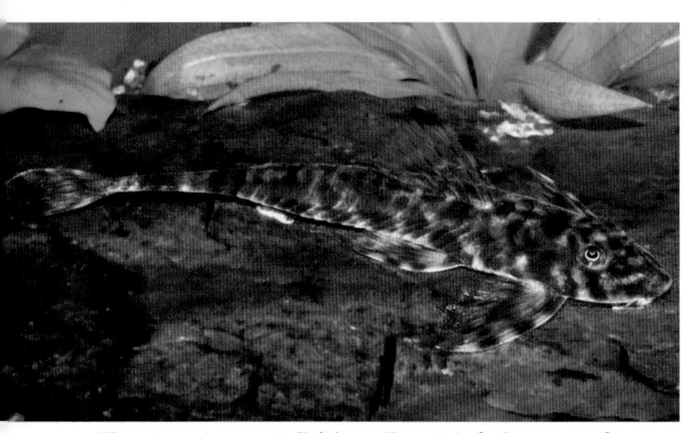

Harttia surinamensis (L40) aus Französisch Guyana und Surinam

Aufzucht der Jungfische:
Wer schon einmal *Sturisoma*-Jungfische erfolgreich aufgezogen hat, den stellt auch die Aufzucht junger *Harttia* nicht vor große Probleme. Die Jungfische sind zwar sehr sauerstoff- und wärmebedürftig, stellen aber ansonsten ähnliche Ansprüche. Auch junge *Harttia* sollten ständig „im Futter stehen“ und können gut mit staubfeinem Flockenfutter auf vorwiegend pflanzlicher Basis ernährt werden. Die Jungfische sind schnellwüchsig und haben anfänglich eine weißliche Grund-

färbung mit einem dunklen Muster aus Strichen. Siehe auch das Kapitel „Jungfischaufzucht“ für weitere Tipps zur Aufzucht der heiklen Jungfische von Störwelsen und Verwandten.

Ähnliche Arten:
Neben *Harttia duriventris* gibt es noch weitere oft heikle Welse aus der weiteren *Sturisoma*-Verwandtschaft mit ähnlichen Ansprüchen. Leider wird derzeit keine dieser Arten zu uns eingeführt:
Harttia surinamensis – diese in Französisch Guyana und Surinam vorkommende Art ist die einzige der Gattung, die bislang eine L-Nummer bekommen hat. Der auch als L40 bezeichnete Fisch wurde von reisenden Aquarianern importiert.
Harttia guyanensis – selbiges gilt für *Harttia guyanensis* aus dem Grenzgebiet zwischen Französisch Guyana und Surinam. Diese Art ist anspruchsvoll und sauerstoffbedürftig.
Harttia uatumensis – da außer *H. carvalhoi* keine *Harttia* auf der Positivliste Brasiliens stehen, ist der Export dieser Fische nicht erlaubt. So ist auch eine Einfuhr des hübschen *Harttia uatumensis* unwahrscheinlich.
Cteniloricaria fowleri – die *Cteniloricaria* sind mit den *Harttia* eng verwandt, jedoch schlanker, hochrückiger und haben eine dreieckige Rückenflosse. *Cteniloricaria fowleri* stammt aus Französisch Guyana.

Bemerkungen:
Bei diesem Harnischwels handelt es sich um einen der anspruchsvollsten Welse in diesem Buch, der nur von erfahrenen Aquarianern gepflegt werden sollte. Bis vor einigen Jahren wurde diese Art von Zeit zu Zeit aus Brasilien zu uns eingeführt. Durch die extremen Exportbeschränkungen sind erneute Importe derzeit jedoch sehr unwahrscheinlich.

Harttia guyanensis aus dem Tapanahony River in Surinam

Harttia uatumensis aus dem Rio Jatapu in Brasilien

Cteniloricaria fowleri aus Französisch Guyana

Hemiodontichthys acipenserinus (KNER, 1854)

Deutscher Name: Nasenharnischwels

Unterfamilie: Loricariinae (Hexenwelse)

Gattungsgruppe: Loricariini (Untergattungsgruppe: Loricariina)

Der vor allem aus Peru häufig zu uns eingeführte Nasenharnischwels, *Hemiodontichtyhs acipenserinus*, ist einer der kleinsten maulbrütenden Hexenwelse

Größe: 15 cm (im Aquarium selten größer als 10 cm)

Nasenharnischwelse fühlen sich auf feinem Sandboden am wohlsten

Vorkommen:
Der Nasenharnischwels besitzt ein riesiges Verbreitungsgebiet und wurde bereits für Guyana, Brasilien, Peru und Bolivien nachgewiesen. Die Art ist dort im mittleren und oberen Amazonas-Becken sowie im Essequibo-Becken heimisch. Sie kommt sowohl in Gewässern vom Weißwassertyp als auch im Klar- und Schwarzwasser vor. Ich fand *H. acipenserinus* in

Peru bei Pucallpa in trüben und nahezu stehenden Gewässern auf schlammigen Untergrund ebenso wie in Brasilien im Schwarzwasser des Rio Tefé auf Sandbänken. Die Art ist also ausgesprochen anpassungsfähig.

Sandbank am Rio Tefé in Brasilien, Lebensraum von *Hemiodontichtyhs acipenserinus*

Wasser-Parameter:
Temp.: 25-30°C; pH-Wert: 5,0-8,0; Härte: weich bis mittelhart

Pflege:
Einer der am einfachsten zu pflegenden maulbrütenden Hexenwelse, der bezüglich der Wasserbeschaffenheit extrem anpassungsfähig ist. Die Art liebt sandigen Untergrund, gräbt sich jedoch bestenfalls (und das auch nur selten) von Zeit zu Zeit halb in den Boden ein. Es ist ein wenig schwimmfreudiger Fisch, der deshalb auch nur kleine Aquarien ab 60 Liter zur Pflege benötigt. Die Tiere verlassen sich auf ihre Tarnung und fliehen nicht, weshalb sie nicht mit aggressiven oder allzu aufdringlichen Fischen vergesellschaftet werden sollten. Vorsicht ist geboten, da sich diese Fische im Aquarium leicht mit den nach hinten gerichteten Odontoden an der Rostrumspitze im Filterschaum verfangen oder sich in Höhlen, die eigentlich für andere Welse gedacht sind, verirren und darin verenden. Bei schlechten Pflegebedingungen leiden die Fische außerdem sehr schnell an bakterieller Flossenfäule. Die Fische sind gut mit Tablettenfutter und feinem Frost- und Lebendfutter zu ernähren.

Brutpflege von unten betrachtet

Fortpflanzungstyp:
Maul- bzw. Lippenbrüter im männlichen Geschlecht

Geschlechtsunterschiede:
Außerhalb der Laichzeit sind Männchen und Weibchen nur sehr schwierig zu unterscheiden. Zur Laichzeit vergrößert sich jedoch die Lippenpartie der Männchen sehr stark zu einer schlauchartigen Struktur, die später das Gelege um-

Brutpflegendes Männchen

schließt. Die Weibchen bilden dann auch eine deutlich größere Körperfülle aus. Außerhalb der Laichzeit bilden sich die „Brutlippen" wieder zurück.

Vermehrung im Aquarium:
Die Eiablage findet bei guten Pflegebedingungen gewöhnlich ohne Ankündigung und besonderes Zutun seitens des Aquarianers im Dunkel der Nacht statt. Das Männchen hält eine Gelegetraube, die aus etwa 30-40 zunächst gelblichen Eiern besteht, mit seiner vergrößerten Lippenpartie fest. Junge Männchen sind zuweilen noch unzuverlässige Brutpfleger und reagieren auch anfällig auf Störungen. Nach etwa 12-14 Tagen schlüpfen die Jungfische. Oft sterben mit der Zeit einige Eier ab, so dass 20 Jungfische schon eine gute Ausbeute sind.

Nahezu fertig entwickeltes Gelege

Aufzucht der Jungfische:
Die sandfarbenen und dunkel gebänderten Jungfische besitzen anfangs eine runde Kopfpartie. Die spitze Kopfform wird erst später mit zunehmender Größe ausgebildet. Die Aufzucht ist nicht schwierig, denn die Jungfische lassen sich sofort mit *Artemia*-Nauplien und Futtertabletten ernähren. Auch Grindalwürmchen werden gefressen. Das Wachstum der Jungfische erfolgt langsam.

Ähnliche Arten:
Weitere empfehlenswerte Arten aus der Verwandtschaft des Nasenharnischwelses, die ähnliche Pflegeansprüche haben, sind:
Loricariichthys anus – dieser bis 40 cm große Hexenwels stammt aus Uruguay und wurde bislang nur selten gepflegt. Die Art ist unglaublich produktiv und bildet riesige Gelege aus.
Loricariichthys platymetopon – soll in Bolivien, Paraguay und Venezuela vorkommen und wurde schon häufig im Aquarium nachgezogen. Die Art wird etwa 20 cm groß und ist produktiv.

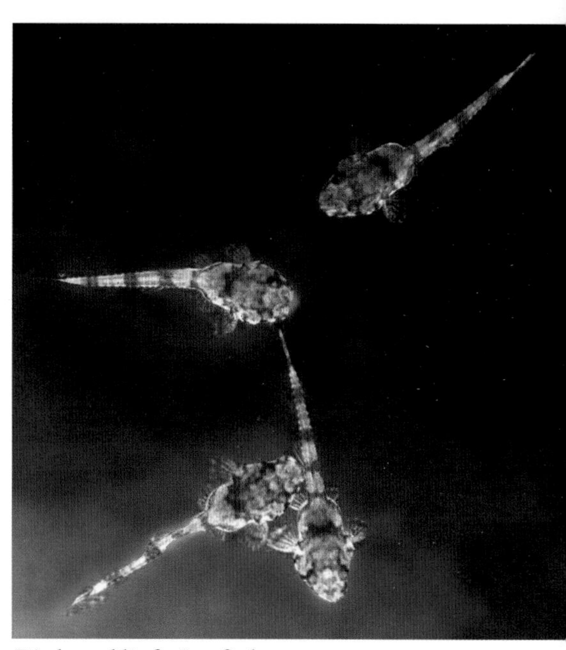
Frisch geschlüpfte Jungfische

Ein Riese innerhalb der Gattung ist *Loricariichthys anus* aus Uruguay, der 40 cm Länge erreichen kann

***Loricariichthys platymetopon* aus Paraguay wurde schon mehrfach im Aquarium nachgezogen**

Loricariichthys sp. „Brasilien" – eine selten eingeführte *Loricariichthys*-Art, die vermutlich noch nicht im Aquarium vermehrt wurde.

Bemerkungen:
Während man in der Natur zuweilen bis zu 15 cm große Exemplare dieser Art beobachten kann, werden diese im Aquarium nur selten größer als 10, vielleicht maximal 12 cm. Der Nasenharnischwels ist aufgrund seiner geringen Größe und wegen seines interessanten Fortpflanzungsverhaltens einer meiner Favoriten unter den Harnischwelsen.

Dieser *Loricariichthys* sp. „Brasilien" stammt aus dem Amazonasgebiet

Ixinandria steinbachi (REGAN, 1906)

Deutscher Name: Borstenkopf-Hexenwels

Unterfamilie: Loricariinae (Hexenwelse)

Gattungsgruppe: Loricariini (Untergattungsgruppe: Loricariina)

Größe: 12 cm

Männchen von *Ixinandria steinbachi*

Ein adultes Weibchen mit deutlichem Laichansatz

Vorkommen:
Die Heimat von *Ixinandria steinbachi* ist das Flusssystem des Río Paraguay im Grenzbereich zwischen Bolivien und Argentinien. Dort werden nur die Oberläufe der Flüsse Río Juramanto, Río Bermejo und Río Pilcomayo in Höhen von 200 bis 2900 m NN besiedelt. Die Gewässer unterliegen starken jahreszeitlichen Schwankungen der Wassertemperatur,

wobei die Lufttemperatur in diesem Gebiet bis auf 10°C absinken kann.

Wasser-Parameter:
16-24°C; pH-Wert: 6,5-8,0; Härte: weich bis mittelhart

Pflege:
Ein Pärchen dieser Art durfte ich als Urlaubsvertretung etwa einen Monat lang pflegen. Da meine Aquarienanlage in einem auf 26°C aufgeheizten Raum steht, versuchte ich, durch tägliche Wasserwechsel mit kühlerem Wasser die Wassertemperatur in einem für die Tiere gut erträglichen Bereich zu halten. Durch die Wasserwechsel ließ ich die Temperatur jeweils auf 18 bis 20°C abfallen. Das Aquarium war mit einer Sandschicht und einigen übereinander gestapelten Steinen eingerichtet, unter denen sich die Fische häufig versteckten.

Unterseite des Borstenkopf-Hexenwelses

Lebensraum von I.steinbachi in der Nähe von Salta, Argentinien (Foto: Raimond und Birgit Normann)

Frontalansicht eines *Ixinandria*-Männchens

Weibchen haben einen spitzeren und bartfreien Kopf

Die elektrische Leitfähigkeit schwankte zwischen 200 und 400 µS/cm. Der pH-Wert lag im Bereich zwischen 7,0 bis 7,5. Gefüttert wurde mit *Tubifex*, Weißen Mückenlarven, gefrosteten *Cyclops* und Futtertabletten.

Fortpflanzungstyp:
Höhlenbrüter im männlichen Geschlecht

Geschlechtsunterschiede:
Die Männchen sind dunkler gefärbt und haben einen deutlich breiteren Kopf mit überaus kräftigen Odontoden an den Seiten, die den Weibchen fehlen. Ferner besitzen die Männchen deutlich

Männchen und Weibchen beim Ablaichen unter einem Stein

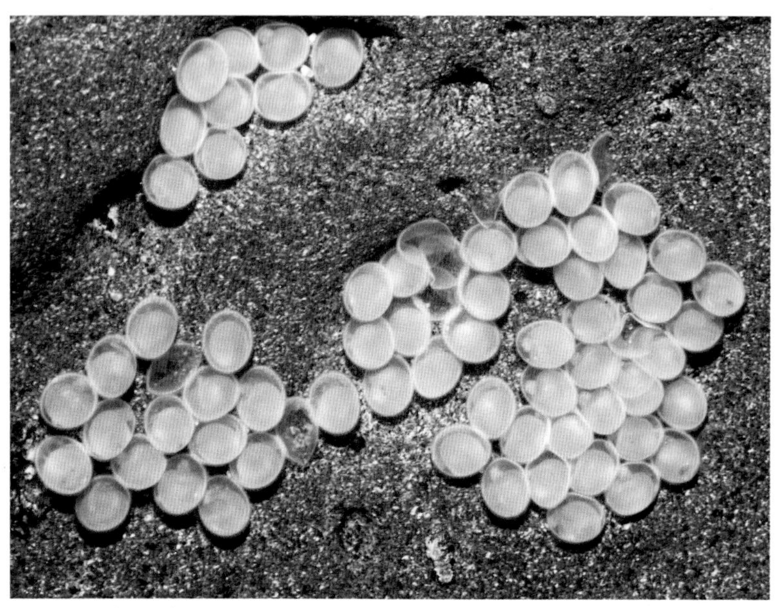

Drei Tage altes Gelege

mehr Papillen in der Mundhöhle und eine deutlich kleinere Genitalpapille.

Vermehrung im Aquarium:
Infolge der kräftigen Fütterung und der häufigen Wasserwechsel mit kühlem Wasser laichten die Tiere bald ab. Dazu fand sich das mittlerweile fast unförmig dicke Weibchen gemeinsam mit dem Männchen unter einem Stein ein. Etwa 70 relativ große Eier wurden an der Höhlen-

decke angeheftet, die das Männchen fortan betreute. Die Eier verfärbten sich von gelb zu rosa und nach zehn bis elf Tagen schlüpften die Jungfische.

Aufzucht der Jungfische:
Die jungen *Ixinandria* hatten anfänglich bereits eine Länge von 12 mm und besaßen nur noch einen winzigen Dottersack. Sie verließen die Obhut des Männchens sehr schnell. Ich fütterte die Jungfische mit *Artemia*-Nauplien und an der Wasseroberfläche zerriebenen Futtertabletten, später auch mit gefrosteten *Cyclops*. Bei der Aufzucht verlor ich einige Jungfische. Das Sterben führe ich darauf zurück, dass mir zu diesem Zeitpunkt keine qualitativ hochwertigen *Artemia*-Nauplien zur Verfügung standen.

Ähnliche Arten:
Es gibt eine Reihe von ähnlichen südlichen Vertretern der Gattung *Rineloricaria*, die teilweise sogar bereits fälschlich als *Ixinandria* importiert oder bezeichnet wurden. Diese wurden jedoch bereits bei *Rineloricaria* sp. aff. *latirostris* vorgestellt. Von den *Rineloricaria* sind die *Ixinandria* leicht durch ihre nackte Bauchpartie ohne Knochenplatten zu unterscheiden.

Bemerkungen:
Es handelt sich bei *Ixinandria steinbachi* – viele Jahre lang ein Phantom in der Aquaristik – leider nicht um eine kommerziell importierte Art. Die wenigen vorhandenen Tiere sollten also unbedingt durch Nachzucht für unser Hobby erhalten bleiben. Wer den nicht sehr anspruchsvollen Welsen jedoch nicht dauerhaft die niedrigen Wassertemperaturen anbieten kann, sollte lieber die Finger davon lassen.

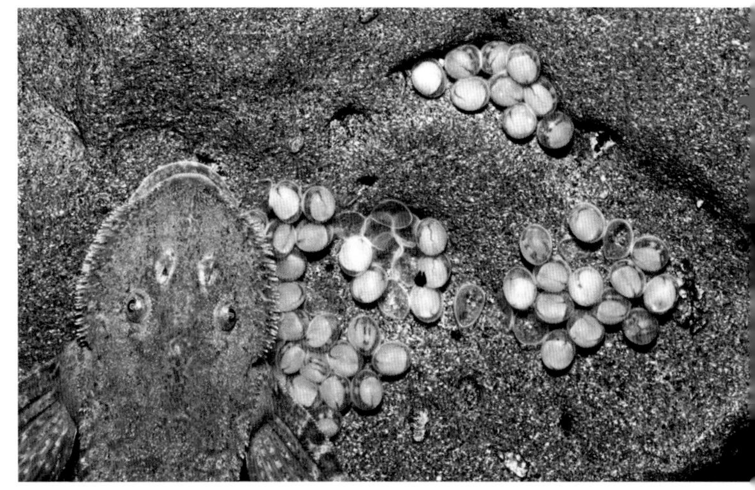
Männchen mit 8 Tage alten Eiern

Drei Tage alter Jungfisch

Etwa 3 cm langer Jungfisch

Lamontichthys filamentosus (La Monte, 1935)

Deutscher Name: Filament-Störwels, Fähnchen-Harnischwels

Unterfamilie: Loricariinae (Hexenwelse)

Gattungsgruppe: Loricariini (Untergattungsgruppe Sturisomina)

***Lamontichthys filamentosus* aus Peru**

Der Río Sipahua in Peru, Lebensraum von *Lamontichthys filamentosus*

Größe: 20 cm

Vorkommen:
Dieser sehr interessante Harnischwels ist weit verbreitet und soll in Peru, Bolivien und dem westlichen Brasilien heimisch sein. Er bewohnt diverse Weißwasserflüsse des oberen Amazonas-Beckens. Ich fand diese Art in Peru in verschiedenen Flüssen in schnell fließenden Gewässerbereichen auf Steinen, so z.B. im Río Sepahua, einem Zufluss zum Río Urubamba.

Wasser-Parameter:
Temp.: 25-29°C; pH-Wert: 6,5-8; Härte: weich bis mittelhart

Männchen von *Lamontichthys filamentosus* mit feinen Borsten auf dem ersten Brustflossenstrahl

Pflege:
Da es sich bei den im Zoofachhandel angebotenen Exemplaren ausnahmslos um Wildfänge handelt, ist anfänglich Vorsicht bei der Pflege geboten. Die Tiere benötigen offensichtlich einige Zeit zur Akklimatisation und erweisen sich zunächst als empfindlich. In warmem, sehr sauberem und sauerstoffreichem Wasser und bei einer optimalen Fütterung mit Futtertabletten, Grünfutter und feinem Frostfutter gewöhnen sie sich allerdings schnell ein und bereiten dann meist kaum noch Probleme. Der pH-Wert darf jedoch keinesfalls in den sauren Bereich abfallen. *Lamontichthys* lieben eine kräftige Strömung im Aquarium.

Fortpflanzungstyp:
Substratbrüter im männlichen Geschlecht

Geschlechtsunterschiede:
Einen Bewuchs mit Odontoden an den Schnauzenrändern wie bei *Sturisoma* und *Sturisomatichthys* ist bei den *Lamontichthys*-Männchen nicht vorhanden. Sie bilden jedoch einen verbreiterten ersten Brustflossenstrahl aus, der in der Mitte

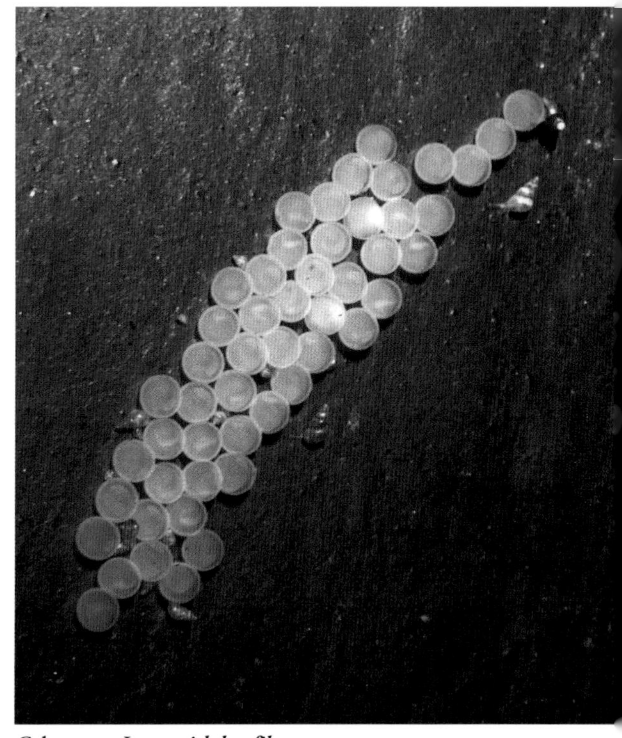

Gelege von *Lamontichthys filamentosus*

Frisch geschlüpfter Jungfisch

Zwei Tage alter *Lamontichthys*

Lamontichthys filamentosus im Alter von 3 Wochen

einen stark mit Odontoden beborsteten Bereich aufweist.

Vermehrung im Aquarium:
Die Vermehrung von *Lamontichthys* ist in den vergangenen Jahren einige Male gelungen. Voraussetzung für die erfolgreiche Vermehrung scheint vor allem eine kräftige Strömung des Wassers und eine gute Fütterung der Alttiere zu sein. Die Gelege werden im Gegensatz zu den *Sturisoma* häufig an einem vom Pfleger schlecht einsehbaren Platz im Aquarium versteckt abgelegt. Sie können aus bis zu 50 Eiern bestehen, die eine Größe zwischen 3,5 und 4 mm haben. Der Schlupf der anfänglich etwa 12 mm langen Jungfische erfolgt nach etwa 8 Tagen.

Lamontichthys llanero aus Venezuela gelangt selten in den Handel

Aufzucht der Jungfische:
Die Nachzucht von *Lamontichthys filamentosus* ist bislang erst wenige Male gelungen. Die Aufzucht der Jungfische bereitete dabei große Probleme, denn junge *Lamontichthys* sind ebenso anspruchsvoll wie *Sturisoma*-Jungfische. Die Jungfische sollten „im Futter stehen" und dieses auch ständig verfügbar haben. Die Aufzucht ist mit zu Staub zerstoßenen pflanzlichen Futtertabletten möglich; sie sollten am besten zweimal täglich gefüttert werden. Neben einer kräftigen Fütterung sind regelmäßige Wasserwechsel wichtig, denn ansonsten wachsen die Jungfische langsam. Erst mit einer Größe von 7-8 cm haben sie eine Größe erreicht, in der sie in geräumigere Aquarien umgesetzt werden sollten.

Lamontichthys stibaros **wird gemeinsam mit** ***Lamontichthys filamentosus*** **aus Peru importiert**

Ähnliche Arten:
Neben *Lamontichthys filamentosus* werden weitere *Lamontichthys*-Arten von Zeit zu Zeit zu uns importiert, die dieser Art in ihren Ansprüchen und ihrem Fortpflanzungsverhalten gleichen:
Lamontichthys llanero – auch *L. llanero* aus dem Orinoco-System in Venezuela und Kolumbien konnte bereits vermehrt werden. Die Art wird nur ausgesprochen selten zu uns eingeführt.
Lamontichthys sp. „Kolumbien" – dieser *Lamontichthys* gelangt regelmäßig aus Kolumbien zu uns. Die Art ist zwar nicht so langflossig wie *L. filamentosus*, dafür aber meist attraktiv gefärbt.
Lamontichthys stibaros – in Importen von *L. filamentosus* aus Peru findet man auch immer wieder *L. stibaros*, die jedoch an den deutlich kürzeren Flossen gut von dieser Art zu unterscheiden sind. Sie stellen ähnliche Ansprüche wie der Filament-Störwels.

Bemerkungen:
Diese sehr imposante Harnischwels-Art wird immer wieder aus Peru zu uns importiert. Häufig findet man sie in Importen vermischt mit *Lamontichthys stibaros*, der offensichtlich syntop zu dieser Art vorkommt. Bei *Lamontichthys stibaros* fehlen die für *L. filamentosus* typischen, fadenartigen Verlängerungen der Flossen.

Lamontichthys **sp. „Kolumbien" ist sehr attraktiv gefärbt**

Loricaria simillima REGAN, 1904

Deutscher Name: Maulbrütender Hexenwels

Unterfamilie: Loricariinae (Hexenwelse)

Gattungsgruppe: Loricariini (Untergattungsgruppe: Loricariina)

***Loricaria simillima*, aus Peru importiertes, halbwüchsiges Exemplar**

***Loricaria simillima* aus dem Weiß- und dem Klarwasser sind unterschiedlich gefärbt, die dunklere Variante lebt im Weißwasser**

Größe: 25 cm

Vorkommen:
Diese *Loricaria*-Art soll in Argentinien, Bolivien, Brasilien, Ekuador, Paraguay, Peru und Venezuela vorkommen. Angesichts der Schwierigkeiten bei der Unterscheidung der ähnlichen *Loricaria*-Formen aus den verschiedenen Teilen Südamerikas ist das jedoch sehr zweifelhaft, denn Formen aus Brasilien, Venezuela und Argentinien weichen in der Färbung sehr stark ab. In Peru ist *L. simillima* im oberen Amazonas-Becken weit verbreitet und kommt sowohl in etwas schnell fließenden Klarwasserflüssen als auch in nahezu stehenden Gewässern vom Weißwassertyp vor.

Wasser-Parameter:
Temp.: 24-30°C; pH-Wert: 5,0-7,5; Härte: weich bis mittelhart

Pflege:
Es handelt sich um eine anspruchslose und empfehlenswerte Art, die weder an die Beschaffenheit des Wassers, noch an dessen Sauerstoffgehalt hohe Ansprüche stellt. Aufgrund ihrer Größe sind jedoch geräumige Aquarien ab 300 Liter für eine dauerhafte Pflege erforderlich. Diese Welse benötigen Sandboden als Untergrund, in dem die Tiere mit ihren fein verzweigten Lippenbarteln nach Nahrung suchen. Zur Fütterung empfiehlt sich neben Flocken, Granulat oder Tabletten diverses Lebend- und Frostfutter (Mückenlarven, Daphnien, Salinenkrebse, *Mysis* etc.). *Loricaria* sind gut mit anderen Fischen zu vergesellschaften, die den sehr friedlichen Tieren keinen Schaden zufügen.

Caño de Paca in Peru, ein Lebensraum von *Loricaria simillima*

Fortpflanzungstyp:
Maul- bzw. Lippenbrüter im männlichen Geschlecht

Geschlechtsunterschiede:
Männchen fallen auf durch ihre verdickten ersten Brustflossenstrahlen und vor allem zur Laichzeit wegen ihres deutlich schlankeren Körpers.

Männchen von *Loricaria simillima* mit Gelege

Vermehrung im Aquarium:
Obwohl diese Tiere auch im Aquarium relativ groß werden können, erreichen dort heranwachsende *Loricaria* mitunter schon mit etwa 12 cm Länge die Geschlechtsreife und pflanzen sich fort. Die Fische benötigen weder spezielle Wasserparameter, noch müssen sie irgendwie stimuliert werden, um sich fortzupflanzen. Wenn man Exemplare beiderlei Geschlechts in einem Aquarium pflegt, ist die Nachzucht häufig gar nicht zu verhindern. Die Paarung erfolgt meistens während der Nacht. Am nächsten Morgen trägt das Männchen den sehr flachen Gelegeballen, der aus ca. 100 Eiern bestehen kann, mit sich herum. Es gräbt sich jedoch nicht

Verlassenes Gelege von *Loricaria simillima*

Wenige Tage alter Jungfisch

Frisch geschlüpfter Jungfisch

Aufzucht der jungen *Loricaria simillima* in einem kleinen Aquarium

damit ein wie Vertreter verwandter Gattungen. Die Eier sind etwa 3-3,5 mm groß. Bei 25°C schlüpfen die Jungfische nach etwa 12 Tagen und tragen zunächst noch einen kleinen Dottersack.

Loricaria cataphracta aus Französisch-Guyana

Aufzucht der Jungfische:
Die Aufzucht der Jungfische sollte in einem Einhängegefäß oder einem separaten Aquarium mit Sandbodengrund erfolgen, da die sie empfindlich auf die Bildung einer Schleimschicht auf dem Beckenboden reagieren. Nach dem Aufzehren des nur kleinen Dottersackes nach 1-2 Tagen ist eine Fütterung der Jungtiere mit *Artemia*-Nauplien und Futtertabletten möglich. Auch Grindal-Würmer werden gefressen. Unter den Nachzucht-en findet man nicht selten einen hohen Prozentsatz an Mopsköp-fen, was vermutlich auf eine zu

starke Belastung des Wassers zurückzuführen ist. Bei optimaler Wasserqualität und häufigen Wasserwechseln dürfte dieses Problem nicht auftreten. Jungfische wachsen schnell und sind zu Beginn sehr attraktiv dunkel gefärbt.

Brochiloricaria macrodon **aus Paraguay**

Ähnliche Arten:
Weitere empfehlenswerte Arten aus der Verwandtschaft von *Loricaria simillima* mit ähnlichem Fortpflanzungsverhalten und Pflegeansprüchen sind:
Loricaria cataphracta – vermutlich ist dieser aus Franz- Guyana stammende Hexenwels trotz leichter Züchtbarkeit mittlerweile wieder aus unseren Aquarien verschwunden, da neuerliche Importe fehlen.
Loricaria sp. „Rio Atabapo“ – die sogenannte Zügelstrich-*Loricaria* stammt aus Kolumbien und taucht immer wieder mal im Handel auf. Die attraktive Art ist nicht schwierig zu vermehren.
Loricaria tucumanensis – neben *Loricaria simillima* die am häufigsten importierte Art der Gattung. Dieser leicht nachzüchtbare Hexenwels ist allerdings unscheinbar.
Brochiloricaria macrodon – die Männchen der attraktiven *Brochiloricaria macrodon* suchen mit ihrem Gelege eine erhöhte Stelle, beispielsweise einen Baumstamm, auf.

Bemerkungen:
Loricaria simillima ist der aquaristisch am weitesten verbreitete Vertreter der Gattung, der mittlerweile schon häufig in Tschechien für den Handel nachgezüchtet wird. Die Art kann, je nach Herkunft, unterschiedlich gefärbt sein. Exemplare aus Weißwasserflüssen sind meistens deutlich dunkler und kontrastreicher gefärbt als jene aus dem Klarwasser.

Der attraktive Zügelstrich-Hexenwels *Loricaria* sp. „Rio Atabapo“

Loricaria tucumanensis **wird regelmäßig aus Paraguay zu uns eingeführt**

Pseudohemiodon sp. „Marbled"

Deutscher Name: Gescheckter Flunderharnischwels

Unterfamilie: Loricariinae (Hexenwelse)

Gattungsgruppe: Loricariini (Untergattungsgruppe: Loricariina)

***Pseudohemiodon* sp. „Marbled" aus dem Río Itaya in Peru in heller Färbung**

Flunderharnischwelse bewohnen die freien Sandflächen der großen Flüsse, hier der Río Surutu in Bolivien

Größe: 15 cm

Vorkommen:
Dieser begehrte Flunderharnischwels wird aus dem Río Itaya in Peru über Iquitos zu uns eingeführt. Die Art kommt dort auf freien Sandflächen vor. Der Fundort dieser Fische grenzt an das Verbreitungsgebiet von *Pseudohemiodon apithanos*, als dessen Variante diese Art eine Zeit lang galt.

Wasser-Parameter:
Temp.: 24-29°C; pH-Wert: 6,0-7,5; Härte: weich bis mittelhart

Pflege:
Flunderharnischwelse benötigen als typische Sandbewohner eine große und freie Sandfläche im

Aquarium (ab 200 Liter), in der sie sich vergraben können. Mit ihren feinen Lippenbarteln suchen sie im Sandboden nach Nahrung. Sie können gut mit Mückenlarven, Daphnien, Salinenkrebsen, *Mysis* und *Cyclops* gefüttert werden, aber auch Futtertabletten werden gefressen. Bei der Pflege dieser Fische ist zu beachten, dass sich keine Fäulnisherde im Boden bilden dürfen und regelmäßig ein Teilwasserwechsel durchgeführt wird. Auf zu starke Wasserbelastung reagieren die Tiere empfindlich.

Pseudohemiodon **sp. „Marbled" verändert seine Färbung je nach Stimmung. Hier ein rotbraun gefärbtes Tier**

Fortpflanzungstyp:
Maul- bzw. Lippenbrüter im männlichen Geschlecht

Geschlechtsunterschiede:
Die Geschlechter sind bei den *Pseudohemiodon*-Arten nicht einfach zu unterscheiden, da sich Männchen und Weibchen kaum voneinander unterscheiden. Die Brustflossen der Männchen sind meistens etwas größer und zur Laichzeit sind die Weibchen deutlich fülliger.

Pseudohemiodon **sp. „Marbled", ein Exemplar mit besonders dunkler Färbung**

Vermehrung im Aquarium:
Bei guter Pflege sind *Pseudohemiodon*-Arten relativ einfach im Aquarium zu vermehren. Ich konnte jedoch auch schon feststellen, dass die Tiere das Laichen einstellen, wenn sie sich durch zu viele oder zu aufdringliche Fische gestört fühlen. Für die Nachzucht bedarf es keiner besonderen Stimulation. Wenn sich die Tiere wohl fühlen, tragen die Männchen oft plötzlich ein Gelege mit sich herum, das in etwa die Größe eines 2-Euro-Stücks hat und aus ca. 15 bis maximal 20 ungefähr 5 mm großen Eiern besteht. Die Männchen graben sich gewöhnlich mitsamt dem Gelege ein, kommen aber von Zeit zu Zeit immer wieder mit dem Vorderkörper an die Sandoberfläche, um die Eier mit Frischwasser zu versorgen.

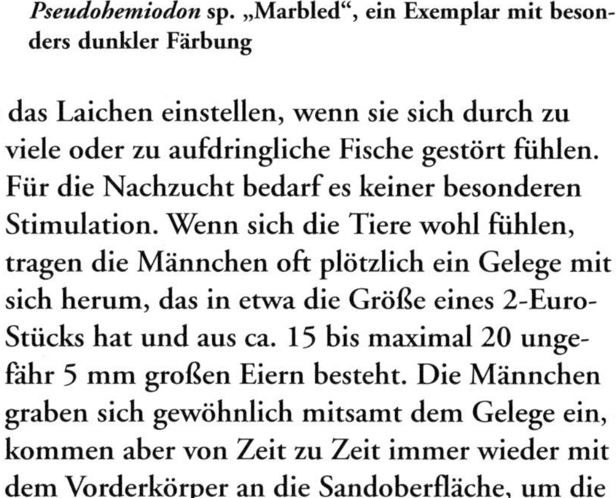

Brutpflegendes Flunderharnischwels-Männchen

Aufzucht der Jungfische:
Die sehr großen Jungfische sind im Gegensatz zu *P. apithanos* nicht ganz so empfindlich, so dass

eine verlustfreie Aufzucht für einen versierten Aquarianer kein Problem darstellen sollte. Der Vorderkörper der Jungfische ist wie bei einigen anderen verwandten Arten auch bereits von Anfang an dunkelbraun gefärbt, der Hinterkörper hell. Die Jungfische fressen sofort Futtertabletten, *Artemia*-Nauplien und Grindalwürmchen. Sie wachsen bei dieser Art der Fütterung schnell heran.

Gelege von *Pseudohemiodon* sp. „Marbled“

Ähnliche Arten:
Weitere sehr empfehlenswerte Flunderharnischwelse, die sich ähnlich pflegen und vermehren lassen, sind:
Pseudohemiodon apithanos – der Chamäleon-Flunderharnischwels ist sicher der nächste Verwandte von *Pseudohemiodon* sp. „Marbled“ und kommt auch in der Umgebung dieser Art vor. Die Art ist jedoch deutlich anspruchsvoller und wurde noch nicht häufig erfolgreich vermehrt.
Pseudohemiodon lamina – dieser klein bleibende *Pseudohemiodon* wurde vor einigen Jahren aus Peru importiert und wird seitdem von den Aquarianern durch Nachzucht, die nicht schwierig ist, erhalten.

Jungfische von *Pseudohemiodon* sp. „Marbled“ sind wie die der meisten Arten zunächst dunkel gefärbt

Der Chamäleon-Flunderharnischwels, *Pseudohemiodon apithanos*, kann seine Färbung je nach Stimmung verändern

Pseudohemiodon laticeps – diese Art wird aus Paraguay regelmäßig eingeführt, wird aber mit über 30 cm Maximallänge relativ groß. Die Art kommt aufgrund ihrer Herkunft auch mit niedrigen Temperaturen von 18-24°C gut zurecht.
Pseudohemiodon platycephalus – diese peruanische Art wurde früher fälschlich als *P. laticeps* angesprochen, besitzt jedoch eine weniger breite Kopfpartie. Sie ist einfach zu vermehren.
Pseudohemiodon thorectes – diesen seltenen Flunderharnischwels brachte ich gemeinsam mit meinen Mitreisenden vor 12 Jahren von einer Bolivien-Reise mit. Seitdem wird er von Aquarianern durch Nachzucht für die Aquaristik erhalten.

Selten im Zoofachhandel anzutreffen aber von Züchtern verbreitet wird *Pseudohemiodon lamina* aus Peru

Bemerkungen:
Vom ähnlichen *Pseudohemiodon apithanos* kann diese begehrte aber in letzter Zeit nur selten eingeführte Art durch eine deutlich stärker abgerundete Kopfpartie unterschieden werden. Die Art ist aber auch niemals so schwarz gefärbt wie dieser, kann aber ebenfalls seine Färbung stark verändern. Die Tiere können einen hellen Vorderkörper zeigen, der dann dunkel punktiert ist, sich aber mitunter auch dunkel einfärbt. Selbst eine vollständig rotbraune Färbung ist möglich.

Der seltene *Pseudohemiodon thorectes* aus Bolivien

Früher oft importiert: *Pseudohemiodon platycephalus* aus Peru, heute fast nur durch Nachzuchten verbreitet

***Pseudohemiodon laticeps* ist der größte bekannte Flunderharnischwels und verträgt auch niedrige Temperaturen**

Pseudoloricaria laeviuscula (VALENCIENNES, 1840)

Deutscher Name: Blattbrütender Hexenwels

Unterfamilie: Loricariinae (Hexenwelse)

Gattungsgruppe: Loricariini (Untergattungsgruppe: Loricariina)

***Pseudoloricaria laeviuscula* aus dem Rio Tefé in Brasilien**

Der Potaro River in Guyana ist ein typischer Lebensraum von *Pseudoloricaria laeviuscula*

Größe: 30 cm (im Aquarium selten größer als 15 cm)

Vorkommen:
Dieser Wels besitzt ein unglaublich großes Verbreitungsgebiet. Ich fand diese Art im Rio Tefé in Brasilien, einem Schwarzwasserfluss, sowie in verschiedenen Weißwasserflüssen im Essequibo-Becken in Guyana. Weitere Tiere erhielt ich aus dem Rio Tapajós und dem Rio Xingu in Brasilien, zwei Klarwasserflüssen. *P. laeviuscula* scheint also nahezu die Sandbänke aller größeren Flüsse im mittleren und unteren Amazonas-Becken sowie im Essequibo-Becken zu bewohnen.

Die *Pseudoloricaria*-Männchen bilden zur Laichzeit eine vergrößerte Unterlippe aus

Wasser-Parameter:
Temp.: 25-30°C; pH-Wert: 5,0-7,5; Härte: weich bis mittelhart

Pflege:
Bezüglich der Wasserbeschaffenheit ist dieser Harnischwels sehr anpassungsfähig. Er sollte bei relativ hohen Wassertemperaturen gepflegt werden. Die Art benötigt Sand als Substrat, auch wenn sie sich normalerweise nicht darin vergräbt. Verstecke werden im Aquarium (ab 100 Liter) nicht benötigt und auch nicht genutzt. Es handelt sich um einen friedlichen, unauffälligen Aquarienbewohner, der mit Trockenfutter ebenso wie mit Frost- und Lebendfutter ernährt werden kann.

Fortpflanzungstyp:
Maul- bzw. Lippenbrüter im männlichen Geschlecht

Geschlechtsunterschiede:
Bei diesen Fischen sind Männchen und Weibchen außerhalb der Laichzeit kaum zu unterscheiden. Zur Laichzeit vergrößert sich jedoch bei ihnen die Lippenpartie der Männchen sehr auffällig.

Auch im Aquarium erweisen sich diese Fische als „Blattbrüter“ (Foto: Andreas Sprenger)

Vermehrung im Aquarium:
Ohne eine besondere Beobachtung aus der Natur wären diese interessanten Fische vielleicht niemals im Aquarium vermehrt worden. *Pseudoloricaria*-Männchen wurden in ihren Lebensräumen wiederholt mit einem Gelege im Maul gefangen, das auf einem Blatt festgeklebt war. Ohne Blätter im Aquarium sind diese Fische offensichtlich nicht nachzuzüchten. SPRENGER legte einige kleine, rund geschnittene *Rhododendron*-Blätter, die sich aufgrund ihrer Festigkeit offensichtlich besonders gut eignen, ins Aquarium und löste damit schon nach kurzer Zeit das Ablaichen bei seinen Tieren aus. Die Eier werden vermutlich auf Blättern abgelegt, um sie von unten vor Gefahren aus dem häufig schlammigen Untergrund, auf dem die Tiere vorkommen können, zu schützen. Weitere besondere Pflegebedingungen für die Vermehrung benötigen diese *Pseudoloricaria* nicht.

Frisch geschlüpfter Jungfisch von *Pseudoloricaria laeviuscula*

Aufzucht der Jungfische:
Bislang gelang die Vermehrung dieser Fische meines Wissens erst ein einziges Mal durch SPRENGER. Die Aufzucht erwies sich jedoch als etwas problematisch und er hatte dabei einige Verluste zu verzeichnen. Der Grund dafür ist noch nicht geklärt. Die Jungfische dieser Sandwelse können mit *Artemia*-Nauplien gefüttert werden. Sie ähneln anfänglich jungen *Loricariichthys* und *Hemiodontichthys*.

Dieser Jungfisch von *Pseudoloricaria laeviuscula* ist bereits etwa 4 cm lang

Limatulichthys griseus kommt stellenweise gemeinsam mit *Pseudoloricaria laeviuscula* im selben Habitat vor

Ähnliche Arten:
Weitere empfehlenswerte Arten aus der Verwandtschaft dieses Hexenwelses, die ähnliche Pflegeansprüche und vermutlich auch ein vergleichbares Fortpflanzungsverhalten aufweisen, sind:
Pseudoloricaria sp. „Rio Trombetas“ – diese sicher noch unbeschriebene *Pseudoloricaria*-Art ist aus dem Rio Trombetas und dem Rio Negro bekannt. Die ebenfalls etwa 30 cm groß werdenden Tiere werden nur selten im Aquarium gepflegt.
Limatulichthys griseus – früher war diese vielerorts sogar gemeinsam mit *P. laeviuscula* vorkommende Art unter dem Namen *Limatulichthys punctatus* bekannt. Ob dieser sehr ähnliche Wels tatsächlich die gleiche Fortpflanzungsstrategie verfolgt, ist noch nicht bekannt.

Bemerkungen:
Die *Pseudoloricaria-* ähneln den *Loricariichthys*-Arten sehr, sind jedoch durch ihre am Ende gezackte Unterlippe von diesen meist gut zu unterscheiden. *P. laeviuscula* lässt sich von ähnlichen Arten außerdem durch einen schwarzen Fleck vorn in der Schwanzflosse differenzieren.

Pseudoloricaria sp. „Rio Trombetas“ ist ein ausgesprochen seltener Aquarienpflegling

Pterosturisoma microps (EIGENMANN & ALLEN, 1942)

Deutscher Name: Flügel-Störwels

Unterfamilie: Loricariinae (Hexenwelse)

Gattungsgruppe: Loricariini (Untergattungsgruppe: Sturisomina)

***Pterosturisoma microps* aus dem Río Huallaga in Peru**

Größe: 20 cm

Vorkommen:
Pterosturisoma microps wird regelmäßig über Iquitos aus dem Norden Perus exportiert. Die Art ist dort in Zuflüssen des oberen Amazonas heimisch, beispielsweise im Río Huallaga.

Wasser-Parameter:
Temp.: 25-29°C; pH-Wert: 6,5-8; Härte: weich bis mittelhart

Pflege:
Der Flügel-Störwels ist einer der heikelsten Vertreter der sogenannten Störwelse, und die Pflege vor

allem noch nicht vollständig akklimatisierter Tiere bereitet häufig große Probleme. Die Fische sind offensichtlich durch die langen Hungerphasen, die sie zwangsläufig auf dem Transport durchleben müssen, stark geschwächt. Warmes und sauerstoffreiches Wasser, häufige Wasserwechsel und relativ hohe Wassertemperaturen sind besonders zur Eingewöhnung wichtig. Eine kräftige, am besten zweimal tägliche Fütterung mit Futtertabletten und gefrosteten Mückenlarven, Salinenkrebsen und Grindalwürmern sowie zusätzlich verschiedenen Grünfuttersorten ist ideal. Anfänglich kann man mit einer flachen und nicht eingefallenen Bauchpartie schon zufrieden sein. Erst einmal eingewöhnte Fische fressen aber unaufhörlich, bekommen einen kräftigen Leibesumfang und sind dann unproblematisch in der Pflege.

Fortpflanzungstyp:
Substratbrüter im männlichen Geschlecht

Die Heimat von *Pterosturisoma microps* sind der Río Huallaga und andere Amazonas-Zuflüsse in Peru

Erst einmal eingewöhnt vertilgen *Pterosturisoma microps* Unmengen an Futter

In der Ventralansicht sieht man sehr gut die langen Brustflossenfilamente

Geschlechtsunterschiede:
Die Männchen sind an einer breiteren Kopfpartie, aber auch an einer anderen Form der Afteröffnung sowie der umliegenden Knochenplatten von den Weibchen zu unterscheiden.

Vermehrung im Aquarium:
Bislang ist die Vermehrung von *Pterosturisoma microps* nur wenige Male im Aquarium gelungen. Lange Zeit hat diese Art jeglichen Zuchtversuchen getrotzt. Die Tiere laichen laut MELZER wie *Sturisoma* an einer glatten Fläche ab, z.B. an einer Seitenscheibe des Aquariums. Die Eier sind jedoch deutlich größer als *Sturisoma*-Eier (über 4 mm im Durchmesser) und zunächst weißlich gefärbt. Die etwa 50-60 Eier haben unter Aquarienbedingungen meistens eine geringe Klebekraft und können

deshalb teilweise zu Boden fallen. Die aus den Eiern schlüpfenden Jungfische sind deutlich breiter als junge *Sturisoma* und dunkel gefärbt.

Eier von *Pterosturisoma microps* sind riesig groß (Foto: Rainer Melzer)

Aufzucht der Jungfische:
Bislang konnten erst wenige Jungfische dieser sehr heiklen Welse aufgezogen werden. Die Aufzucht sollte wie bei den *Sturisoma*-Arten erfolgen. Sie ist laut MELZER mit pflanzlichen Futtertabletten und dekapsulierten *Artemia* möglich. Diese sollten den Jungfischen nahezu ständig verfügbar gemacht werden. Bei kräftiger Fütterung und häufigen Wasserwechseln wachsen die Jungfische schnell heran. Weitere Tipps zur Jungfischaufzucht von *Sturisoma* und Verwandten findet man im Kapitel über die Aufzucht. Die Jungfische sind deutlich schnellwüchsiger als bei den verwandten *Lamontichthys.*

Frisch geschlüpfter Jungfisch (Foto: Rainer Melzer)

Etwa 2 cm großer Jungfisch im Aufzuchtbecken (Foto: Rainer Melzer)

Ähnliche Arten:
Außer den ebenfalls in diesem Buch separat beschriebenen *Lamontichthys*- und *Sturisoma*-Arten kenne ich keine ähnlichen Harnischwelse, die ich hier vorstellen könnte. Die Gattung *Pterosturisoma* ist bisher monotypisch, enthält also nur eine Art.

Bemerkungen:
Dieser Harnischwels sollte nur von erfahrenen Aquarianern gepflegt werden, und diese haben dann häufig dennoch große Probleme bei der Pflege dieser Art. Die für *Pterosturisoma microps* typischen fadenartigen Verlängerungen der Brustflossen und der Schwanzflosse brechen häufig beim Import ab, wachsen aber häufig zumindest teilweise nach.

Rineloricaria melini (SCHINDLER, 1959)

Deutscher Name: Apachen-Prachthexenwels

Unterfamilie: Loricariinae (Hexenwelse)

Gattungsgruppe: Loricariini (Untergattungsgruppe: Loricariina)

Rineloricaria melini **ist vor allem im Flusssystem des Rio Negro in Brasilien heimisch**

Größe: 12-14 cm

Vorkommen:
Prachthexenwelse wie die attraktiven *Rineloricaria melini, R. teffeana* und *R. formosa* sind vor allem Bewohner von Schwarzwasserflüssen. Der Apachen-Prachthexenwels ist im Rio Manacapuru sowie im Unterlauf des Rio Negro im Norden Brasiliens heimisch. Die Tiere bewohnen dort Sandbänke mit geringer Strömungsgeschwindigkeit des Wassers, auf denen sie jedoch vor allem nachts anzutreffen sind.

Wasser-Parameter:
Temp.: 24-29°C; pH-Wert: 4,5-6,5; Härte: weich

Pflege:
Die friedlichen Prachthexenwelse sind, wenn man ihnen nicht zu hartes und warmes Wasser anbietet, gar nicht mal so schwierig in 80-100-Liter Aquarien zu pflegen. Wenn ihnen die Wasserwerte nicht zusagen, wird man diese Tiere sicher niemals nachzüchten können. Dennoch zeigen sie auch bei einem suboptimalen Wasserchemismus angesichts guter Pflege keinerlei Unwohlsein und sind langlebig. Die Fütterung erfolgt vorwiegend mit tierischer Kost, Futtertabletten sowie Flocken- und Granulatfutter. Als Bewohner amazonischer Flüsse sollten die Wassertemperaturen nicht zu niedrig sein.

Fortpflanzungstyp:
Höhlenbrüter im männlichen Geschlecht

Geschlechtsunterschiede:
Die Männchen haben eine breitere Kopfpartie und tragen zur Geschlechtsreife an der Seite einen ausgeprägten Backenbart aus Odontoden. Auch die Rückenpartie und die Oberseite der Brustflossen ist bei ihnen stark beborstet. Bei den Weibchen, die schon bald eine sehr füllige Bauchpartie ausbilden, scheinen die grünlichen Eier häufig durch die weiße Bauchdecke hindurch.

Vermehrung im Aquarium:
Bietet man den Tieren weiches und saures Wasser (pH-Wert 4,5-6) an, so ist

Am Rio Negro bewohnen die Prachthexenwelse bevorzugt solche Sandbänke

Rineloricaria melini **ist eine für Hexenwelse ungewöhnlich attraktive Art, die jedoch auch anspruchsvoll bezüglich der Wasserbeschaffenheit ist**

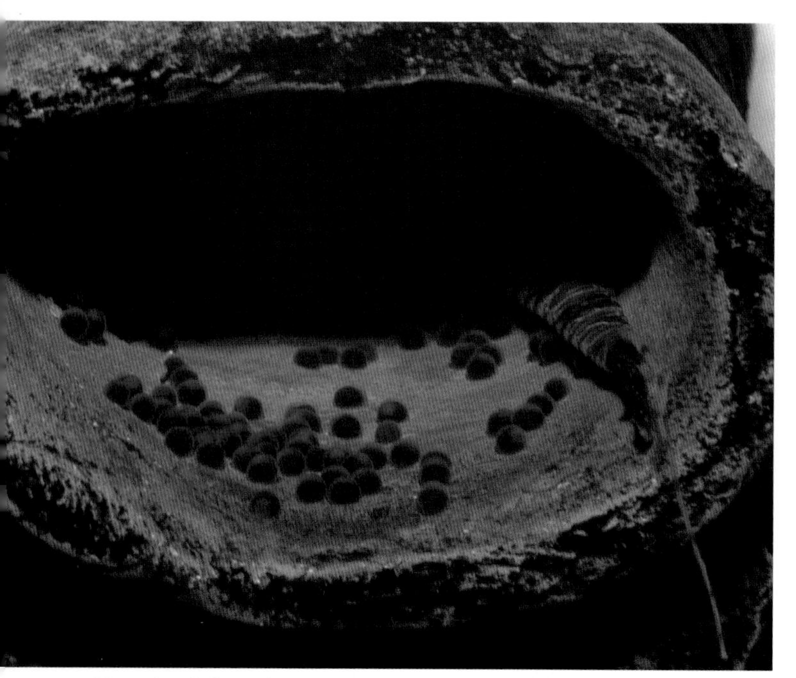

Männchen behüten bis zu 200 grüne Eier in der Bruthöhle

die Nachzucht in röhrenförmigen Höhlen geeigneter Größe gar nicht schwierig. Die umfangreichen, aus bis zu 200 grünen Eiern bestehenden Gelege werden locker an den Innenwänden der Höhle angeklebt. Die Gelege werden nicht selten herausgewirbelt, da die Männchen offensichtlich sehr störungsanfällig sind.

Aufzucht der Jungfische:
Die Jungfische schlüpfen nach 6-7 Tagen mit einem kleinen Dottersack und sind zunächst unscheinbar gefärbt. Sie sind in nicht zu hartem Wasser schon allein mit *Artemia*-Nauplien aufzuziehen. Bei zweimal täglicher Fütterung wachsen sie rasch. Wichtig ist allerdings eine saubere Aufzucht. Verderbendes Futter ist bald zu entfernen und der Aufzuchtbehälter täglich zu reinigen. Erst ab einer Länge von etwa 7-8 cm bilden die Jungfische langsam die hübsche Färbung aus.

Ähnliche Arten:
Weitere empfehlenswerte Arten aus der Verwandtschaft von *Rineloricaria melini* mit ähnlichem Fortpflanzungsverhalten (alle diese Arten produzieren grünliche Eier) und Pflegeansprüchen sind:
Rineloricaria fallax – häufigste Art aus der Verwandtschaft von *R. melini*, die auch im Klarwasser vorkommt und ein riesiges Verbreitungsgebiet besitzt. Leider ist *R. fallax* aber auch die unscheinbarste Art der sogenannten Pracht-Hexenwelse
Rineloricaria formosa – die Art stammt aus Schwarzwasserflüssen des oberen Orinoco, wie dem Río Atabapo in Kolumbien. Bei ihr ist der dunkle Rückenfleck weiter vorn angeordnet als bei *R. fallax.*
Rineloricaria teffeana – wunderschöner Prachthexenwels aus dem Rio Tefé und dem benachbarten Madeira-System, der schon mehrfach im Aquarium vermehrt wurde.
Rineloricaria sp. „Barcelos" – mit nur etwa

Frisch geschlüpfter Jungfsich von *Rineloricaria melini*

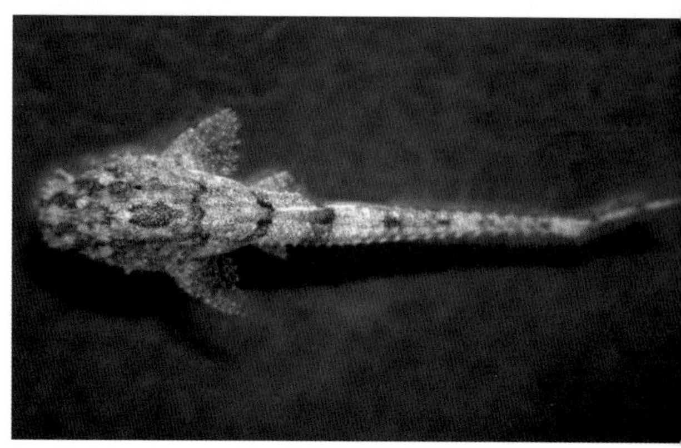

Jungfisch im Alter von einem Monat

Rineloricaria fallax gelangt noch vergleichsweise regelmäßig in den Handel

10 cm Maximallänge der kleinste Vertreter aus der Verwandtschaft von *R. melini.* Auch diese aus dem mittleren Rio Negro stammende Art besitzt ein Netzmuster, das allerdings feiner und unauffälliger ist als bei *R. teffeana.*

Bemerkungen:
Die Art wird heute nur noch ausgesprochen selten eingeführt, aber durch Nachzucht immer wieder über den Zoofachhandel verbreitet. Es bleibt zu hoffen, dass sich auf Dauer Züchter finden werden, die diese überaus hübschen Hexenwelse durch Nachzucht für unser Hobby erhalten.

Weibchen von *Rineloricaria* sp. „Barcelos", eines kleinen Prachthexenwelses aus dem mittleren Rio Negro

Rineloricaria formosa aus dem Río Atabapo

Netzmuster-Prachthexenwels, *Rineoricaria teffeana*

Rineloricaria parva (BOULENGER, 1895)

Deutscher Name: Paraguay-Hexenwels, LG6

Unterfamilie: Loricariinae (Hexenwelse)

Gattungsgruppe: Loricariini (Untergattungsgruppe: Loricariina)

***Rineloricaria parva* wurde lange Zeit als LG4 bezeichnet und für wissenschaftlich noch nicht bearbeitet gehalten**

Größe: 10 cm

Vorkommen:
Dieser Hexenwels gelangt regelmäßig neben dem Schoko-Hexenwels als zweite kleine Hexenwels-Art aus Paraguay zu uns. Die Art ist in der Umgebung von Asunción häufig, wo vorwiegend für den Export gesammelt wird. Sie bewohnt vor allem schwach fließende Gewässer vom Weißwassertyp, die zur kühlen Trockenzeit weniger als 20°C warm sein können. Die Art ist jedoch im Flusssystem des Río Paraguay, des Río Paraná sowie vermutlich auch des Río Uruguay noch weiter verbreitet, denn mittlerweile konnte die Art auch in Argentinien, Brasilien und Uruguay nachgewiesen werden.

Wasser-Parameter:
Temp.: 20-26°C; pH-Wert: 6,0-8,0; Härte: weich bis mittelhart

Pflege:
Der Hexenwels *R. parva* ist eine überaus einfach zu pflegende Art, die auch dem Anfänger zu empfehlen ist. Sie stellt keine großen Ansprüche an die Wasserwerte, lässt sich in Leitungswasser problemlos pflegen und sogar vermehren, sofern es nicht zu hart ist. Paraguay-Hexenwelse sind nicht sehr sauerstoffbedürftig,

Der Río Yhaguy in Paraguay ist ein typischer Lebensraum der Art im südlichen Paraguay (Foto: Raimond und Birgit Normann)

Charakteristisch für *Rineloricaria parva* sind die fädigen Verlängerungen der Flossen

An der Scheibe brutpflegendes Männchen

Auf einem Stein abgelegtes, entwickeltes Gelege

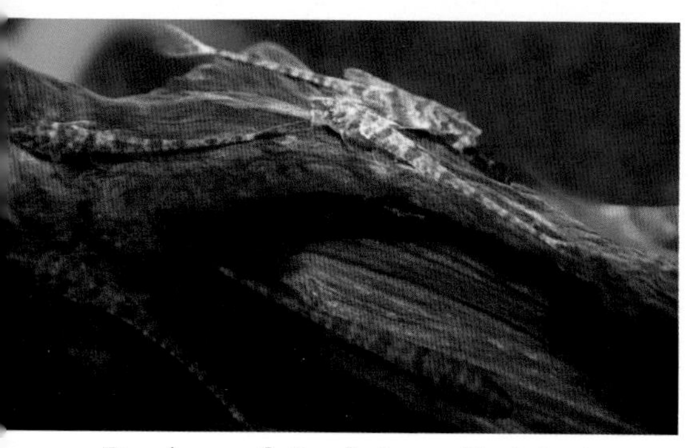

Etwa 4 cm große Jungfische von *Rineloricaria parva*

sollten aber auf Dauer nicht bei zu hohen Wassertemperaturen gepflegt werden, da sie von Natur aus auch kühle Perioden gewöhnt sind. Sie besitzen ein kleines Maul, weshalb man ihnen dem entsprechend nicht zu grobes, vor allem tierisches Futter anbieten sollte.

Fortpflanzungstyp:
Höhlen- oder Offenbrüter im männlichen Geschlecht

Geschlechtsunterschiede:
Im Gegensatz zu den anderen höhlenbrütenden Hexenwelsen bilden die Männchen dieser Art lediglich am Schnauzenrand kurze Odontoden aus. Deutlich sichtbare Borsten sind bei ihnen auf dem Rücken und auf der Oberseite der Brustflossen nicht vorhanden.

Vermehrung im Aquarium:
Bezüglich ihrer Brutpflege unterscheiden sich diese Tiere deutlich von anderen *Rineloricaria*-Arten. Die Männchen von *R. parva* können wie „gewöhnliche“ Hexenwelse ein Gelege in einer Röhre betreuen. Vielfach kleben die Weibchen die Eier jedoch wie die Störwelse und Verwandten einfach an die Aquarienscheibe, wo sie dann vom Männchen betreut werden. Abgelaicht wurde bei mir meist nach einem umfangreichem Wasserwechsel. Die Gelege bestehen aus etwa 40-60 grünlichen Eiern.

Aufzucht der Jungfische:
Im Vergleich zu anderen Hexenwelsen sind die Jungfische von *Rineloricaria parva* problemlos aufzuziehen. Mir ist die Aufzucht dieser Fische sowohl mit Futtertabletten als auch mit *Artemia*-Nauplien und Brennnessel-Pulver gelungen. Die Jungfische sind viel länger als jene von anderen *Rineloricaria* und *Hemiloricaria*; sie erinnern mitunter an junge *Farlowella*. Sie sind bereits früh dunkel gebändert und wachsen bei guter Pflege zügig heran.

Ähnliche Arten:
Weitere empfehlenswerte Arten aus der Verwandtschaft dieses Hexenwelses, die ganz ähnliche Pflegeansprüche haben, sich aber allesamt ausschließlich als Höhlenbrüter fortpflanzen, sind:
Rineloricaria beni – einer der kleinsten Hexenwelse und sehr einfach nachzuzüchten. Bei guter Pflege vermehren sich diese Fische sprichwörtlich „wie die Karnickel“.
Rineloricaria cadeae – ein weiterer, nicht sehr groß

werdender Hexenwels, der ebenfalls im Vorkommensgebiet von *R. parva* lebt. Die Art hat ähnliche Pflegeansprüche wie LG6, wird aber nur sehr selten eingeführt.
Rineloricaria cf. *microlepidogaster* – diese aus Paraguay stammende kleine Art ist sehr empfehlenswert. Sie kommt selten zu uns und ist ebenfalls relativ kühl zu pflegen

Bemerkungen:
Zuweilen gelangen diese Fische unter der Phantasie-Bezeichnung „*Sturisomatichthys foerschi*" in den Handel. Bei den so gehandelten Exemplaren handelt es sich dann meistens um Nachzuchten aus Tschechien. Nach neuen Erkenntnissen handelt es sich bei dieser Art, die bislang für einen Vertreter einer neuen Gattung gehalten wurde (LG4, zuvor LG6, versehentlich neu vergeben in EVERS & SEIDEL 2005), um die schon seit mehr als hundert Jahren bekannte *Rineloricaria parva.* Charakteristisch sind die Filamente der Brustflossen sowie des oberen und unteren Schwanzflossenlappens (die meisten anderen Hexenwelse tragen nur ein oberes Filament) sowie ein geringer Odontodenwuchs bei den Männchen. Einige Exemplare tragen auch an der Bauchflosse eine fadenartige Verlängerung.

Rineloricaria beni stammt aus Bolivien und wurde von Aquarianern mitgebracht

Rineloricaria cadeae ist ein weiterer klein bleibender Hexenwels aus Paraguay

Rineloricaria cf. *microlepidogaster* aus Paraguay ist ebenfalls eine klein bleibende Art

Rineloricaria sp. aff. *latirostris*

Deutscher Name: Bürsten-Hexenwels

Unterfamilie: Loricariinae (Hexenwelse)

Gattungsgruppe: Loricariini (Untergattungsgruppe: Loricariina)

Adultes Männchen des Bürsten-Hexenwelses *Rineloricaria* sp. aff. *latirostris*

Größe: 20 cm

Vorkommen:
Der Bürsten-Hexenwels ist in den Klarwasserflüssen in der Umgebung von Rio de Janeiro im Südosten Brasiliens häufig und wird deshalb regelmäßig über Rio exportiert. Die Tiere bewohnen kühle Fließgewässer, deren Wassertemperatur in den Wintermonaten gewöhnlich unter 20°C absinkt.

Der Bürsten-Hexenwels bewohnt in der Umgebung von Rio de Janeiro Klarwasserflüsse

Wasser-Parameter:
Temp.: 19-25°C; pH-Wert: 6,0-7,5; Härte: weich bis mittelhart

Männchen des Bürsten-Hexenwelses entwickeln einen imposanten, gelblichen Odontodenbewuchs

Pflege:
Diese regelmäßig zu uns eingeführte Art ist verhältnismäßig einfach in Aquarien ab 200 Liter zu pflegen. Man sollte jedoch darauf achten, dass die Wassertemperaturen nicht zu stark ansteigen, denn mehr als 25°C sind diese Tiere von Natur aus auf Dauer nicht gewöhnt. Bürsten-Hexenwelse halten sich bevorzugt auf Sandboden auf und sind auch in der Lage, sich darin zumindest teilweise zu vergraben. Mit ihrer gelblichbraunen Färbung sind sie aber auch ohnehin perfekt an diesen Untergrund angepasst. Bürsten-Hexenwelse fressen vorwiegend tierische Nahrung und können mit Futtertabletten und Frostfutter sehr gut ernährt werden.

Fortpflanzungstyp:
Höhlenbrüter im männlichen Geschlecht

Geschlechtsunterschiede:
Die Männchen entwickeln einen ungewöhnlichen Geschlechtsunterschied, denn ihr gesamter Körper ist von kräftigen Odontoden übersäht, was den Tieren auch den Namen Büsten-Hexenwelse eingebracht hat. Besonders der Schwanzstiel ist extrem stark bestachelt. Die Männchen sind außerdem gelblich

Weibchen von *Rineloricaria* sp. aff. *latirostris* sehen relativ unspektakulär aus

Drei Wochen alter Jungfisch von *Rineloricaria* sp. aff. *latirostris*

gefärbt und heben sich deutlich von den sandfarbenen, nicht beborsteten Weibchen ab.

Vermehrung im Aquarium:
Die Vermehrung dieser Welse gelang bisher noch nicht oft. Ich konnte bislang nur eine Eiablage bei diesen Tieren in einer röhrenförmigen Bruthöhle erzielen. Leider verschwand das Gelege nach wenigen Tagen wieder. Die Art benötigt natürlich aufgrund ihrer Größe geräumige Laichhöhlen, deren Durchmesser an die Größe der Tiere angepasst sein sollte. Bürsten-Hexenwelse sind produktiv und können mehr als 200 Eier pro Gelege produzieren. Laut PELLIN scheint es wichtig zu sein, nur ein Pärchen im Aquarium zur Zucht anzusetzen. Er konnte nämlich beobachten, dass nach dem Ablaichen noch andere Weibchen in die Höhle eindringen, um mit dem Männchen abzulaichen, so dass die Eier dann herausgewirbelt werden.

Aufzucht der Jungfische:
Am besten, man überführt die Laichhöhle mitsamt des brutpflegenden Männchens unter Wasser in einem kleinen Behälter in ein größeres Einhängegefäß und lässt die Jungfische dort ausschlüpfen. Nach dem Schlupf scheint die weitere Aufzucht nicht schwierig zu sein. PELLIN fütterte die Jungfische zunächst mit *Artemia*-Nauplien und bot später noch zusätzlich Futtertabletten und feines Frostfutter an. Der Nachwuchs gedieh dabei prächtig. Die Jungfische sind anfänglich unscheinbar braun gefärbt.

Ähnliche Arten:
Weitere empfehlenswerte Arten aus der Verwandtschaft von *Rineloricaria* sp. aff. *latirostris* mit ähnlichem Fortpflanzungsverhalten und Pflegeansprüchen sind:
Rineloricaria latirostris – nur wenige Male wurde die „echte" *R. latirostris* zu uns eingeführt, konnte aber bislang meines Wissens noch nicht im Aquarium vermehrt werden.
Rineloricaria sp. „Missiones" – dieser auffällige und große Hexenwels wurde in den vergangenen Monaten erstmalig aus dem nördlichen Argentinien zu uns importiert und dürfte ähnliche Ansprüche haben.

Bemerkungen:
Häufig werden von dieser Art im Handel nur adulte Männchen angeboten. Jungfische werden jedoch zeitweise sehr preiswert gehandelt, da diese in großer Stückzahl als gewöhnliche Hexenwelse

Jungfische des Bürsten-Hexenwelses im Aufzuchtgefäß

Die „echte" *Rineloricaria latirostris* ist aquaristisch gänzlich unbekannt, dafür aber ähnlich bestachelt

über Rio herein kommen. Dort bleiben sie aber meist unerkannt und werden deshalb auch nicht als Bürsten-Hexenwelse ausgewiesen. Mit etwas Geduld kann man diese außergewöhnlichen Hexenwelse also als Schnäppchen erwerben. Von der eigentlichen Art *Rineloricaria latirostris*, deren Odontoden rötlich gefärbt sind, lassen sich diese Fische durch die gelblichen Borsten gut unterscheiden.

Die große Art *Rineloricaria* sp. „Missiones" wurde erst in wenigen Exemplaren aus dem Norden Argentiniens importiert

Rineloricaria sp. „Rot“

Deutscher Name: Roter Hexenwels

Unterfamilie: Loricariinae (Hexenwelse)

Gattungsgruppe: Loricariini (Untergattungsgruppe: Loricariina)

Prächtiges Weibchen des Roten Hexenwelses, *Rineloricaria* sp. „Rot“

Der Río Huacamayo ist ein typischer Hexenwels-Biotop in Peru

Größe: 10 cm

Vorkommen:
Leider ist die Herkunft dieser überaus hübschen und beliebten Hexenwelse nach wie vor ungeklärt. Zwar sind kräftig rotbraun gefärbte Varianten des offensichtlich sehr nahe verwandten Schoko-Hexenwelses, *Rineloricaria lanceolata*, beispielsweise aus dem Osten Perus bekannt. Echte Wildfänge des Roten Hexenwelses konnten jedoch offenbar niemals wieder importiert werden, so dass es insgesamt fraglich ist, ob der Rote Hexenwels überhaupt als Wildform existiert. Die Vorfahren dieser Fische stammen jedoch sicher aus dem Amazonasgebiet.

Wasser-Parameter:
Temp.: 25-29°C; pH-Wert: 6,0-7,5; Härte: weich bis mittelhart

Pflege:
Diese beliebten Hexenwelse, die mittlerweile fast in jedem gut sortierten Zoofachgeschäft zu finden sind, bereiten kaum Probleme in der Pflege. Sie eignen sich deshalb auch gut für kleine Gesellschaftsaquarien ab 60 Liter, sofern die mit ihnen vergesellschafteten Arten gegenüber diesen friedlichen Harnischwelsen nicht zu aggressiv oder aufdringlich sind. Oft halten sich diese Welse, die sehr gut mit Futtertabletten und nicht zu grobem Frost- und Lebendfutter zu ernähren sind, in bepflanzten Aquarien in der Vegetation auf.

Fortpflanzungstyp:
Höhlenbrüter im männlichen Geschlecht

Geschlechtsunterschiede:
Zwar ist der Geschlechtsunterschied bei dieser Art nicht so stark ausgeprägt wie bei anderen verwandten Hexenwelsen. Dennoch sind die geschlechtsreifen Männchen von den Weibchen deutlich durch eine etwas breitere und an den Seiten beborstete Kopfpartie sowie kräftigeren Odontoden auch auf dem Rücken und auf den Brustflossen zu unterscheiden.

Dieses Hexenwels-Männchen entstammt vermutlich einer Kreuzung mit *Rineloricaria lanceolata*, denn es zeigt die typischen Flecke dieser Art

Vermehrung im Aquarium:
Die Brutpflege findet wie bei den meisten verwandten Hexenwelsen bevorzugt in röhrenförmigen Bruthöhlen statt, so dass sich PVC-Röhren ebenso wie Bambus-Stücke und die käuflichen Höhlen aus Ton dafür eignen. Etwa 40-60 ca. 2 mm große Eier werden vom Weibchen an die Innenwand der Röhre geklebt und vom Männchen etwa 10-12 Tage lang betreut. Die Männchen des Roten Hexenwelses sind häufig nur unzuverlässige Brutpfleger, so dass mitunter Gelege nach einigen Tagen verschwinden. Man überführt am besten die Bruthöhle mitsamt des brutpflegenden Männchens in einem kleinen Gefäß vorsichtig in ein Einhängebecken und lässt die Jungfische dort ausschlüpfen.

Stücke von PVC-Rohren werden von Roten und Schoko-Hexenwelsen problemlos als Bruthöhle akzeptiert.

Jungfische von *Rineloricaria* sp. „Rot"

Jungfischaufzucht ohne Bodengrund

Aufzucht der Jungfische:
Die Jungfische fressen bereits von Beginn an *Artemia*-Nauplien und sind damit auch problemlos aufzuziehen, sofern man die richtige Qualität verwendet. Bei mir starben jedoch Jungfische bei der Verfütterung von Nauplien, die aus sehr preiswerten Eiern unbekannter Herkunft (vermutlich China oder Russland) erbrütet wurden, trotz voller Bäuche ab. Mit Artemien aus der San Francisco Bay klappte die Aufzucht hingegen problemlos, was auf eine vermutlich unterschiedliche Nährstoffzusammensetzung schließen lässt. Die Jungfische sind schnellwüchsig und halten sich bevorzugt im stark

***Rineloricaria* sp. „Kolumbien" ist ein weiterer Hexenwels aus der Verwandtschaft von *Rineloricaria lanceolata*, der gelegentlich als Beifang von *Rineloricaria eigenmanni* eingeführt wird**

Mit dem Schokohexenwels wird der Rote Hexenwels gelegentlich gekreuzt, hier ein aus Peru exportiertes Exemplar

strömenden Wasser, z.B. in der Nähe des Ausströmers, auf.

Ähnliche Arten:
Weitere empfehlenswerte Arten aus der Verwandtschaft des Roten Hexenwelses mit ähnlichem Fortpflanzungsverhalten und Pflegeansprüchen sind:
Rineloricaria cf. *heteroptera* – dieser sehr ähnliche Hexenwels aus dem unteren Amazonas-Becken ist der nächste Verwandte des Roten Hexenwelses, vielleicht sogar die Stammform dieser Art.
Rineloricaria lanceolata – die Schoko-Hexenwelse kommen aus Paraguay und Peru zu uns, werden etwas größer und sind deutlich produktiver als *Rineloricaria* sp. „Rot". Eine rotbraune Variante existiert im Klarwasser.
Rineloricaria sp. „Kolumbien" – die Art gelangt von Zeit zu Zeit als Beifang von *Rineloricaria eigenmanni* zu uns. Sie ähnelt *R. lanceolata*, besitzt aber einen stärker abgeflachten Körper

Rötlichbraune Variante von *Rineoricaria lanceolata* aus dem Río Huacamayo in Peru

Bemerkungen:
Die im Handel angebotenen Roten Hexenwelse sind qualitativ sehr unterschiedlich. Vielfach werden viel zu kleine, hinfällige Nachzuchttiere verkauft, die nicht schön aussehen. In einige Zuchtstämmen scheinen Schoko-Hexenwelse eingekreuzt worden zu sein, da diese wesentlich produktiver sind. Solche Hybriden sind gewöhnlich jedoch nur als Jungtiere rötlich gefärbt.

***Rineloricaria* cf. *heteroptera* aus dem Nordosten Brasiliens**

Spatuloricaria sp. „Río Nanay“

Deutscher Name: Nanay-Borstenwangen-Hexenwels

Unterfamilie: Loricariinae (Hexenwelse)

Gattungsgruppe: Loricariini (Untergattungsgruppe: Loricariina)

***Spatuloricaria* sp. aus dem Río Nanay in Peru.**

***Spatuloricaria*-Arten bewohnen schnell fließende Flussabschnitte, hier der Río Huacamayo in Peru**

Größe: 25 cm

Vorkommen:
Spatuloricaria-Arten haben ihr Hauptverbreitungsgebiet am Fuß der östlichen Anden, sind jedoch auch bis in den Unterlauf des Amazonas hinein verbreitet. Man findet diese Fische vor allem in den schnell fließenden Gewässerbereichen zwischen Steinen. *Spatuloricaria* sp. „Río Nanay“ wird für den Export in diesem Amazonaszufluss im Norden Perus gefangen.

Wasser-Parameter:
Temp.: 25-29°C; pH-Wert: 6,5-8,0; Härte: weich bis mittelhart

Männchen von *Spatuloricaria* sp. „Río Nanay" mit typischem Kopfschmuck zur Brutzeit (Foto: Thomas Weidner)

Pflege:
Spatuloricaria-Arten sind anspruchsvolle, sauerstoffbedürftige Aquarienpfleglinge. Sie sollten deshalb nur in kräftig gefilterten und ausreichend belüfteten Aquarien ab 300 Liter gepflegt werden. Diese Welse sind carnivor und können gut mit Frostfutter und Futtertabletten ernährt werden. Bei der Pflege muss unbedingt auf eine gute Wasserqualität geachtet werden.

Fortpflanzungstyp:
Höhlenbrüter im männlichen Geschlecht

***Spatuloricaria*-Pärchen beim Ablaichen unter einer Steinplatte (Foto: Mike Meuschke)**

Beim Anheben der Steinplatte kommt das brutpflegende Männchen zum Vorschein (Foto: Thomas Weidner)

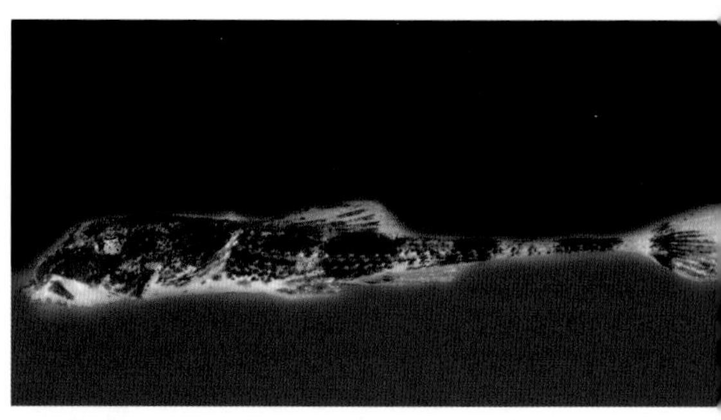

Jungfisch von *Spatuloricaria* sp. „Río Nanay“

Geschlechtsunterschiede:
Bei den Männchen verbreitert sich die Kopfpartie und aus den fleischigen Wülsten sprießen kräftige Borsten hervor, die sehr lang werden können. Die Weibchen haben eine deutlich spitzere Kopfpartie und bilden zur Laichreife füllige Bäuche aus.

Vermehrung im Aquarium:
Ich muss zugeben, dass ich zwar schon einige *Spatuloricaria*-Arten im Aquarium gepflegt, aber noch keine davon vermehrt habe. Mittlerweile sind jedoch die ersten Nachzuchterfolge bei diesen Tieren erzielt worden. *Spatuloricaria* sind ähnlich wie die verwandten *Rineloricaria* und *Hemiloricaria* Höhlenbrüter, jedoch laichen diese Welse im Aquarium offensichtlich nicht bevorzugt in Röhren ab. Laut HEMMANN setzt das Weibchen sein Gelege bevorzugt unter Steinplatten ab. Das Männchen bewacht die an der Höhlendecke befindlichen Eier bis zum Schlupf der Jungfische.

Spatuloricaria cf. *puganensis* aus Peru

Aufzucht der Jungfische:
Die Aufzucht der jungen *Spatuloricaria* kann ähnlich wie bei den meisten Hexenwelsen zunächst mit *Artemia*-Nauplien erfolgen. Da mittlerweile schon verschiedenen Aquarianern Zuchterfolge geglückt sind und auch die Aufzucht gelang, scheint diese nicht sehr problematisch zu sein. Neben dem Futter dürfte eine gute Wasserqualität und eine kräftige Belüftung des Wassers für die Aufzucht am wichtigsten sein.

Ähnliche Arten:
Weitere empfehlenswerte Arten aus der Verwandtschaft von *Spatuloricaria* sp. „Río Nanay", die ganz ähnliche Pflegeansprüche und ein vergleichbares Fortpflanzungsverhalten haben, sind:
Spatuloricaria cf. *puganensis* – eine etwa 25 cm groß werdende Art, die gelegentlich aus Peru eingeführt wird. Diese attraktiven Tiere konnten bislang jedoch offensichtlich noch nicht vermehrt werden.
Spatuloricaria sp. „Rio Tinaco" – diesen hübschen Wels, der vermutlich noch nicht nachgezüchtet wurde, fand ich bei einer Reise im Río Tinaco in Venezuela. Die Art ist jedoch im mittleren Orinoco offenbar weiter verbreitet und konnte auch bereits über Kolumbien für den Handel exportiert werden.
Spatuloricaria tuira – diese *Spatuloricaria*-Art ist wahrscheinlich im Unterlauf des Amazonas weit verbreitet, denn sie konnte sowohl im Rio Xingu als auch im Rio Guamá in Brasilien nachgewiesen werden.
Dasyloricaria sp. „Rio Orinoco" – die Gattung *Dasyloricaria* ist sehr nahe mit den *Spatuloricaria* verwandt und ihre Vertreter vermehren sich ähnlich. Auch diese Art konnte bereits im Aquarium vermehrt werden.

Bemerkungen:
Da erst wenige *Spatuloricaria*-Arten im Aquarium vermehrt worden sind, ist die Nachzucht dieser Tiere sehr reizvoll. Für Aquarianer lassen sich hier noch Lorbeeren verdienen. Leider tauchen diese Tiere nur selten im Handel auf. Unter den Beifängen lassen sie sich meist durch ihr langes und geringeltes oberes Schwanzflossenfilament erkennen.

Spatuloricaria sp. „Río Tinaco" ist im mittleren Orinoco-Becken heimisch

Spatuloricaria tuira wurde noch nicht nachgezogen

Dasyloricaria sp. „Río Orinoco" konnte bereits gezüchtet werden

Sturisoma festivum Regan, 1904

Deutscher Name: Segelflossen-Störwels

Unterfamilie: Loricariinae (Hexenwelse)

Gattungsgruppe: Loricariini (Untergattungsgruppe: Sturisomina)

***Sturisoma festivum*, der so genannte Segelflossen-Störwels**

Größe: 18-20 cm

Vorkommen:
Diese in der Aquaristik verbreitete *Sturisoma*-Art wurde viele Jahre lang aus dem Norden Kolumbiens zu uns eingeführt. Heute werden diese Fische nicht mehr aus Kolumbien exportiert, da sie in einem Gebiet vorkommen, das von Guerillas bewohnt wird. Die Art lebt in kleineren, klaren und schnell fließenden Gewässern des Catatumbo-Einzuges, der in den Lago Maracaibo in Venezuela entwässert.

Der Río Ucayali, Lebensraum von *Sturisoma nigrirostrum* in Peru

Wasser-Parameter:
Temp.: 24-28°C; pH-Wert: 6,5-8; Härte: weich bis mittelhart

Pflege:
Segelflossen-Störwelse sind empfehlenswerte Aquarienfische, die sich auch gut für eine Pflege in Gesellschaftsaquarien eignen. Die friedlichen Welse sollten in Aquarien ab 160 Liter gepflegt werden und bevorzugen eine relativ kräftige Wasserströmung. Auch tagsüber sind diese Fische im Aquarium sehr aktiv und ständig zu sehen. Die eifrigen Aufwuchsfresser weiden den Algenwuchs auf Wasserpflanzen, Steinen und Hölzern sowie an den Aquarienscheiben ab, sollten darüber hinaus aber auch pflanzliche Kost (Salat, Spinat, Gurke etc.) erhalten. Auch pflanzliches Flockenfutter und Futtertabletten werden gefressen. Nicht zu grobes Lebend- und Frostfutter sollte den Speiseplan abrunden.

Fortpflanzungstyp:
Substratbrüter im männlichen Geschlecht

Geschlechtsunterschiede:
Die Männchen haben einen etwas breiteren Kopf und bilden mit der Geschlechtsreife an den Kopfseiten kräftige Borsten (Odontoden) aus.

Vermehrung im Aquarium:
Diese Harnischwelse laichen gewöhnlich problemlos im Aquarium ab. Meistens paaren sie sich einen Tag nach einem größeren Wasserwechsel. Bevorzugt suchen sich die Tiere dazu eine glatte Fläche in der Nähe der Filterströmung aus. Häufig wird direkt an einer Seitenscheibe des Aquariums abgelaicht. Nachdem das Weibchen die maximal 100-150 Eier abgelegt hat, bewacht das Männchen das Gelege in den nächsten Tagen. Allerdings erfolgt die Verteidigung eher passiv. Aufdringliche andere Aquarienpfleglinge werden nicht vertrieben. Nach etwa 6 Tagen haben sich die Eier deutlich dunkler gefärbt und der Schlupf der Jungfische steht unmittelbar bevor.

Charakteristisch für *Sturisoma festivum* sind die sehr langen Brust- und Rückenflossen

Weibchen von *Sturisoma festivum* bei der Eiablage

Nach einigen Tagen haben sich die Eier dunkel verfärbt, das Männchen bewacht sie bis zum Schlupf

6 Tage alte Eier von *Sturisoma festivum*

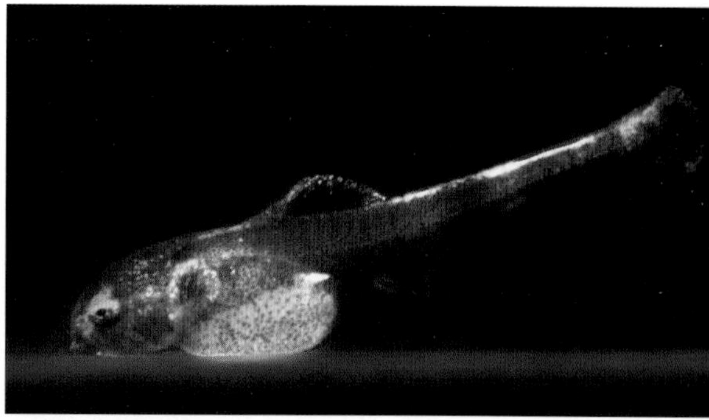

Frisch geschlüpfter Jungfisch

Junge *Sturisoma* müssen „im Futter stehen“

Etwa 5 cm große Jungfische im Aufzuchtbecken

Aufzucht der Jungfische:
Zwar sind *Sturisoma* relativ einfach im Aquarium zur Fortpflanzung zu bringen. Die Aufzucht der Jungfische ist jedoch nicht einfach und stellt viele Aquarianer vor große Probleme. Dabei ist sie eigentlich problemlos möglich, wenn man erst einmal herausgefunden hat, welche Ansprüche die Jungfische haben. Dabei ist offensichtlich weniger das Futter problematisch (ich konnte *Sturisoma* mit verschiedensten Futtermitteln erfolgreich aufziehen). Viel mehr scheint der Trick die Darreichungsform des Futters zu sein. *Sturisoma*-Jungfische müssen scheinbar „im Futter stehen“, dann klappt die Aufzucht meist ohne Probleme. Für eine detailliertere Beschreibung der Aufzucht siehe das Kapitel „Jungfischaufzucht“.

Der Goldbartwels, *Sturisoma aureum*, aus Kolumbien wird oft mit dem Segelflossen-Störwels verwechselt

Ähnliche Arten:
Neben *Sturisoma festivum* werden eine Reihe anderer *Sturisoma*-Arten als Aquarienfische importiert, die ein ähnliches Fortpflanzungsverhalten besitzen und die dieser Art in der Pflege gleichen:
Sturisoma aureum – während früher der Segelflossen-Störwels sehr häufig aus Kolumbien zu uns eingeführt wurde, nimmt heute der Goldbartwels seine Stelle ein. Die Art besitzt weniger lange Flossen, ist aber analog zu pflegen und zu vermehren.

Sturisoma nigrirostrum aus Peru

Sturisoma nigrirostrum – diese Art bewohnt träge fließende Weißwasserflüsse in Peru und ist deutlich anspruchsloser als *S. festivum.* Obwohl sie regelmäßig aus Peru exportiert wird, hört man nur selten von Nachzuchterfolgen.

Sturisoma sp. „Rio Gurupi“ – auch unbeschriebene *Sturisoma*-Arten gelangen von Zeit zu Zeit in den Handel. Diese stammt aus dem Rio Gurupi, einem kleinen, in den Atlantik entwässernden Fluss im Nordosten Brasiliens.

Sturisoma tenuirostre – diese Art ist derzeit neben *S. aureum* der zweite aus Kolumbien zu uns eingeführte Störwels. Er stammt aus dem Orinoco-System und ist leicht mit *S. nigrirostrum* zu verwechseln.

Sturisoma sp. „Rio Gurupi“ wird selten aus Brasilien importiert

Bemerkungen:
Früher wurde diese sehr beliebte *Sturisoma*-Art als *Sturisoma panamense* bezeichnet. Nachdem jedoch die ersten echten Panama-Störwelse aus diesem Land von Aquarianern mitgebracht werden konnten, stellte es sich heraus, dass es sich um *Sturisoma festivum* handelt. Mittlerweile werden schon seit etlichen Jahren keine Wildfänge mehr importiert, so dass die Art nur noch durch Nachzucht für die Aquaristik erhalten wird. Es existieren mittlerweile bereits verschieden aussehende Zuchtstämme, die vermuten lassen, dass aus Unwissenheit bereits andere Arten eingekreuzt worden sind (z.B. *Sturisoma aureum*).

Auch *Sturisoma tenuirostre* aus Kolumbien ist ähnlich zu pflegen

Sturisomatichthys sp. „Kolumbien I“

Deutscher Name: Zwerg-Störwels

Unterfamilie: Loricariinae (Hexenwelse)

Gattungsgruppe: Loricariini (Untergattungsgruppe: Sturisomina)

Noch nicht ganz ausgewachsener *Sturisomatichthys* sp. „Kolumbien I“

Größe: 12-15 cm, im Aquarium meist deutlich kleiner

Vorkommen:
Diese vermutlich noch unbeschriebene *Sturisomatichthys*-Art ist im Flusssystem des Río Magdalena in Kolumbien heimisch. Der Magdalena ist einer der großen Weißwasserflüsse in Kolumbien und dort eines der wichtigen Fanggebiete von Aquarienfischen. *Sturisomatichthys* bewohnen meist die schnell fließenden kleinen Klarwasserflüsse des Anden-Gebietes, wo sie die Steine abweiden.

Wasser-Parameter:
Temp.: 24-28°C; pH-Wert: 6,5-8; Härte: weich bis mittelhart

Pflege:
Diese Störwelse sind in ihren Ansprüchen mit den in unserem Hobby weit verbreiteten *Sturisoma*-Arten vergleichbar, bleiben jedoch deutlich kleiner und eignen sich deshalb auch für mittelgroße Aquarien ab 100 Liter. Auch *Sturisomatichthys* sollten neben feinem Lebend- und Frostfutter vor allem pflanzliche Kost erhalten, sei sie frisch oder in Form von Futtertabletten auf pflanzlicher Basis. *Sturisomatichthys*-Arten sind gewöhnlich unproblematisch in der Pflege, wenn man ihnen eine gute

Wasserpflege und regelmäßige Wasserwechsel angedeihen lässt. Man sollte jedoch vorsichtig sein, denn *Sturisomatichthys* und Verwandte können sich im Aquarium schon mal mit dem Körper irgendwo verfangen, steckenbleiben und dann schnell verenden.

Fortpflanzungstyp:
Substratbrüter im männlichen Geschlecht

Geschlechtsunterschiede:
Die Männchen der *Sturisomatichthys* haben einen etwas breiteren Kopf und bilden mit der Geschlechtsreife an den Kopfseiten einen kräftigen Odontodenwuchs aus. Die Afteröffnung hat bei den *Sturisoma* und Verwandten bei Männchen und Weibchen eine unterschiedliche Form.

Vermehrung im Aquarium:
Die *Sturisomatichthys* sind vergleichsweise einfach zur Fortpflanzung zu bewegen. Im Aquarium aufgezogene Tiere erreichen meist schon sehr früh die Geschlechtsreife, und nicht selten findet man dann schon im Aufzucht-Aquarium die ersten kleinen Gelege, die dann anfänglich nur aus wenigen Eiern bestehen. Große

Andine Klarwasserflüsse wie dieser sind die Heimat der *Sturisomatichthys*-Arten

Adultes Weibchen von *Sturisomatichthys* sp. „Kolumbien I“

Pärchen von *Sturisomatichthys* sp. „Kolumbien I" beim Ablaichen

***Sturisomatichthys*-Männchen mit Gelege**

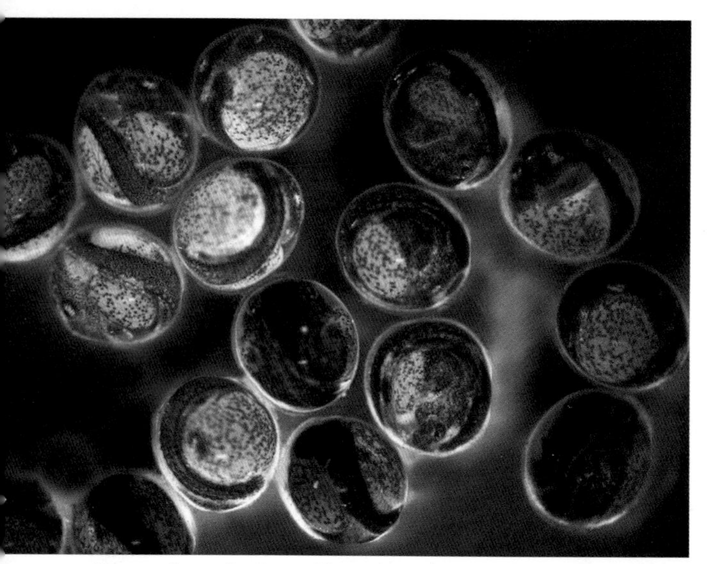

Mit zunehmender Entwicklungsdauer färben sich die Eier dunkler

Wildfänge sind deutlich produktiver und können bis zu 80 Eier ablegen. Auch die *Sturisomatichthys* suchen sich bevorzugt eine strömungsexponierte Stelle zum Ablaichen aus, eine glatte Steinfläche oder die Aquarienscheibe. Die Brutpflege dauert ähnlich wie bei *Sturisoma* etwa 6 Tage.

Aufzucht der Jungfische:
Die Aufzucht von *Sturisomatichthys*-Jungfischen ist nicht einfach, da sie ebenso wie jene von *Sturisoma* quasi „im Futter stehen" müssen. Ich habe *Sturisomatichthys* schon mit verschiedenen Futtermitteln erfolgreich aufgezogen, mit zerstoßenen Erbsen, mit *Artemia*-Nauplien oder auch mit staubfeinem Flockenfutter. Schon in kleinen, geschlossenen Gefäßen mit Belüftung über einen Belüfterstein und ein- bis zweimal täglichem Wasserwechsel ist die Aufzucht möglich, wenn die Jungfische ständig Futter auf dem Boden vorfinden. Diese Aufzucht-Methode ist zwar einfach, aber auch sehr arbeitsaufwendig, und erfordert einiges Fingerspitzengefühl. Für eine detailliertere Beschreibung dieser Aufzuchtmethode siehe das Kapitel „Jungfischaufzucht".

Frisch geschlüpfte Jungfische

Junge *Sturisomatichthys* im Aufzuchtbecken

Ähnliche Arten:
Sturisomatichthys ähneln in ihren Ansprüchen und ihrem Fortpflanzungsverhalten sehr stark den *Sturisoma*-Arten. Es werden jedoch noch weitere Vertreter dieser Gattung von Zeit zu Zeit importiert:
Sturisomatichthys sp. „Kolumbien II" – diese Art wird deutlich seltener als *S.* sp. „Kolumbien I" importiert und ist an den sehr auffälligen Odontoden auf dem Schwanzstiel von dieser Art zu unterscheiden. Sie ist ebenfalls nicht schwer zur Nachzucht zu bringen.
Sturisomatichthys cf. *tamanae* – dieser relativ groß werdende *Sturisomatichthys* ist bisher erst wenige Male importiert worden, konnte aber ebenfalls bereits vermehrt werden.

Bemerkungen:
Sturisomatichthys sp. „Kolumbien I" ist eine ausgesprochen variable Art, die sehr unterschiedlich gefärbt sein kann. Es handelt sich um den bei weitem am häufigsten importierten *Sturisomatichthys.* Im Aquarium aufwachsende Exemplare erreichen fast niemals mehr die Größe von Wildfängen. Sie sind meist schon mit einer Länge von 8-10 cm ausgewachsen. Mit 5-6 cm Länge können die Tiere bereits ablaichen, weshalb die deutsche Bezeichnung Zwerg-Störwels berechtigt erscheint.

Sturisomatichthys sp. „Kolumbien II" besitzt auf dem Schwanzstiel sehr charakteristische Odontoden

Auch *Sturisomatichthys* cf. *tamanae* stammt aus Kolumbien

IT
Hersteller von mehr als
1.000 verschiedenen Produkten
unter über 100 internationalen Labeln –
Kerngeschäft: gefrostetes und
lebendes Naturfischfutter
66-431 Santok / PL
SP. Z O.O.
IchthyoTrophic
NATURFISCHFUTTER ÖKOLOGISCHEN URSPRUNGS – ZUCHT, FANG, VERARBEITUNG
Bei Bestellungen durch zoologische
Fachgroßhändler, Zierfischgroßhändler
und gewerbliche Tierzuchtbetriebe
sind wir für Sie zu erreichen, unter:
Tel.: +48 (0)95 73 16 800
Fax: +48 (0)95 73 16 802
www.ichthyotrophic.pl
e-mail: it@hot.pl

Dr. Jander & Co. OHG • www.aqua-global.de
aqua - global
INGO SEIDELS SPEZIALMENÜ FÜR
LORICARIIDEN
Mind. haltbar bis:
Nicht für den menschlichen Verzehr geeignet
Wir danken dem Autor dieses Buches
für seine Unterstützung bei der
Entwicklung unseres Spezialmenüs
für herbivore Loricariiden.

-ür eine optimale Pflege ist
abwechslungsreiches und
esundes Futter eine wichtige
aussetzung. In der Realisation
n Wechsel der Jahreszeiten
ıicht immer einfach. Idealen
Ausgleich schafft hierfür
gefrostetes Futter.
Frostfutter
unterschiedlichen Futtertiere
ester Qualität zu jeder Zeit aus
der Tiefkühltruhe.
ım Wohl unserer Pfleglinge.
infach im Onlineshop unter
w.Frostfutter-24.de
bestellen und sicher
per PayPal bezahlen.
vww.Frostfutter-24.de
hr Fachhandel für Premiumfutter und
Aquarienzubehör
Hotline +49 (0) 36734 22240
E-Mail: mail@frostfutter-24.de
Versandkostenfreie Lieferung ab 100 € Bestellwert.
www.Frostfutter-24.de
In diesem Shop finden Sie auch eine ständig wachsende Rubrik
„Aquaristikzubehör" mit vielen Artikeln für den Aquarianer.
Händler – und Züchteranfragen sind erwünscht.

AQUAKeramik
· Welshöhlen
· Welsröhren
· Laichhöhlen
· Futterhilfen
· Dekoration aus Ton
Hochwertige Tonprodukte in Handarbeit gefertigt und von Züchtern empfohlen. Variable Größen in Form und Farbe für viele L-Welse optimal und natürlich gefertigt.
Rohtonmasse aus deutschen Tongruben des Westerwaldes bieten eine hervorragende und geschätzte „Qualität die überzeugt"
Aqua-Keramik · Kellenkrug 2 · 25563 Föhrden-Barl · Telefon: 04822 378378
WWW.AQUA-KERAMIK.DE

JBL
Das Größte für Saugwelse!
Schnell sinkende, harte Chips
10 % essentielle Holzfasern für gesunde Verdauung
Hohe Akzeptanz durch hochwertige pflanzliche Rohstoffe
Belastet nicht das Wasser und trübt nicht
JBL NovoPleco und JBL NovoPleco XL: Futterchips zur professionellen Ernährung Pflanzen fressender Saugwelse.
JBL
NovoPleco
Für Saugwelse
For sucker-mouth catfish
Originalgröße JBL NovoPleco XL
Originalgröße JBL NovoPleco
VORSPRUNG DURCH FORSCHUNG
JBL